# 践行"人民城市"理念，推进上海"15分钟社区生活圈"探索与实践

## 实践篇

上海市规划和自然资源局
上海市规划编审中心　　编著
上海市城市规划设计研究院

上海文化出版社

## 编委会

| | |
|---|---|
| 主　　　任 | 张玉鑫 |
| 常务副主任 | 徐明前　张　帆　顾世奇 |
| 副　主　任 | 奚文沁　伍攀峰　赵宝静　周建非 |
| 顾问编委 | 徐树杰　陈石燕　冯　芳　刘　敏　陈　睦　沈　敏　程　伟　马　韧 |
| | 施　忠　向乂海　付　晨　宋　慧　朱心军　杨　朝　洪继梁　李　震 |
| | 邓大伟　岑福康　魏子新　关也彤　徐建华　朱众伟　汪向阳　季倩倩 |
| | 蔡　宁　龚侃侃　肖　辉　田　哲　胡柳强　苗　挺 |
| 编　　　委 | 张乐彦　杨晰峰　戴　明　顾守柏　田　峰　程　蓉　郭　鉴　奚东帆 |
| | 肖　林　齐　峰　张　莉　刘　方　周　健　徐　健　赵剑峰　王　欣 |
| | 吕真昌　周　莹　苏立琼　焦文艳　叶鹏举　陈　芦　罗翌弘　万建辉 |
| | 王　敏　牟　娟　张天炜　王忠民　须庆峰　高虹军　王剑锋　韩永强 |
| | 周芳珍　胡建会　管红梅　陈干新　钱立英　甘富强　朱永强　程光宇 |
| | 蒋　伟　王　震　宋玉波　张立新　龚　霞　冀晓红　史　炯　王斐蕾 |
| | 王　霆　周　弦　刘　易　周　岚　吴炳怀　王　艳　刘映材　解　蕾 |
| | 谢　黎　宋晓光　张　影　谢仁绍　李　梅　杨铭祺　沈　敏　金　品 |
| | 成元一　余科辉　邹月云　徐荣国　王珏璟　琚博珏　姜　莹　王晓峰 |
| | 宋　婷　金国夫　赵　斐　何国平　薛文飞　李　峥　徐　军　王伟红 |
| | 邱　平　李　舒　高诚廷　陈　军　金振宇　杨凤美 |
| 学术顾问 | 郑时龄　伍　江　周　俭　张尚武　华霞虹 |

## 编写人员

| | |
|---|---|
| 主　　　编 | 奚文沁 |
| 副　主　编 | 张乐彦　程　蓉 |
| 文字统筹 | 徐　玮　吴菁妍　欧阳琳欣 |
| 文字撰写 | 徐　玮　吴菁妍　宣雨笋　陈　敏　孙姗姗　欧阳琳欣　陈文澜　周　偲 |
| | 胡玉婷　王　睿　吴同彦　马梦媛　何瑞雯 |
| 参编人员 | 周海波　曹　晖　苏　甦　李　萌　马　宏　张子婴　王英力　魏　丽 |
| | 温南南　严帅帅　徐晨炜　朱安娜　占　琳　李苗浩南　周绍波　王斯卉 |
| | 宋秋宜　张　弛　王丽丽　何　瑛　吴若禹　李光雨 |

| | |
|---|---|
| **主 编 单 位** | 上海市规划和自然资源局 |
| | 上海市规划编审中心 |
| | 上海市城市规划设计研究院 |
| **参 编 单 位** | 上海同济城市规划设计研究院有限公司 |
| | 上海营邑城市规划设计股份有限公司 |
| | 华建集团华东建筑设计研究院有限公司 |
| **协 编 单 位** | **上海市全面推进"15分钟社区生活圈"行动联席会议成员单位** |

| | |
|---|---|
| 中共上海市委组织部 | 上海市发展和改革委员会 |
| 上海市精神文明建设办公室 | 上海市经济和信息化委员会 |
| 上海市商务委员会 | 上海市教育委员会 |
| 上海市民政局 | 上海市财政局 |
| 上海市住房和城乡建设管理委员会 | 上海市农业农村委员会 |
| 上海市文化和旅游局 | 上海市卫生健康委员会 |
| 上海市体育局 | 上海市绿化和市容管理局 |

**上海市各区全面推进"15分钟社区生活圈"行动牵头部门**

| | |
|---|---|
| 浦东新区发展和改革委员会 | 浦东新区规划和自然资源局 |
| 黄浦区规划和自然资源局 | 黄浦区委社会工作部 |
| 黄浦区城市管理行政执法局 | 静安区规划和自然资源局 |
| 静安区发展和改革委员会 | 徐汇区规划和自然资源局 |
| 徐汇区委社会工作部 | 徐汇区民政局 |
| 长宁区规划和自然资源局 | 长宁区地区工作办公室 |
| 长宁区发展和改革委员会 | 普陀区规划和自然资源局 |
| 虹口区规划和自然资源局 | 虹口区发展和改革委员会 |
| 虹口区委社会工作部 | 杨浦区规划和自然资源局 |
| 杨浦区发展和改革委员会 | 宝山区规划和自然资源局 |
| 宝山区建设和管理委员会 | 宝山区发展和改革委员会 |
| 闵行区规划和自然资源局 | 闵行区发展和改革委员会 |
| 嘉定区规划和自然资源局 | 嘉定区委社会工作部 |
| 嘉定区发展和改革委员会 | 金山区发展和改革委员会 |
| 金山区规划和自然资源局 | 松江区规划和自然资源局 |
| 青浦区规划和自然资源局 | 青浦区发展和改革委员会 |
| 奉贤区规划和自然资源局 | 奉贤区发展和改革委员会 |
| 崇明区规划和自然资源局 | 崇明区发展和改革委员会 |
| 崇明区农业农村委员会 | |
| 中国(上海)自由贸易试验区临港新片区管理委员会社会发展处 | |
| 中国(上海)自由贸易试验区临港新片区管理委员会规划和自然资源处 | |

# 序

## 走向共同参与的人民城市

"人民城市人民建,人民城市为人民"是推动新时代城市规划建设、引领城市发展方式转型的重要理念。"15分钟社区生活圈"的概念早在2014年上海启动新一轮城市总体规划编制时就着手研究,当年10月率先在首届世界城市日提出"15分钟社区生活圈"的概念。目的是努力建设人民大众宜居的城市,实现2010年上海世博会的主题"城市,让生活更美好",阐明建设美好的城市,塑造更美好生活的本质意义。社区因此定位为体现"人民城市"根本属性的基本单元。"15分钟社区生活圈"聚焦最贴近老百姓日常生活的社区,紧扣"以人民为中心"的出发点和落脚点,成为服务支撑城市高质量发展、实现人民群众高品质生活的重要路径和基础平台。

人塑造了建筑和城市,然后建筑和城市也塑造了人。城市是人们按照自己的理想创造的生活世界,同时也在构建世界的过程中重塑了自己。社区是我们栖居的家园,社区的发展充分展现城市环境对于塑造城市人的根本性影响。我们的社区正在不断绽放光彩,让人民切实感受到这座城市的善意与温暖,享受到更加富足、更高品质的生活,也在为群众提供有序参与治理的多样途径,打造更多展现自我的舞台和人生出彩的机会,最终让每个人发自内心地为这座城市感到骄傲和自豪。

"15分钟社区生活圈"以"润物细无声"的"绣花功夫"和"针灸疗法",以匠心设计传承风貌、植入公共艺术,将消极空间转化为积极场所。以包容共享、持续渐进的方式,是对社区历史积淀的尊重;保存文化记忆,创新时代风尚,成为营造社区归属感的重要手段。社区的营造不仅在于物质空间,更在于人文氛围。社区是动态生长的有机生命体,承载着每个人和每个家庭的故事,留存集体的生活记忆。让居民对于社区有文化上的认同感、归属感,从而激发情感上的共鸣,培育社区精神。

社区又称为社群，是聚居在一定地域范围内的人们所组成的社会生活共同体，是人类的化身。社区意识是基于社区成员对所在社区的关心、认同、归属，进而形成的"社区情感"和"精神纽带"，是可持续城市活力的基础。古希腊哲学家赫拉克利特说过，"看不见的和谐比看得到的和谐更美好"。"15分钟社区生活圈"在构建美好的"看得见的和谐"的同时，也在构建美好的"看不见的和谐"。倡导"宜居、宜业、宜游、宜学、宜养"的目标愿景，实现基础公共服务的全面覆盖，让社区成为老百姓安居乐业、互动交往、健康发展的幸福家园。生活圈打造人人参与的治理平台，邀居民共商、同居民共建、与居民共享，让居民们真正成为社区的"主人翁"与"合伙人"，获得认可尊重、实现自我价值，形成守望相助的深厚情感链接。正如《上海市城市总体规划（2017—2035年）》描绘的"2035年的上海，建筑是可以阅读的，街区是适合漫步的，城市始终是有温度的"。

感悟上海这些年的发展从总体战略出发，具有系统思维，不是只关注单一目标，而是从多方面、全方位去努力探索并解决问题，推进城市治理现代化，建设融服务、规划、管理、发展、生活品质为一体的美好社区，实现多元目标。"15分钟社区生活圈"也是上海在长期发展过程中，新发展理念的水到渠成。

《践行"人民城市"理念，推进上海"15分钟社区生活圈"探索与实践》是一部关于城市社区的百科全书，是一张未来理想城市的蓝图，也是一册营造美好社区的指南。《理念篇》提炼了更高标准下的社区发展导向与规划设计方法，介绍了社会多元治理的模式创新；《实践篇》汇集了历年行动中的130个优秀案例，凝聚了城市管理人员、社区规划师、建筑师、景观师、社区居民、社会组织、在地企业等各方智慧，集中展示了全市各区、街镇的显著行动成效。上海将从美好社区出发，走向共同参与的人民城市，谱写新时代"城市，让生活更美好"的精彩篇章！

中国科学院院士、法国建筑科学院院士
同济大学建筑与城市规划学院教授、博士生导师

# 前 言

2019年11月，习近平总书记在考察上海杨浦滨江时提出"人民城市人民建、人民城市为人民"重要理念。2023年12月，习近平总书记在上海考察时再次强调"要全面践行人民城市理念，把增进民生福祉作为城市建设和治理的出发点和落脚点，把全过程人民民主融入城市治理现代化，构建人人参与、人人负责、人人奉献、人人共享的城市治理共同体，打通服务群众的'最后一公里'"。2024年7月，党的二十届三中全会提出"发展全过程人民民主是中国式现代化的本质要求，在发展中保障和改善民生是中国式现代化的重大任务，必须坚持尽力而为、量力而行，加强普惠性、基础性、兜底性民生建设，不断满足人民对美好生活的向往"。

自2014年10月上海率先在首届世界城市日提出"15分钟社区生活圈"基本概念以来，在政府、市民、社会等各方力量的携手努力下，由点及面、持续开展"15分钟社区生活圈"规划建设行动，成为上海深入推进"人民城市"建设的生动实践和品牌工程。以打造"宜居、宜业、宜游、宜学、宜养"的美好社区为目标，着力完善社区服务功能，不断提升社区生活的便利性、丰富度、幸福感，有力服务保障城市高质量发展、创造高品质生活、实现高效能治理。

为进一步系统回顾上海"15分钟社区生活圈"历年工作历程，全面梳理价值理念，总结经验做法，立体展现全市各区、街镇建设成效，由上海市规划和自然资源局组织牵头，在市全面推进"15分钟社区生活圈"行动联席会议各成员单位、各区人民政府及相关单位提供实践支撑的基础上，上海市规划编审中心和上海市城市规划设计研究院编写《践行"人民城市"理念，推进上海"15分钟社区生活圈"探索与实践》。该书由《理念篇》与《实践篇》两册组成。

《理念篇》围绕"理论、理念、理想",从"15分钟社区生活圈"理念提出的时代背景出发,基于多年行动实践,深入阐述上海"15分钟社区生活圈"的目标愿景和理想模式,梳理总结"五宜"导向策略和"十全十美"要素配置,并从系统规划、精细设计和创新治理三个方面进行具体论述。

《实践篇》聚焦"实践、实例、实效",以全要素的社区规划和九个美好生活场景(温馨家园、睦邻驿站、活力空间、慢行步道、共享街区、烟火集市、艺术角落、人文风貌、美丽乡村)为主要脉络,在全市缤纷多彩的行动实践中优选一百多个案例,总结全市各具特色、各展所长的策略方法,展现缤纷多彩的行动实践,让人民切实感受到扎实有力的行动效果。

十二届上海市委五次全会提出"要坚持改革为民,把为了人民、依靠人民、造福人民的立场观点方法贯穿改革始终"。期待通过丛书的出版,回顾、总结、分享上海深入践行"人民城市"理念,全面推进"15分钟社区生活圈"规划建设行动的工作思路与方法,提供"上海样本",以飨相关管理部门、街镇工作者、社区规划师、设计建设团队、规划及相关专业学子,以及广大市民,为全社会持续推进社区生活圈行动激发灵感、经验借鉴、集成创新、共促提升。

编　者

2024年8月

# 目 录

序　　走向共同参与的人民城市

前　言

## 第1章　综　述　1
1.1 行动历程　1
1.2 全面推进十项行动　3

## 第2章　社区规划　7
2.1 普陀区曹杨新村街道"15分钟社区生活圈"行动　9
 2.1.1 做实基础调研,共商人民需求　9
 2.1.2 挖掘社区特色,锻造"价值长板"　11
 2.1.3 谋划社区蓝图,统筹行动项目　14
 2.1.4 开展主题活动,促进交流共建　17
 2.1.5 强化统筹机制,实现"三线联动"　19
2.2 普陀区万里街道"15分钟社区生活圈"行动　22
 2.2.1 十年蝶变,打造生态活力社区样板　22
 2.2.2 问需于民,明确不同阶段关键问题　24
 2.2.3 系统匹配,描绘美好生活万里长卷　25
 2.2.4 多措并举,持续推动项目有序实施　28
 2.2.5 共商共治,建立多元主体协作模式　29
2.3 长宁区新华路街道"15分钟社区生活圈"行动　31
 2.3.1 全要素短板梳理,双向整合需求清单　31
 2.3.2 全区域资源排摸,列出"三份资源清单"　36
 2.3.3 全方位供需匹配,动态更新社区蓝图　36
 2.3.4 全领域整合衔接,聚焦蓝图有序实施　39
 2.3.5 全过程多方参与,创建社区治理共同体　40
2.4 浦东新区惠南镇海沈村、远东村、桥北村乡村社区生活圈行动　43
 2.4.1 划圈层,形成统筹共享的发展格局　45
 2.4.2 优底版,打造舒适宜人的乡村社区　45
 2.4.3 聚场景,构建全域互动的特色主题　47
 2.4.4 推实施,衔接精细管理的行动路径　50

## 第3章　温馨家园　54
3.1 设计策略　55
 3.1.1 量身定做改造方案,推进老旧住房宜居性改造　55
 3.1.2 满足差异化居住要求,提供多样保障性租赁住房　62
3.2 优秀案例　67
 3.2.1 普陀区曹杨新村街道曹杨一村成套改造项目　67
 3.2.2 闵行区马桥镇城市建设者管理者之家　68
 3.2.3 浦东新区金桥镇佳虹家园　70

## 第4章　睦邻驿站　72
4.1 设计策略　73
 4.1.1 慢行友好的灵活选址　73
 4.1.2 一站综合的功能集成　75
 4.1.3 高效舒适的功能布局　78
 4.1.4 灵动美好的场所特质　78
4.2 "人民坊"优秀案例　83
 4.2.1 徐汇区"生活盒子"　83
 4.2.2 黄浦区南京东路街道苏河之眸零距离家园　84
 4.2.3 徐汇区徐家汇街道T20白领T站　85
4.3 "六艺亭"优秀案例　87
 4.3.1 浦东新区黄浦江"望江驿"　87
 4.3.2 普陀区苏州河"苏河驿"　88
 4.3.3 徐汇区黄浦江河图洛书亭　90

## 第5章　活力空间　92
5.1 设计策略　93
 5.1.1 变"消极"为"积极"　93
 5.1.2 嵌入多彩活动　95
 5.1.3 赋予主题特色　97
 5.1.4 巧用各类空间　101
 5.1.5 生物多样友好　103
 5.1.6 公众参与式设计　106
5.2 优秀案例　109
 5.2.1 长宁区新泾镇乐颐生境花园　109
 5.2.2 普陀区曹杨街道百禧公园　110
 5.2.3 长宁区北新泾街道北翟路中环桥下空间　112
 5.2.4 杨浦区五角场街道创智农园　115
 5.2.5 静安区苏河湾公共绿地　116

# 第6章 慢行步道     119

## 6.1 设计策略 ········ 120
### 6.1.1 织密步道网络     120
### 6.1.2 营造宜人环境     120
### 6.1.3 容纳丰富活动     121
### 6.1.4 植入多元设施     122

## 6.2 优秀案例 ········ 125
### 6.2.1 上海外环绿带     125
### 6.2.2 浦东新区陆家嘴焕彩水环     128
### 6.2.3 普陀区曹杨新村街道曹杨环浜     130

# 第7章 共享街区     133

## 7.1 设计策略 ········ 134
### 7.1.1 打开物理边界,实现场所可达     134
### 7.1.2 场地环境改造,实现景观可赏     134
### 7.1.3 增设公共功能,实现活动可容     134
### 7.1.4 展示特色风貌,实现文化可阅     137
### 7.1.5 融入慢行网络,实现空间可联     137

## 7.2 优秀案例 ········ 140
### 7.2.1 长宁区华政—中山公园     140
### 7.2.2 上海展览中心     142
### 7.2.3 上海辞书出版社旧址     143
### 7.2.4 黄浦区复兴中路美丽街区     144

# 第8章 烟火集市     146

## 8.1 设计策略 ········ 147
### 8.1.1 精准把控客群需求,融合多元服务业态     147
### 8.1.2 挖掘独特地域元素,营造特色商业氛围     149
### 8.1.3 增强街道空间开放性,营造慢行友好环境     149
### 8.1.4 培育特色集市品牌,举办缤纷节事活动     151
### 8.1.5 促进数字化转型升级,提升消费服务体验     154

## 8.2 优秀案例 ········ 156
### 8.2.1 普陀区真如镇街道高陵集市     156
### 8.2.2 杨浦区五角场街道大学路街区     157
### 8.2.3 徐汇区田林街道田林路街区     159
### 8.2.4 长宁区华阳路街道武夷路MIX320     162

# 第9章 艺术角落     166

## 9.1 设计策略 ········ 167
### 9.1.1 发现空间,植入艺术     167
### 9.1.2 丰富艺术表现手法     172
### 9.1.3 搭建艺术互动平台     172

## 9.2 优秀案例 ········ 175
### 9.2.1 普陀区曹杨新村公共艺术介入     175
### 9.2.2 长宁区新华路街道"细胞计划"     178
### 9.2.3 松江区叶榭镇井凌桥村     180

# 第10章 人文风貌     184

## 10.1 设计策略 ········ 185
### 10.1.1 保留传承风貌肌理,促进新旧融合协调     185
### 10.1.2 完善风貌阐释体系,展示地域文化魅力     186
### 10.1.3 巧用历史资源,植入社区公共服务     191

## 10.2 优秀案例 ········ 194
### 10.2.1 杨浦区长白新村街道228街坊     194
### 10.2.2 普陀区长寿路街道鸿寿坊     196
### 10.2.3 黄浦区瑞金二路街道南昌路街区     198
### 10.2.4 长宁区江苏路街道愚园路街区     200
### 10.2.5 静安区南京西路街道张家花园     202

# 第11章 美丽乡村     206

## 11.1 设计策略 ········ 207
### 11.1.1 尊重水乡自然肌理     207
### 11.1.2 彰显沪派江南特征     207
### 11.1.3 激活乡村产业动能     208
### 11.1.4 完善乡村服务设施     211
### 11.1.5 创新乡村治理模式     211

## 11.2 优秀案例 ········ 214
### 11.2.1 青浦区金泽镇岑卜村     214
### 11.2.2 崇明区陈家镇瀛东村     215
### 11.2.3 金山区漕泾镇水库村藕遇公园     216

# 第12章 结 语     218

# 附 录     221

附录A 上海"15分钟社区生活圈"行动大事记
(2014年10月—2024年8月) ········ 221

附录B 案例项目团队信息 ········ 224

附录C 参考文献 ········ 233

# 第 1 章 综 述

## 1.1 行动历程

社区作为体现人民城市根本属性的基本单元，是服务群众和基层治理的"最后一公里"。以市民慢行15分钟的范围来组织生活生产空间，强调与市民日常生活规律与需求相衔接，有效配置公共资源，提升服务效率，引领健康生活方式。

早在2014年首届世界城市日论坛上，上海就率先提出"15分钟社区生活圈"的概念，并在《上海市城市总体规划（2017—2035年）》中明确"以社区生活圈为单元配置社区级公共服务设施"。同时，上海围绕诠释新时期的城乡生活方式，修订与制定了一系列相关规划标准。其中2016年发布的全国首个地方性生活圈技术文件《上海市15分钟社区生活圈规划导则》，统一规划和建设标准，明确行动指引，为全市层面推动相关规划和行动奠定了基本框架。

2016年起，上海开始由点及面推进具体的社区生活圈更新试点工作，从以小微空间"针灸式"改造为主的实施路径，历经四大更新行动、"15分钟社区生活圈"规划建设三年行动等一系列工作实践，逐步向系统建构社区规划蓝图和近期项目清单相结合的行动模式转型，形成一套较为成熟的规范、标准和方法。随着试点社区数百项项目的实施落地，各方参与积极性高涨，社区凝聚力明显增强。

2021年6月，自然资源部在吸收上海等地实践经验的基础上，发布实施国家行业标准《社区生活圈规划技术指南》。同年9—11月，自然资源部与上海市政府首次合作的城市空间艺术季以"15分钟社区生活圈—人民城市"为主题举办，并与全国51个兄弟城市（包含直辖市、省会城市、自治区首府、计划单列市及长三角城市）共同形成《"15分钟社区生活圈"行动·上海倡议》，进一步在全国范围内推动社区生活圈行动建设。

  2022年10月，上海市立足实施行动实施角度出台《关于"十四五"期间全面推进"15分钟社区生活圈"行动的指导意见》，形成覆盖居住、就业、服务、出行、休闲与安全的12项重点任务，从行动目标、工作组织与机制保障等多个维度构建更系统的"15分钟社区生活圈"行动框架。同年12月，经上海市政府同意，建立上海市全面推进"15分钟社区生活圈"行动联席会议制度（简称"市联席会议"），由上海市规划和自然资源局和上海市发展和改革委员会联合牵头开展相关工作，办公室（简称"市联席办"）设在上海市规划和自然资源局。

  2023年4月，上海市政府召开全面推进"15分钟社区生活圈"行动部署会，提出"1510"工作框架，即聚焦构建以人民为中心的"15分钟社区生活圈"总体目标，遵循坚持人民至上、坚持规划引领、强化公共服务、注重统筹兼顾和坚持全过程人民民主等五个基本导向，推进问需求计调研、美好社区先锋、功能引领覆盖、特色空间塑造、项目实施统筹、专业创新示范、社会协同联动、城市治理提升、综合保障机制、开发平台构建等十个专项行动。在此基础上，同年5月市联席办发布《2023年上海市"15分钟社区生活圈"行动方案》，正式拉开上海全面推进"15分钟社区生活圈"的建设格局。

  2023年12月至2024年1月，市联席办开展"15分钟社区生活圈"优秀案例评选工作，面向全社会参与"15分钟社区生活圈"行动的组织者、设计者、运营者等多元主体，广泛征集5年内已实施完成并能够展现实施成效、彰显社区特色、体现管理创新的项目。评选活动发布后，社会各方踊跃申报，共有约500个项目参与报名。优秀案例评选分为温馨家园、睦邻驿站、活力空间、慢行步道、共享街区、烟火集市、艺术角落、人文风貌、美丽乡村、治理创新等十种类型，通过规划、建筑、景观、艺术、社区治理等领域的47位专家评审，评选出81项优秀案例；通过网络公开投票收到近50万份公众投票，评选出37个市民最喜爱的优秀案例。

## 1.2 全面推进十项行动

历年来，上海始终聚焦构建以人民为中心的"15分钟社区生活圈"的总体目标，自2023年起全面推进十项行动。

**1. 挖深度，深入问需求计调研行动**

深入基层掌握民情民意，回应群众热切期盼。结合主题教育开展"问需求计调研"行动，以专业设计联盟为班底，组织千余名设计师下沉到1600个社区生活圈基本单元，采取线上征询、线下座谈及问卷调查相结合的方法，累计发放回收约40万份问卷，形成社区现状画像，全面排摸社区居民的"急难愁盼"需求和基层工作的棘手问题。整理形成的调研报告成果，聚焦完善设施功能、优化空间品质、创新社区治理、提升服务水平等方面，总结9类关键问题、6条问题清单、10条策略建议及4项行动，为谋划后续工作奠定扎实基础。

**2. 抓力度，力争美好社区先锋行动**

坚持城乡统筹，全域划示1600个"圈"。综合考虑行政边界、人群类型、出行特点、服务需求等因素，遵循均衡布局、使用便捷、服务精准等原则，在全市城乡建设区域划示形成1600个"15分钟社区生活圈"基本单元，包括城镇社区生活圈860个，乡村社区生活圈740个。

绘制"一张蓝图"，综合统筹社区建设项目。聚焦划定的"15分钟社区生活圈"基本单元，引导街镇和区相关部门综合统筹社区各类功能项目的布局配置和实施建设，制订完成各区2023年规划蓝图，实现空间强整合、资源促融合。

**3. 显温度，扩大功能引领覆盖行动**

聚焦"十全十美"，保基本、提品质、塑特色。每个社区生活圈在功能上突出"十全十美"理想服务导向，对居住、商务、产业等不同功能的生活圈提出因需定制、因地制宜的配置模式。

"十全"强调保基本，标准化配套党群服务、便民服务、就业服务、医疗卫生、为老服务、教育托幼、文化活动、体育健身、应急防灾、公共交往等与百姓生活息息相关的设施与空间，推动优质公共服务资源向基层均衡布局。"十美"强调提品质和塑特色，自选配置生态培育、全民学习、儿童托管、健康管理、康养服务、特色服务、文化美育、创新创业、交通市政、智慧管理等设施，在补齐民生短板的同时，倡导全龄、全时友好，提升百姓生活幸福指数。

**4. 添亮度，倡导特色空间塑造行动**

创设"1+N"模式，强化地区特色服务。适应超大城市高密度高强度社区特点，探索构建"1+N"（"人民坊＋六艺亭"）的公共服务设施网络格局。

其中，"1"是在社区生活圈中心布局的一站式综合服务中心"人民坊"，以党群服务中心为基本阵地设置，强调空间复合、功能融合、面向全龄友好；"N"是结合社区内的蓝网绿脉、生活性街道等灵活布局小体量、多功能的服务驿站"六艺亭"，增强开放空间的公共艺术性和紧急状态下街道的应急保障能力。目前已涌现出一批深受百姓欢迎的优秀项目，如徐汇区依托党群服务中心，通过复合设置、错时共享等方式，打造能提供一站式服务的"生活盒子"；浦东新区在滨江公共绿地内嵌入小微服务驿站"望江驿"，为市民提供临时休憩空间、公共卫生间、直饮水等功能。

**5. 加速度，落实项目实施统筹行动**

谋划"一盘棋局"，集中力量推进项目建设。以实施为导向，根据各区发展阶段和实际需求，全市城镇和乡村地区制订完成2023年度项目实施清单，形成"一盘棋"的统筹要求，分区分类推动基础保障和品质提升项目建设。2023年全年上海启动并完成3000余个项目建设实施，覆盖教育、文化、医疗、养老、体育、休闲及就业等各方面，城乡社区的公共服务水平得到整体提升。

**6. 提高度，夯实专业创新示范行动**

建立社区规划师制度，加强专业技术力量支撑。所有中心城区和部分郊区均已推行在地化的社区规划师制度，为居民提供政策宣讲和方案解读，引导居民参与方案设计，确保社区蓝图系统科学、建设项目布局合理。

创设"人民城市大课堂"，以"点单送学"方式推动服务下基层。搭建市级、区级、街镇、居村四级"人民城市大课堂"分享交流平台，组建规划、建筑、景观、艺术等多学科专家讲师团，围绕"15分钟社区生活圈"行动的推进实施、经验案例、亮点特点等开展宣讲交流和技术培训。2023年全年已开展"人民城市大课堂"60余讲，线下累计超1.3万人次参与，线上累计近万人次观看课程视频。

组建多专业设计联盟，提升设计品质。按照"设计提升品质"的导向，组织108家建筑、景观、艺术等专业技术团队组建专业设计联盟，与1600个生活圈一一结对，在进一步挖掘资源、提升设计水平等方面，提供全面技术保障。

**7. 拓宽度，加快社会协同联动行动**

坚持统筹兼顾，推动多"圈"融合协同。以"15分钟社区生活圈"行动为总体工作平台，横向联动各条线、各部门的"党群服务阵地体系""一刻钟便民生活圈""15分钟就业服务圈""15分钟养老服务圈""完整社区""附属空间开放"等相关工作，加强需求和空间统筹，形成合力联动推进。

推动资源共享，大力推进附属空间开放。按照把最好的资源留给人民、为人民群众营造最佳的人居环境的总体要求，积极推动机关、企事业单位、学校等的存量资源挖潜和向社会开放，2023年全年已推动开放51个附属空间，以城市微更新打通城市脉络、拓展活动边界，在市民家门口打造更多休闲游憩好去处。

**8. 提参与度，树立城市治理提升行动**

坚持全过程人民民主，引导市民群众广泛参与。充分发挥区域化党建优势，尤其在街镇、居村层面，坚持自下而上"一图三会"的社区自治、共治模式，引导市民群众全过程参与社区治理，即在形成"一张蓝图"的过程中，通过"征询会"广泛征集居民意愿，形成项目初步需求；在方案形成后，通过"协调会"选出居民满意的设计方案；在项目建成后，通过"评议会"评估设计方案和实施效果。

不断拓展公众参与途径。积极利用亲民活泼的活动形式，降低公众参与的专业性门槛，通过举办社区开放日和参与式设计工坊等活动，让居民更直观、更便捷地参与生活圈建设，感受生活圈成效。

**9. 推制度，健全综合保障机制行动**

全面建立市、区统筹协调机制并稳步运行。市级层面建立完善联席会议事规则和信息报送机制，切实强化市区纵向之间工作动态化、常态化交流。区级层面均建立由区领导牵头的区级联席会议机制，其中浦东、黄浦、静安、普陀、杨浦、青浦、松江、崇明等8个区由区委或区政府主要领导亲自挂帅推进，集聚全区资源推进工作。

**10. 促认同度，拓宽开发平台构建行动**

拓宽社会各界建言献策、交流展示渠道。依托"人民建议征集"平台，先后在全市范围以及黄浦、静安、徐汇、普陀、虹口等区内开展"我为15分钟社区生活圈献一计"活动，聚焦完善设施功能、优化空间品质、创新社区治理、提升服务水平等征集市民意见建议，共收到反馈问卷5600余份、市民建议200余条。搭建形成局官网"15分钟社区生活圈"行动专栏，九大板块全面展示工作动态和行动成果，上传"人民城市大课堂"视频课件，发布各区亮点项目及工作动态约150篇。

"15分钟社区生活圈"行动是一项系统工程，也是一项长期任务。自2023年起全面推进的"15分钟社区生活圈"行动深入人心，市、区、街镇齐抓共管，社会各方同向发力，取得显著成效。面向未来，我们要进一步深入践行"人民城市"理念，锚定目标任务、加强创新探索，用心用情提升社区品质，一起打造美好生活共同体，共建"理想之城"！

# 第 2 章　社区规划

社区规划是在街镇范围内,以"15分钟社区生活圈"基本单元为对象,围绕"五宜"目标愿景,以问题导向、需求导向,统筹安排社区资源,植入"十全十美"服务要素,全面谋划社区在未来五年以及更长一段时间的发展框架、空间构架和要素配置,形成社区规划蓝图和三年建设项目清单。通过系统规划、精细设计、协同建设、长效运维的全过程行动,实现社区服务与空间品质的整体提升,促进社区健康、协调、融合发展。

社区规划编制一般包括五个基本环节:

第一步现状调研,发现社区存在问题和短板,把握社区发展特征,识别现状空间结构;

第二步资源挖潜,优先利用现状空间资源,全方位识别社区潜力空间;

第三步描摹蓝图,明确社区发展愿景和整体构架,匹配社区需求与空间资源,形成"系统性、全要素、精细化"的空间应对方案;

第四步明确项目,将社区蓝图面向较长时期的发展目标分解为三年建设项目清单,以分阶段、分层次的项目为抓手,逐步实现社区渐进式发展;

第五步推进建设,充分依托社会力量,推进项目有序实施,做好运营管理和后续维护。

社区规划编制完成后,还需要长期关注居民反馈和设施使用情况,形成可持续推动的工作闭环,不断完善使其更好适应社会发展和人民需求。

在完成上述基本环节基础上,鼓励各区各街镇根据社区发展阶段、建设条件、资源禀赋、风貌特色、人口结构及行为特征等,因地制宜开展社区规划编制。可按需增补在地性、特色化的社区规划内容,创新空间治理手段,拓展公众参与渠道和形式,在空间布局、资源利用、要素选取、服务配置、社区治理等方面更加凸显社区特色化和差异性，展现百花齐放的方案特色。如老旧社区面临的空间资源紧张难题，需要以更敏锐的识别力，在街角、桥下、背街等处挖掘零散的消极闲置空间，以精细"绣花"功夫，依托嵌入式的小微更新，着重提升人性化空间品质；对于历史上有过完整（或系统）的社区规划的社区，重点是通过链接、织补、重塑等空间手段，修复并强化社区主要空间脉络，营造集中展现烟火生活的美好画卷，提升空间价值与认同归属；乡村社区则需要充分发挥自身资源优势，以"农业+"为导向发展多元新兴业态，打造丰富多彩的特色乡村主题场景。

为更好生动展现社区规划内容及方法，本章选取社区规划推进较早、整体建设成效较好的普陀区曹杨新村街道、普陀区万里街道、长宁区新华路街道和浦东新区惠南镇，对社区规划的编制过程、特色做法和具体行动展开介绍。

## 2.1 普陀区曹杨新村街道"15分钟社区生活圈"行动

**社区基本信息**

**规划范围**：东至中山北路，与石泉路街道、长寿路街道相接；南至金沙江路，与长风新村街道相邻；西临桃浦河，与长征镇相接；北至武宁路与真如镇街道、石泉路街道相邻（图2-1-1，图2-1-2）

**用地面积**：2.1平方公里

**常住人口**：10.7万人

**组织实施单位**：上海市普陀区曹杨新村街道办事处

图 2-1-1　曹杨新村街道区位图

曹杨新村是1949年中华人民共和国成立后上海建造的第一个工人新村，也是中国首个以"邻里单位"思想（图2-1-3）规划建设的居住社区，呈现了"15分钟社区生活圈"建设的雏形。其中，曹杨一村作为劳模新村建于1951年（图2-1-4），历经改造和加建后基本维持原貌，并于2005年被列为第四批上海市优秀历史建筑，具有鲜明的红色基因和较高的历史风貌价值。20世纪90年代以来，随着单位制解体和住房商品化改革，曹杨新村社区的社会结构发生巨大变化，面临人口规模增长迅速、社区老龄化程度较高、流动人口不断增加等问题，同时人民群众对曹杨新村居住环境和公共服务设施也提出了更高的要求。

2020年底，街道抓住曹杨新村建村70周年和成为2021上海城市空间艺术季重点样本社区的契机，针对住宅老化陈旧、功能活力欠缺、公共服务不足、游憩空间缺乏等问题，秉持"勤劳智慧、团结奉献、传承创新、奋进超越"的曹杨精神，全面推进"15分钟社区生活圈"提升建设行动。通过优化功能和结构，提升空间品质，营造社区价值特色，实现"补短板、锻长板"，将曹杨新村打造为"宜居、宜业、宜游、宜学、宜养"的幸福美好社区。

### 2.1.1 做实基础调研，共商人民需求

自上而下，依托多专业技术团队，开展实地基础调研。在社区层面开展空间使用需求和居民出行特征调研，通过与社区居民、物业业主的访谈沟通，更全面地识别社区居民主要活动规律，掌握社区问题短板。同时，将调研逐层细化至建筑层面，挖掘社区可利用资源，列出闲置用地、闲置建筑，以及使用功能不恰当、使用效率不高的各类空间清单。统合归纳后，由总规划师编制单位为社区

图 2-1-2　曹杨新村街道鸟瞰图 ©上海城市空间公共艺术促进中心

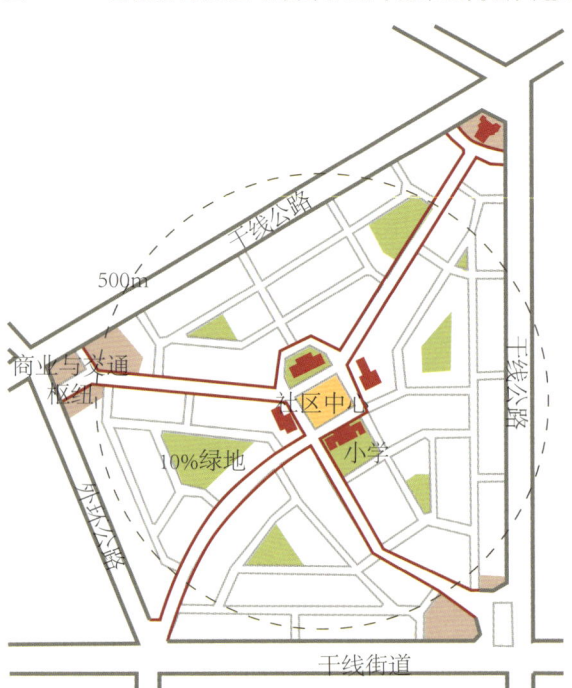

图 2-1-3　"邻里单位"理论模式图

图 2-1-4　曹杨新村规划总平面图（1950年）©汪定曾

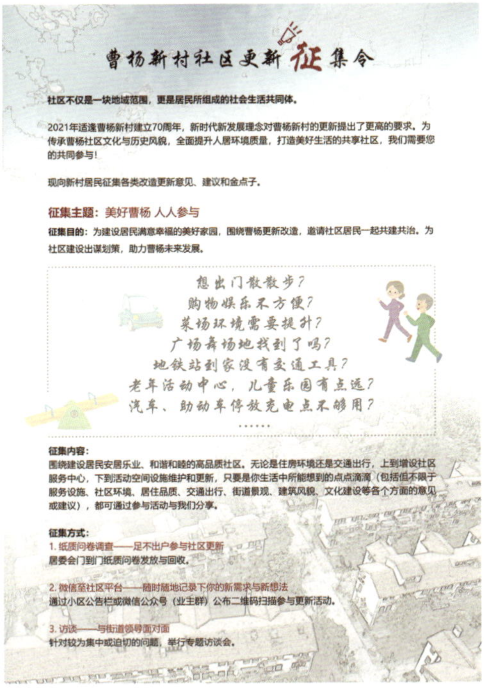

第 2 章 社区规划

"问诊把脉",明确后续社区规划建设重点。

自下而上,通过多途径公众参与,收集汇总居民关心关注的社区议题。依托街道平台发布"曹杨15分钟社区生活圈征集令"(图2-1-5),向居民征集服务设施、社区环境、居住品质、交通出行等方面提升意见和建议;以楼组、居民区、片区三级"红色议事厅"(图2-1-6)为载体,发挥党建引领作用,统筹居民、商户、物业业主等各方需求,合力破解难点问题;举办"美丽曹杨、美好生活——双美曹杨设计讲堂"、曹杨一村社区营造工作坊(图2-1-7)、"寻找曹杨"拼图活动(图2-1-8)等,搭建专业人员与居民互动机制,通过实地漫步、现场交流、互动参与等形式,与居民共同探讨社区未来。

上下结合,匹配社区潜力空间,汇总形成社区基础底板。先将居民关注议题、专业团队调研发现的问题,整合形成一张按"五宜"分类汇总的社区需求清单(表2-1-1)。再将各途径收集到的空间资源按照可开发地块、意向更新地块、低效使用或闲置空间、单位附属场地进行分类汇总,形成一张社区潜力空间地图(图2-1-9)。最后将社区需求与潜力空间两相匹配,作为指导下一步规划,解决社区痛点难点、问题矛盾的基础。

### 2.1.2 挖掘社区特色,锻造"价值长板"

依托社区留存下来的"邻里单位"空间格局、蓝绿网络,以及延续至今的工人新村集体记忆场所,梳理整合形成曹杨新村独特的社区空间

图 2-1-5 "曹杨15分钟社区生活圈征集令"海报
图 2-1-6 曹杨新村街道武宁片区"红色议事厅" ©上海城市空间公共艺术促进中心
图 2-1-7 曹杨一村社区营造工作坊 ©同济大学社会学系
图 2-1-8 "寻找曹杨"拼图活动 ©上海大学上海美术学院

和功能底版，通过彰显社区特色价值，做足社区"长板"，以此更好诠释劳模文化和睦邻文化，强化居民对社区的认同感和自豪感。

**1. 塑造"一环双轴线"的社区标志性公共空间骨架**

延续曹杨社区"弯窄密"的路网格局和风貌特色，并将其融入更大区域"蓝网绿脉"整体架构，重点打造完整连贯、活力渗透的"一环双轴线"公共空间结构体系（图2-1-10），成为曹杨居民惬意生活、活动交往、感知自然的蓝绿生活场景。具体包括：将现状未被充分利用的桃浦河打造为开放型滨水空间；以水边、路边与围墙边"三边融合"为手段，恢复贯通曹杨环浜1.2公里滨水步道，结合周边景观特征、资源禀赋，打造环浜主题段落和公园节点，提升公共空间开放性和景观品质（图2-1-11）；将曾经的铁路支线改造为立体带状公共开放空间——百禧公园，复合生态绿轴、生活社交、环境景观功能。

表2-1-1　曹杨新村街道需求清单（2020年）

| 五宜方面 | 居民提出的需求 | 居委提出的诉求 | 调研发现的问题 |
|---|---|---|---|
| 宜居 | 商业业态不丰富，难以满足居民需求，长期以来只有一家曹杨商城；<br>社区内停车空间不足，停车困难；<br>居委等社区服务空间多位于小区内住宅建筑一层空间，难以满足非本小区居民的日常使用；<br>老旧小区内普遍反映希望地面绿化、照明、户外晾晒空间等与居民日常生活有关的环境有所改善 | 住宅建筑陈旧，内有部分违章建筑，破坏居住环境；<br>不成套住宅数量较大，没有独立的煤卫设备，卫生条件较差；<br>老年人口较多，亟需适老化改造；<br>由于住房无法成套交易，原住民纷纷搬出，房屋租借情况导致管理难度加大；<br>商街整体形象不佳，对风貌有一定影响 | 住宅人均居住面积普遍较小，无法满足现代化生活需求 |
| 宜业 | | | 西侧曹杨新村内部的商办楼宇普遍较为老旧，且与居住空间穿插，空间利用效率较低；<br>东侧以大院大所为主的武宁科技园区功能复合性不足，与社区融合不够；<br>社区整体缺乏嵌入式共享办公空间 |
| 宜游 | 社区整体缺少休憩停留空间；<br>社区缺乏运动场地与户外活动场地，老旧小区内户外健身设施有部分受损；<br>部分道路步行环境不佳，路面不平整且通行宽度不足 | 现状环浜绿地通达性不足，部分路段被围墙、建筑、设施隔断，环浜公共空间未串联成网；<br>社区东侧公共开放空间不足 | 公共绿地与广场总量不足，街头绿地品质有待提升；<br>附属绿地开放度需进一步提升，作为总量不足的补充，方便居民使用 |
| 宜学 | | 社区内有一定的比例的亲子家庭，养育托管点需进一步补足；<br>曹杨影城、村史馆、社区文化中心、新华书店等设施相对陈旧，需进一步更新 | 社区西侧的幼儿园服务覆盖度不足；<br>校区与社区联动不足 |
| 宜养 | 文化活动室多设在小区内部，部分设置在二楼，老年人使用不便；<br>部分小区内活动空间缺乏无障碍坡道 | | 社区老年人口比例较大，老年服务设施存在服务盲点，覆盖不全；<br>社区卫生服务站存在服务覆盖盲区 |

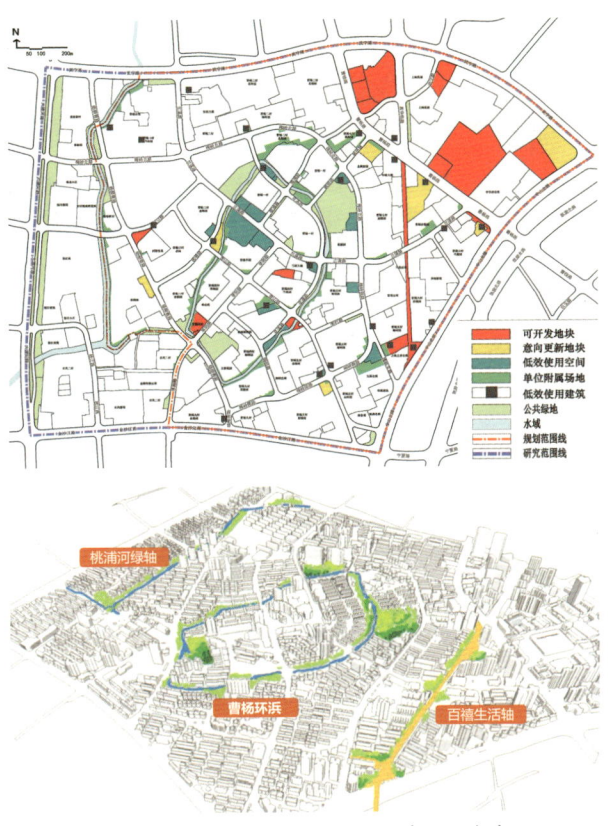

图 2-1-9　曹杨新村街道潜力空间地图（2020年）
图 2-1-10　曹杨新村街道"一环双轴线"空间结构体系

图 2-1-11　曹杨新村环浜步道与兰溪青年公园 ©上海城市空间公共艺术促进中心

### 2. 修复"三弯聚核心"的社区空间结构

按照"邻里单位"理论，曹杨新村在建村初始即以城市主干路为边界、以600米为半径划定社区规模；场地内保留丰富的河道水系，均衡分布公共开敞空间；选取社区中部位置打造社区中心，配置商场、银行、邮局、影剧院、文化宫、卫生所、公共食堂等各项公共建筑；在社区内部采用"弯窄密"的自由式道路布局，实现内部交通"通而不畅"，限制机动车车速，保障安全出行；住宅建筑沿道路与河流走向排列，整体呈行列式布局，并遵循自然水系等场地要素富有变化；在每个住宅片区内，根据人口均衡配置菜场、小学等社区服务设施，确保居民无论游憩、就医还是购物都在步行范围内。

直至今日，曹杨新村依然基本维持了原有的空间结构。为进一步突显"邻里单位"的空间结构，传承曹杨新村的场所特色，采用一系列空间手段进行修复和强化，具体包括：原状保护曹杨一村由行列式向扇形变化的空间肌理；保护林荫道路"弯窄密"的格局特色；借助智能化门禁等手段重新打开封闭的住宅组团，贯通组团间公共通道，打通住区面向环浜的出入口；整治并提升林荫道路及环浜步道等慢行交通的品质。引导社区空间逐步恢复有序开放，以连续的慢行系统再次串联社区居民日常生活必去的场所，重塑独特的街巷—环浜—住宅三弯环绕社区中心的社区组织模式及空间结构（图2-1-12）。

### 3. 彰显劳模风范的历史记忆和传统精神

1952年曹杨一村落成后，首批敲锣打鼓乔迁新居的居民都是各工厂中政治思想坚定、业务能力与表现优异的一线工人、劳动模范和先进工作者。在当时,能够入住曹杨一村是光荣而骄傲的。作为最为真切的榜样,他们向周围工友们展现着生活的光明前景:只要好好建设、用心积极生产,大家将来都能住上这样的房子。现今,曹杨新村仍然留存着大量体现红色模范文化、工人社区睦邻文化特色的标识物,包括曹杨一村住宅群、曹杨公园、花溪路、棠浦路、曹杨环浜等空间载体,以及红桥、邮局、文化馆、商场、学校等承载一代代曹杨人集体记忆的场所(图2-1-13)。通过原状保护、标识展示、植入艺术等方式,构建曹杨新村历史文化场所标识体系(图2-1-14),在新时期继续传承发扬"第一工人新村"的光荣与梦想。

### 2.1.3 谋划社区蓝图,统筹行动项目

曹杨新村社区规划改变以往局限于更新项目进行设计的思路,围绕社区"一环双轴线"主要空间结构,将散布的更新项目重新串联在骨架之上,形成一张全要素全周期全覆盖的社区规划蓝图(图2-1-15)。

**1. "一张蓝图"统筹社区发展,展现曹杨五宜美好生活**

普陀区区级层面统筹开展"蓝绿橙黄红"五线谱行动,即"蓝网、绿脉、橙圈、宜居、美路",打造贯通开放的河湖水网、塑造多彩可及的公园绿脉、构建十全十美美好生活圈、打造深入民心的宜居品质、构建美观靓丽的公共环境。曹杨新村落实区级顶层设计,形成贯通开放的河湖水网,多彩可及的公园绿脉,统筹完善设施配套、便民服务与开放空间建设;社区公共服务"橙圈"按需覆盖

图2-1-12 曹杨新村街道"三弯聚核心"的空间格局

图2-1-13 花溪路与红桥 © 上海城市空间公共艺术促进中心

图2-1-14 曹杨新村街道文化标识体系规划图

以人口密度、人群结构特征为基础，因地制宜确定各级生活圈规模，构建十全十美理想型、特色服务型、基本服务型三类"美好生活盒子"；以"弯窄密"的林荫路网为骨架，倡导绿色生活方式，提升面向全龄人民的公共活动空间品质，营造人文、绿色、开放、共享的高质量生活居住空间和公共环境。

**2. 持续完善社区便民服务，提供贴心日常关怀**

精细化应对曹杨新村人口密集的特征，通过充分挖掘潜力空间、持续加密服务布局、提供更多的就近服务、扩大服务覆盖范围，在原有街道级、社区级、邻里级的三级公共服务体系之间增设片区级服务，形成具有曹杨特色的"域—片—面—点"四级综合服务体系，分别为街道党群服务中心、片区人民城市客厅、百姓会客厅和百姓客堂间。这些服务综合体依托政府、社区、企业多种服务资源的协调整合，分类分级嵌入党群服务、社区议事、日间照料、社区食堂、卫生服务、便民药房、政务管理、村史展览等功能，为社区居民提供更多有温度的社区服务和交往场所（图2-1-16）。

**3. 重点关注一老一小需求，打造全龄友好社区**

针对曹杨社区人口老龄化突出的情况，着重健全养老服务体系，均衡布局老年人康养服务设施及活动场地，并依托智慧曹杨数字平台，推行"互联网+"的智慧诊疗服务，为社区居民提供高效、便捷、优质的医疗健康服务。构建处处可及的儿童关怀设施，健全儿童之家与儿童服务中心，

图2-1-15　曹杨新村街道"15分钟社区生活圈"规划蓝图（2020年）

曹杨新村党群服务中心及村史馆　　　　　　　　枣阳公园健身活动场地与曹杨公园儿童活动场地

武宁片区社区食堂与老年人日间照护场所　　　　花溪园百姓会客厅与金梅园社区民防广场活动场地

图2-1-16　曹杨新村社区便民服务和交往场所 ⓒ上海城市空间公共艺术促进中心

通过盘活社会资源，打造曹杨社区"共享"亲子活动室、亲子运动乐园，让儿童生活在健康、安全、包容、绿色的社区环境中。

**4. 形成三年建设项目清单，做好法定规划支撑**

把社区规划蓝图高质量地转化为社区实景画，结合社区"十四五"发展目标和各部门计划，按项目所在地块统筹形成重点项目包，并以三年为周期建立项目库。综合考虑项目实施的难易程度和居民需要的急迫程度，明确一年期的工作和三年期的节点，形成分阶段实施、动态更新的项目机制。同时，为推动社区蓝图落地，保障各类项目合法合规实施，由市、区两级规划资源部门会同社区规划师一起，梳理提炼蓝图中的相关内容，纳入详细规划图则，主要包括：落实公共绿地、社区及以下级公共服务设施等公益性要素的规模和布局要求，并按照城市更新政策适度提高更新地块开发容量，满足功能转型升级需要，平衡更新成本，提高项目可实施性（图2-1-17）。

## 2.1.4 开展主题活动，促进交流共建

曹杨新村街道作为2021上海城市空间艺术季的重点样本社区，通过植入艺术作品、举办主题展览和公众活动，让参观者走进社区，融入社区居民的日常生活，全面、深入了解曹杨"15分钟社区生活圈"行动的愿景和阶段性成果，形成共创美好生活的强大合力。

**1. 推动艺术融入社区、融入生活**

空间艺术季以将艺术融入社区、让居民在日常生活中偶遇艺术为构思，在曹杨新村植入了多组主体公共艺术作品，如"菜场×美术馆"项目利用桂巷菜市场，通过艺术家摄影、装置、影像动画等形式，进行在地艺术创作和展示，叙述曹杨故事；"曹杨的微笑"新媒体艺术作品设置在特色风貌道路——花溪路上，通过影像记录生活在曹杨社区居民的幸福表情，表达"生活在曹杨、幸福在曹杨"的人生态度；通过《廊下母子》《红桥故事》等雕塑作品，展现和传承曹杨新村的历史文化记忆（图2-1-18至图2-1-20）。公共艺术作品的植入，大幅提升了曹杨社区的生活环境品质和文化艺术氛围，让居民在社区里偶遇艺术，为社区增添魅力。

**2. 全面展示曹杨社区建设成效**

在2021上海城市空间艺术季期间，设置主题展、特展、艺术展等共16个展览、9个特色展场、30多个其他展场。其中"曹杨社区总览"、曹杨"15分钟社区生活圈行动"规划展、"曹杨看世界、世界看曹杨"主题展，整体溯源曹杨新村建成以来的规划建设历程，深挖曹杨文化价值，系统展示"15分钟社区生活圈"规划理念的萌芽、传承与发展，并以一个个鲜活的案例，生动立体地展现了共建"美好曹杨、幸福家园"的做法和经验，有效促进社会公众对社区规划工作的认识度和认同感（图2-1-21至图2-1-24）。

**3. 社会各方共评共建、共享成效**

通过举办学术沙龙、交流论坛，组织网络票选活动以及线下居民现场投票等多种形式活动，共计190余场，使各界专业人士、社区居民都能

图2-1-17　曹杨新村街道重点项目分布图（2020年）

践行"人民城市"理念,推进上海"15分钟社区生活圈"探索与实践——实践篇

图 2-1-18 "菜场×美术馆"©上海大学上海美术学院
图 2-1-19 "曹杨的微笑"
图 2-1-20 街头雕塑《廊下母子》与《红桥故事》

图 2-1-21 "曹杨社区总览"展场
图 2-1-22 曹杨新村"15分钟社区生活圈行动"规划展

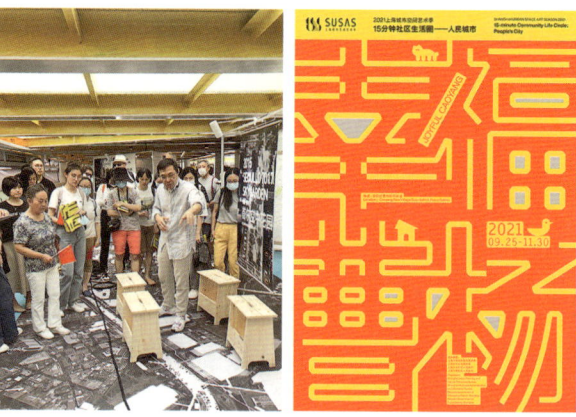

图 2-1-23 "曹杨看世界、世界看曹杨"主题展©刘宇扬建筑事务所
图 2-1-24 艺术季曹杨社区海报

18

第 2 章 社区规划

图 2-1-25 "我最喜爱的地方"居民评选活动 ⓒ 同济大学社会学系

图 2-1-26 "双美讲堂,行走曹杨"活动现场+路线图 ⓒ 同济大学建筑与城市规划学院、上海潮字文化艺术有限公司

充分参与社区建设。如在"曹杨新村·社区故事馆"中举办的"我最喜爱的地方"评选活动,居民和前来参观的游客都可以根据自己的曹杨记忆、生活轨迹或游览体验,为自己最喜爱的社区服务设施或公共空间投票,也可以分享自己的"社区认知地图",多角度感受和评价社区建设成效。面向青少年、参观市民开展"双美讲堂,行走曹杨"活动,邀请专家学者作为讲堂及行走导师,通过漫步曹杨环浜、村史馆、红桥、百禧公园等社区重要节点,回溯历史,感受当下,畅想未来(图2-1-25,图2-1-26)。

### 2.1.5 强化统筹机制,实现"三线联动"

曹杨"15分钟社区生活圈"行动因地制宜探索形成服务社区、市区合力、多部门协同的工作推进机制,通过加强区级部门、街道和设计单位

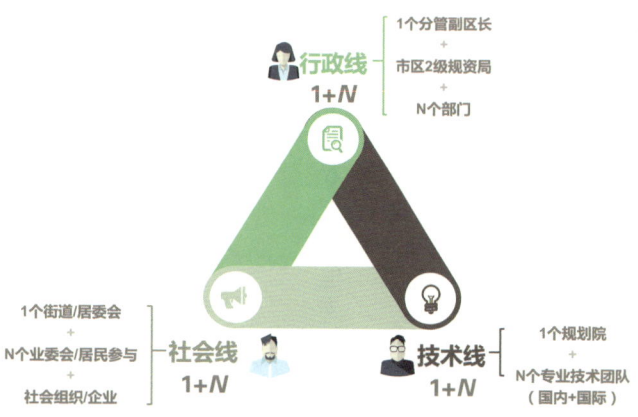

图 2-1-27　曹杨"15分钟社区生活圈"行动"三线联动"模式图

的"三线联动"(图2-1-27),强化实施统筹,明确工作任务和时间节点,形成计划表和路线图,制定责任单位和责任人,共同保障生活圈行动的顺利推进。

**1. 贯通行政线**

由分管副区长牵头,规划资源、民政、房管、建管、绿容、街道等部门共同参与,建立15分钟社区生活圈建设领导工作小组,协调需求、明确计划、统筹实施。

**2. 做实社会线**

街道和居委会统筹形成基层工作平台,作为社区治理的推进主体,联合业委会、居民及相关企事业单位,聘请社会组织,并与在地企业沟通,衔接社区需求;以"人民城市客厅"为载体,在项目前期方案阶段、实施过程中和实施后评估等各个阶段,向市民展示阶段性成果,让人民群众看得懂、感受到、多参与。

**3. 共创技术线**

采用"总规划师单位负责制"与"多专业综合团队责任制",由多家规划、建筑、景观设计单位共同组成"美好生活设计联盟",总规划师牵头把关,联席共创,形成"单位+主创+多专业"综合联动的更加强大的技术支撑保障(图2-1-28至图2-1-30)。关注一个空间中各类项目在空间上的整体品质要求和实施时间节点衔接,通过从设计到实施全过程参与,强调多专业、强融合,适应项目在实施过程中的各种复杂情况,以达到整体效应的最优化,保障社区生活圈的建设品质。

**4. 在"三线联动"基础上,构建两级协商机制**

由区政府作为决策主体,形成区层面的项目组织会,相关部门、街道及专业技术团队共同参与,梳理各条线工作和诉求建议,对接街道发展的难点与痛点,上下联动协调对接,共同协商推进社区蓝图规划和重大项目落地。由街道牵头,

图 2-1-28　总规划师与项目设计团队和街道共同讨论设计方案

图 2-1-29　总规划师现场选定建筑材料

每周举行实施统筹会,协同社区居民、社会组织、企业、专业技术人员和各项目实施主体,就项目具体实施方案和建设中的具体问题进行协商(图2-1-31)。

图 2-1-30　总规划师方案指导示例

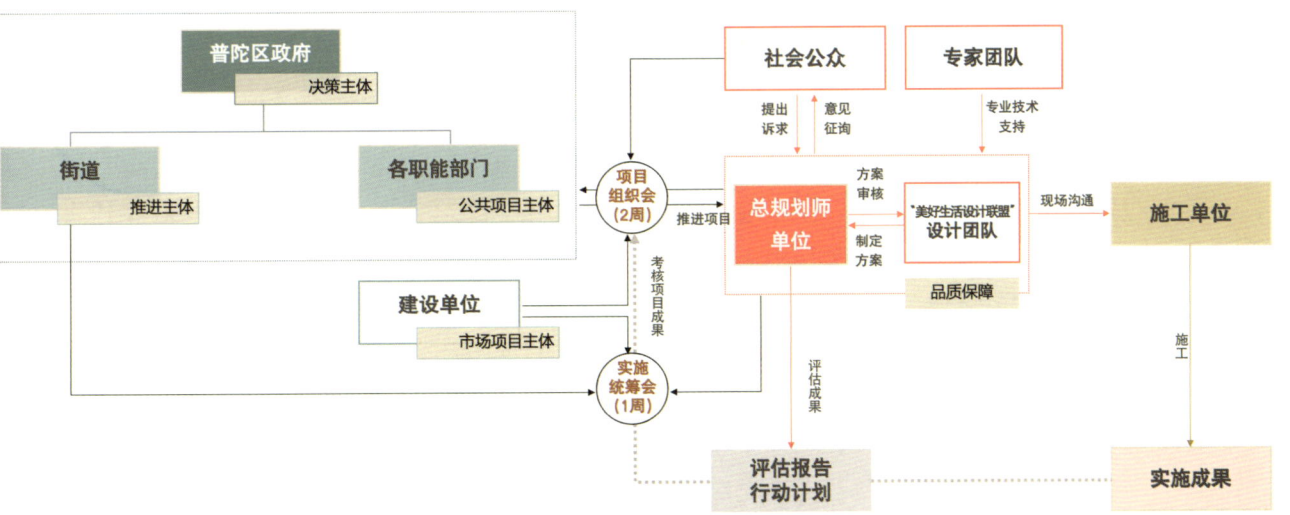

图 2-1-31　曹杨"15分钟社区生活圈"行动工作机制示意图

## 2.2 普陀区万里街道"15分钟社区生活圈"行动

**社区基本信息**

**规划范围**：东至灵石路，与甘泉路街道相接；南至交通路，与真如镇街道、石泉路街道相邻；西至桃浦西路及真南路，与桃浦镇相接；北与宝山区大场镇毗连（图2-2-1）

**用地面积**：3.3平方公里

**常住人口**：6.6万人

**组织实施单位**：上海市普陀区万里街道办事处

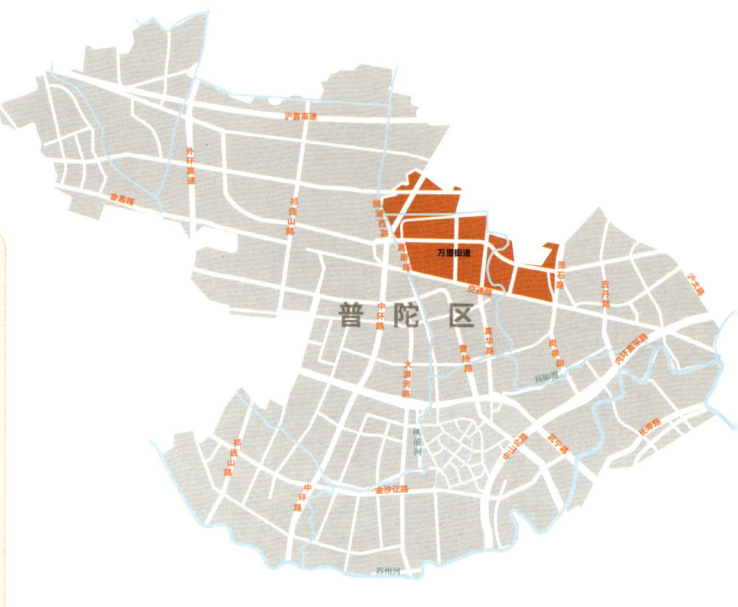

图 2-2-1　万里街道区位图

万里街道位于普陀区北部，原是长征镇的一处飞地。20世纪90年代后期作为上海四大跨世纪示范居住区之一启动相关建设，体现了"人，诗意地栖居"的意境，逐步成为上海市西北部人口较为集中、具有代表性的居住地区。2014年"万里地区"从长征镇析出，成立万里街道，成为普陀区"最年轻"的街道，原有公共服务设施基本集中在长征镇，亟需对社区服务要素进行梳理评估，促进公共资源的精准化落实。2016年起，作为城市更新四大行动计划之中的"共享社区"试点，开展持续的社区规划实践，并入选2023年世界城市日《上海手册》，为全球可持续社区建设提供新样本。

### 2.2.1 十年蝶变，打造生态活力社区样板

**1. 社区规划1.0版——社区生活圈基本构建**

新成立的万里街道，面临着社区公共服务设施能力偏低、分布不尽合理；公共空间环境品质不均衡、缺乏活力；规划设施总量少、缺乏集聚性与系统性、不适应社区需求等诸多问题。2016年启动的1.0版社区规划，突出"找短板、定任务、推行动"三大环节，形成由"区域评估—发展规划—行动计划"构成的系统性工作框架（图2-2-2），并关注建设动态更新及行动反馈，实现及时、长效治理。

区域评估重在找短板。以居民多层次需求为导向对公共要素进行评估，通过梳理"缺什么"，

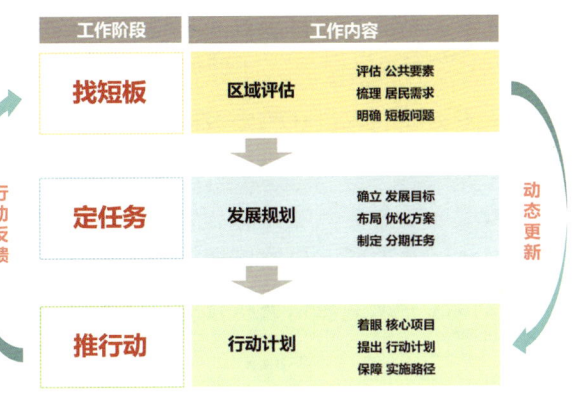

图 2-2-2 万里社区规划 1.0 版编制框架

筛选出社区发展关键要素，聚焦公共服务设施、公共空间、交通环境及公共活动，形成规划优化清单和菜单式策略库。

发展规划重在定任务。提出以"魅力社区、悦行万里"为主题，以连续、舒适的慢行网络构建为核心，串联各类公共服务设施、公共开放空间等社区吸引点，建设舒适宜居、健康活力、高效便捷的15分钟社区生活圈，明确公共服务设施、公共开放空间、交通慢行系统等关键要素的空间布局方案。

行动计划重在推行动。综合考虑需求紧迫度、实施主体积极性、实施难易度等，形成邻里之家、绿行万里、家园节三大近期行动计划，明确项目清单，并与城市更新、土地出让前评估等政策相衔接，使社区规划具有较强的可操作性。万里"十三五"规划将项目整合为公共服务、社区事业、景观环境等三大类，总数共计39个项目，实施后的社区服务水平有了较大提升。

**2. 社区规划2.0版——更加美好的典范社区**

2021年，结合普陀区统筹开展的"蓝绿橙黄红"五线谱行动，万里街道启动2.0版社区规划。在对上一阶段社区规划实施成效进行评估的基础上，对标更高要求，强调社区服务向品质提升和特色塑造转变，提高设计、建设、管理的精细化程度，对所有潜力空间进行激活、提质和赋能，实现社区规划管理向高效复合共享转变，实现超大城市社区更新的"万里新征程"。

通过提取社区在自然环境、风貌资源等方面的特色要素，点亮爱尚万里的"两幅画卷"，共同形成鱼骨状的社区公共空间骨架。一幅是"蓝绿交织"自然生态美景的"千里江山图"。提取社区蓝绿基因，包括大场浦—横港—杨家桥—交通路围合形成的6.2公里"一环"水脉，以及25公顷的"六纵"绿轴。另一幅是"十全十美"美好生活场景的"清明上河图"。明确新村路与富平路"两横"作为社区发展的重要轴线：前者定位为激发活力健康态度的景观休闲大道；后者定位为承载美好生活需求的法式风情大道。在此基础上结合轨道交通站点600米服务半径分析，优化片区划分方案，实现2片社区公共服务"橙圈"按需覆盖，并嵌入特色服务型和基本服务型2种盒子。最终构建以新村路、富平路作为横向脊梁，以中央绿地、滨水地作为纵向骨架，嵌入江南水乡、法式园林特色基因，"两横六纵、一方城、两片区、多节点"（图2-2-3）的广覆盖的美好生活"万里画卷"。

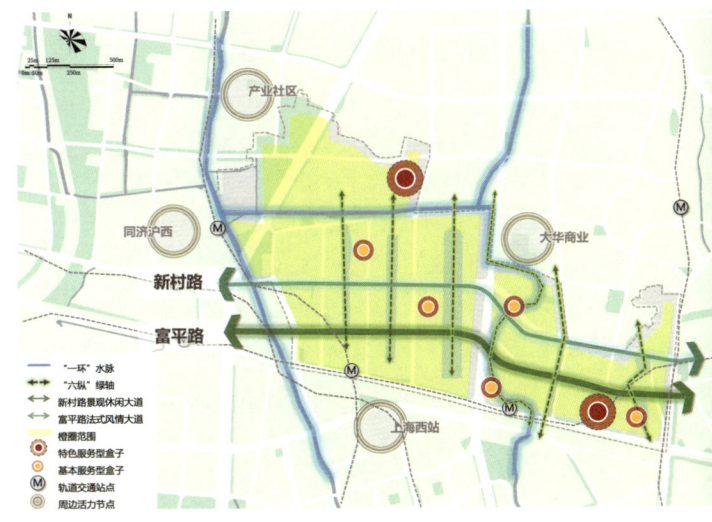

图 2-2-3 万里社区规划 2.0 版发展结构

## 2.2.2 问需于民,明确不同阶段关键问题

在进行社区调研的前期准备工作中,遵循系统性、精准性和可操作性等原则选取需要评估的社区要素并形成调研要素清单一览表(表2-2-1),包括人群特征、社区物质空间要素和居民需求三个方面。

### 1. 人口特征分析

收集并分析包括现状人口规模、人口密度、户籍比例、年龄结构、收入及学历分布等人口特征,总结人口结构特点(图2-2-4),应重点关注老幼人群、外来人口和低收入阶层的结构情况。万里街道人口中,有三个年龄段的人群非常集中,即学龄前和学龄儿童、中青年、60岁以上老人,并且60岁以上老年人比例达25%,其中60—69岁"年轻活力"老人占老年人总量的65.68%。也是普陀区"人口最年轻"的街道之一。

根据万里街道近年来人口数据,预测未来人口发展趋势和设施配置需求主要包括以下三方面:①近年来老年人口(60岁以上)比例从18%上升到25%,为老服务质量亟需提升;②学龄前及学龄儿童比例逐年升高,增幅预计超过20%,儿童托管、基础教育设施投入有待加强;③就业人口(20—59岁)比例超过50%,需增加个性化、多样化服务吸引人群在休闲时间回归社区。

### 2. 物质要素评估

梳理评估与社区生活密切相关的要素,如服务设施、公共空间、道路交通等资源的现状及既有规划情况,主要包括现状各类社区服务设施的

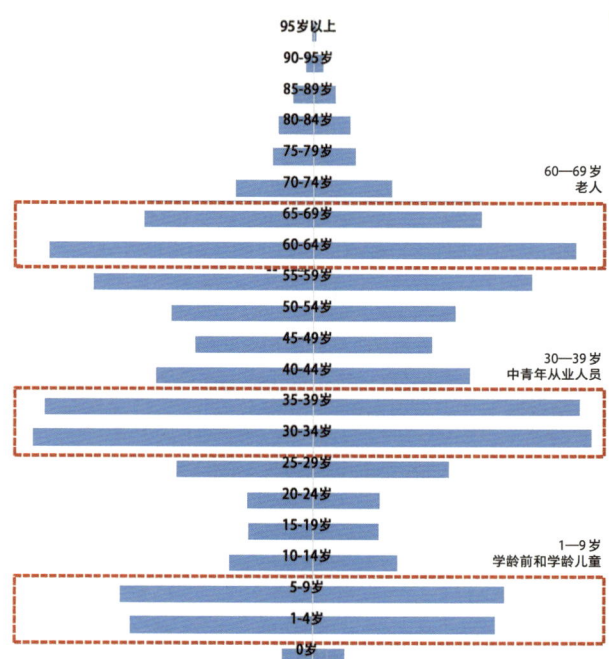

图 2-2-4 万里街道现状人口百岁图

表 2-2-1 社区调研要素清单一览表

| 调查要素 | 要素细分 | 调查内容 |
|---|---|---|
| 人群特征 | 人口结构 | 年龄结构、户籍比例、人口密度、收入分布 |
| | 人口趋势预判 | 总人口、老年人口比例、外来人群结构、收入阶层分布 |
| 物质空间 | 公共设施 | 行政、文化、体育、卫生、养老、商业、基础教育设施的规模及分布情况 |
| | 公共空间 | 公园绿地、小广场、其他活动场地分布情况规模及分布情况 |
| | 道路 | 主次支路、慢行网络系统、公共交通使用频率 |
| | 住宅 | 不同类型住宅空间分布、比例、人均建筑面积 |
| 居民需求 | 现状评价 | 居民自治满意度、配套服务满意度、治安保障满意度、环境满意度、和谐关系满意度 |
| | 社区认知 | 社区设施使用频率、社区设施可达性、社区组织及其认知度、参加社区大型活动次数、社区专题报道次数 |
| | 问题及愿景 | 噪声、停车、违章、群租等社会问题的反映;希望近期改造的设施、公共空间等项目 |

空间分布、规模类型和服务能力,现状社区公共空间环境的空间分布、建设品质和使用频率,既有规划各类服务要素的布局合理性和实施等。

2014年成立伊始的万里街道,正处于城市化转变的过程中。总体看来社区公共服务设施能力偏低,总量少、类型单一、服务范围与居住布局不相契合,各类公共服务设施建设各自为政,土地使用低效。经过"十三五"期间的集中补缺,至2020年基础保障型社区服务设施基本落实,新增社区行政中心、卫生服务中心、综合为老服务中心、菜市场、片区中心等,但也对于面向儿童、老人、中青年就业人群的提升型、特色化服务提出更高要求。

### 3. 居民需求征集

包括居民对服务设施、公共空间、治安、邻里关系等情况的满意度调查,对公共设施利用频率、设施可达性、社会活动参与频率等对参与度的调查,以及对社区未来发展愿景的访谈。

在社区规划1.0版时期,居民提出的亟待改进方面主要聚焦在社区商业、医疗养老及公交停车等方面。其中70.4%的受访居民认为现有社区服务网点无法满足便民需求,如社区商业、菜场、医疗服务(表2-2-2)。在社区规划2.0版时期,居民开始更加关注公共空间的改善,希望沿河增加滨水景观和休憩座椅,提升主要生活性街道的空间品质,表现出较为积极的参与社区更新意愿。

## 2.2.3 系统匹配,描绘美好生活万里长卷

### 1. 整合资源,形成一张蓝图

以系统思维整合社区资源,遵循方便居民、慢行可达、相对集中、适度均衡等原则,合理安排各类功能,将居民需求与公共资源相匹配,并考虑服务设施空间的动态适应与弹性预留,形成面向政府的"一张蓝图"(图2-2-5,图2-2-6),以及面向

表2-2-2 社区规划1.0版居民需求调研

| 板块 | 子类型 | 问题概述 | 涉及居委 | 改造建议 |
| --- | --- | --- | --- | --- |
| 养老设施 | 老年助餐点 | 尚无老年人助餐点,目前街道老年人就餐难题突出 | 万里第一居委、万里第二居委、万里第三居委、颐华居委 | 助餐点提供一些小吃;<br>结合社区餐饮点建设,政府出资补贴部分;<br>利用现有"美食广场"进行业态能级提升 |
| | 日间照料中心<br>养老院<br>老年活动室 | 养老设施种类单一,居家养老及机构养老规模不足 | 万里第六居委 | 设置护理院等一定专业性的养老设施 |
| 医疗设施 | 社区卫生服务中心<br>社区卫生点 | 社区医院可达性较差,使用较为不便 | 万里第二居委、万里第五居委 | / |
| 商业设施 | 菜场<br>社区小型商业 | 缺乏大型菜场;<br>部分小区商业网点较少;沿街商业业态层次低 | 菜场:大多居委<br>商业:交暨路居委、颐华居委 | 武威东路社区商业业态须要提升;<br>需要增设大型菜场 |
| 康体健身 | 活动场地<br>健身设施 | 针对老年儿童的活动场地、健身设施不足;<br>缺乏较大空地组织文艺活动 | 大多居委 | 将部分路段改造成健身步道;<br>将现有空地进行改造,开展一些较大型社团文艺活动 |
| 社区停车 | 停车库、停车场地 | 夜间停车难问题普遍存在;<br>车辆充电设施不足 | 绝大多数居委 | 通过中环美食广场、家乐福的夜间停车,解决部分矛盾;<br>富水路、水泉路一带支路设夜间停车或单侧停车 |

图 2-2-5　社区规划 1.0 版万里社区发展"一张蓝图"

图 2-2-6　社区规划 2.0 版万里社区发展"一张蓝图"

居民的"一张导览图",实现从单项目的散点更新到多维度的系统规划,有针对性地利用社区资源,保障居民便利。

**2. 五宜多策,塑造美好社区**

为实现"一张蓝图",满足社区居民对理想生活的美好向往,根据万里特色,演绎"五宜"目标理念及内涵,从"宜游、宜居、宜养、宜业、宜赏"出发,实现全要素的规划优化。

(1)宜游

倡导自然共生。主要包括以下四条优化策略:①激活绿色轴线,彰显中央绿轴、滨水绿廊、沿路绿带的空间特色,实现全面开放、更新提质,塑造有活力的绿色生态网络;②贯通蓝色水脉,落实杨家桥"艺术之河"提升计划、横港"运动之河"提升计划、大场浦"休闲之河"提升计划和交通路"特色水景"提升计划,构建高品质水岸空间;③打造特色街巷,"休闲步道"通过铺装环境整治,以供日间漫步、夜间慢跑;沿街以商业界面为主的"生活高街",通过优化业态及环境,提供连续丰富的生活服务;沿线街角公共空间较多的"艺术之路",重点植入艺术元素和高品质街道家具;位于滨水沿线的"林荫大道",种植特色树种,丰富景观(图2-2-7);④优化出行体验,优化街坊内部通道界面,加密慢行网络,通过社区巴士连接轨道交通站点、居住小区与服务设施,打通公共交通"微血管",方便居民绿色出行。

(2)宜居

倡导服务共享。主要包括以下两条优化策略:①植入多元设施,打造三类美好生活盒子,其中特色服务型盒子主要作为"15分钟社区生活圈"中的一站式服务中心;基本服务型盒子主要服务于一老一小,提供近距离贴身服务;嵌入式小微盒子结合小区入口、集中绿地、滨水街巷设置,打造灵活服务场景;②打造交往场所,选取使用效率不高、设施匮乏、空间消极的街角空间、小区游园、公共建筑入口等,综合考虑活动情况、地块权属、开发动态等确定试点,打造积极的社区交往场所。

(3)宜养

倡导老幼共护。具体做法主要包括对老旧住区、早期商品房小区提升改造,试点建设老年友好型社区和儿童友好型社区,通过改善无障碍设施、加装电梯、增加儿童交互空间、美化集中绿化、梳理停车空间等,打造全龄友好的宜居典范社区。

(4)宜业

倡导活力共融。主要通过实现就业支持来实现,包括:①提供面向就业人群的精准服务,如居住、就餐、技能培训等;②推动现状创新创业园区的功能提升及开放共享;三是促进社区联动周边产业园区,提升现有产业空间品质和产业类型,为就近就业创业提供更多机会。

(5)宜赏

倡导魅力共塑。主要包括以下两条优化策略:①点亮艺术空间,选取有一定建筑后退空间、人流相对密集的街头广场进行改造,并保证布局有一定的均好性,设计手法上可汲取轴线式、庭院

图2-2-7 万里社区特色街巷布局

图 2-2-8　万里八景

式、自由式等不同风格演绎，植入趣味性互动空间和艺术作品体现万里特色；②营造优美景观，结合重要景点，形成"万里八景"（图2-2-8），策划相应活动，描绘艺术社区空间漫步轨迹，构建属于万里的生活归属感与文化认同。

### 2.2.4 多措并举，持续推动项目有序实施

#### 1. 衔接法定规划

针对万里街道这类成熟社区，通过地块开发或更新的利用，可以一次性补齐规模缺口较大、居民需求急迫的基础保障型服务设施。包括结合真如城市副中心北核心区整体优化，依托上海西站交通枢纽建设增加"一站式"社区中心，涵盖行政、文化、体育、医疗、商业等设施；将使用效率较为低下的规划机动车停车场地及出租车候客站用地调整为紧缺的社区全民健身中心，并复合设置地下停车场；提升既有规划服务设施用地的容积率，综合设置菜市场和养老服务设施，改善服务效率和空间品质等（图2-2-9）。

#### 2. 有机灵活更新

在不修改法定规划的前提下，通过空间挖潜、功能转换、环境提升、开放共享等微更新的方式改善品质。如将闲置售楼处改造为社区生活服务中心和综合为老服务中心，闲置人才公寓改为长者照护之家；利用旧停车场和快递堆物场空间，以集装箱的形式打造万有引力新业态、新就业群体党

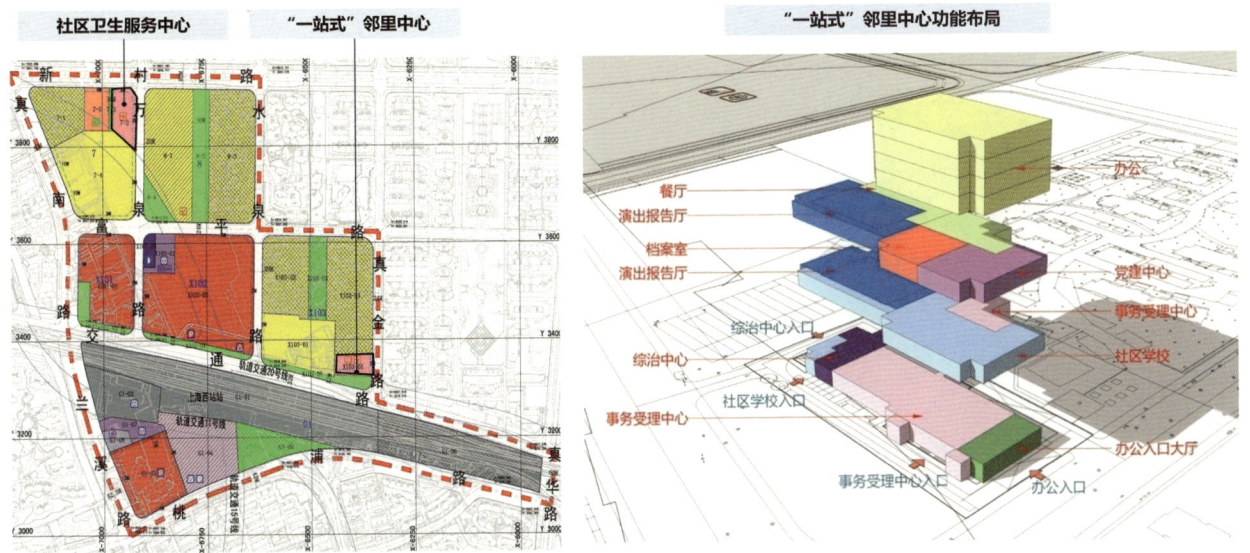

图 2-2-9　通过规划调整增加基础保障型设施

群服务中心（图2-2-10），包含社区食堂、篮球场、换电站等20余个功能载体，可提供用餐、休憩、文体生活等一系列服务；结合创业园区内部运动场地、阳光书局、路演大厅等服务设施的开放共享，为园区和周边社区的青年提供可阅读、可交友、可健身的好去处。

## 2.2.5 共商共治，建立多元主体协作模式

### 1. 探索"社区P+P"行动模式

社区规划编制和实施过程中，政府和居民始终是两个核心主体，社区规划的宗旨就是通过政府的引导和支持，与居民共同谋划社区未来的发展前景，因此将政府部门自上而下的顶层设计与公众自下而上的自主行动相结合，有助于实现政府为社区提供资源和指引，同时最大限度地发挥居民的主观能动性，带动公众参与规划编制和实施过程。

万里社区规划探索"社区P+P"行动模式〔即规划（Planning）＋公众参与（Participating）〕，协同各方诉求，通过搭建共同平台，发挥多重治理主体作用。以社区规划师为纽带，在自上而下的路径上，由规划与自然资源部门牵头，相关职能部门共同配合，建立区级工作组沟通机制，完成社区发展规划，明确分工要求，突出规划引领、整体统筹；在自下而上的路径上，由街道镇作为联络主体发起行动，联合所有的社区利益相关者，如在地

图 2-2-10　万有引力新业态、新就业群体党群服务中心

居住或工作的居民、社团组织和企业代表等,整合社会各个领域的力量,将不同的资源导入社区建设,完善社区自更新体系。同时鼓励专家学者、NGO组织、媒体等参与,履行一定程度的监督职责(图2-2-11)。

**2. 落实全过程的公众参与**

在现阶段的社区规划过程中,虽然居民参与社区治理的意愿有所提升,但由于内容太过专业、形式过于局限、时间过于紧张等原因,公众参与的群体往往较为单一。例如在万里社区规划前期调研过程中,虽然事先选择参与问卷调查、小组访谈的对象,希望有更均衡的人群比例构成,但在实际操作过程中,参者大多数都是老年人,许多在职中青年人与外地流动人口较少参与其中。

因此需要进一步加强公众参与的广度与深度,构建全过程、分阶段、多渠道的公众参与机制,实现居民从被服务者向参与决策者、服务提供者转变。万里社区在规划编制过程中,通过调研发现年轻人占比较高,针对他们的生活习惯和关注热点,提出构建"掌上居委会",将需求调查、方案公示等同步在网络平台上发布,适应了年轻化社区的需求,形成共治自治的"向心力"。在方案设计阶段,通过公众研讨会、现场参观等方式吸引居民参与其中,并通过线上线下的宣传海报、宣传手册等方式积极生动的落实了贯穿全过程的公众参与(图2-2-12)。

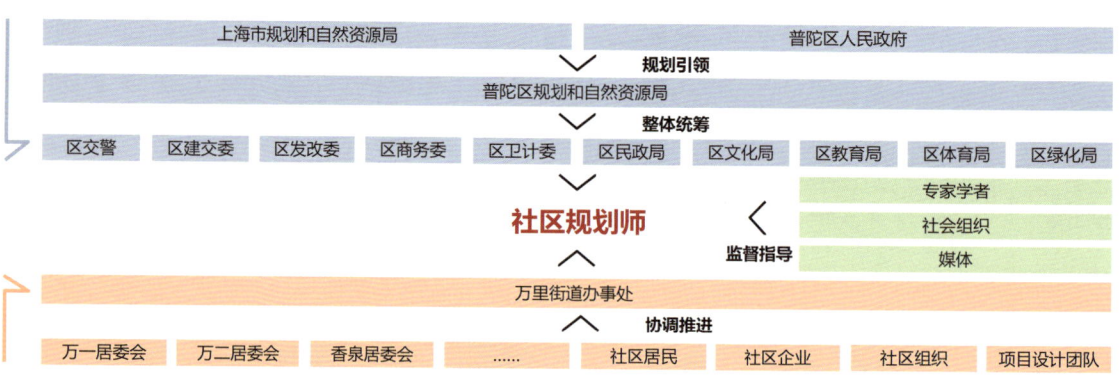

图2-2-11　万里社区规划"P+P"行动模式

图2-2-12　万里街道慢行步道项目的公众参与宣传材料

# 2.3 长宁区新华路街道"15分钟社区生活圈"行动

**社区基本信息**

**规划范围**：东至兴国路及江苏路，与江苏路街道和徐汇区湖南路街道相邻；南至淮海西路及淮海中路，与徐汇区徐家汇街道相接；西至凯旋路，与虹桥街道、天山路街道相邻；北至延安西路，与华阳路街道、江苏路街道相接（图2-3-1，图2-3-2）。

**用地面积**：2.2 平方公里
**常住人口**：6.7 万人
**组织实施单位**：上海市长宁区新华路街道办事处

图 2-3-1　新华路街道区位图

长宁区新华路街道作为居住与就业融合的综合性社区，人口结构多元，老龄化特征突出，青年白领占比大；基础保障完善，社区建成度高，可调整的空间有限；各类功能空间交织布局，创新创业氛围浓厚（图2-3-3）。在人文风貌方面独具特色，街道范围涉及两处历史文化风貌区（新华路历史文化风貌区、衡复历史文化风貌区）和五条风貌道路（新华路、番禺路、泰安路、湖南路、兴国路），留存有大量历史保护建筑，拥有深厚的人文底蕴（图2-3-4）。总体来说，新华路街道是中心城内从生活保障向品质提升过渡的成熟社区。

2019年初，新华路街道结合自身特点和优势，率先开展"15分钟社区生活圈"行动，并作为2021上海城市空间艺术季的重点样本社区，系统展现社区规划建设成效。2022年起，新华路街道持续开展第二轮更新实践，采用政府主导和社会协作的方式，把因地制宜、渐进式的有机更新过程，作为适应社区存量发展、量身定制的过程，让街区品质得到提升，让社区服务更为精细精准，让居民群众获得感更加突显。

## 2.3.1 全要素短板梳理，双向整合需求清单

在传统规划调研方法的基础上，新华路街道创造出具有本地特色的调研路径与分析方法，结合自上而下专业视角与自下而上公众视角，双向整合形成需求问题清单。

**1. 专业视角发现社区问题**

打破过往以设施与空间为核心的"画圈圈"式分析覆盖率的方法，从居民日常出行的角度考虑，以住宅小区为原点，结合街道实际路径，依托大数据，精准分析自小区出发步行15分钟可达范围内的服务设施供给情况。通过空间句法、热力图等可视化数据分析，对街道范围内所有小区中各类设施的服务便捷度进行评价及分级，精确反映服务的实际覆盖情况，判读社区服务缺口及盲区（图2-3-5）。

图 2-3-2 新华路街道鸟瞰图 ©上海城市空间公共艺术促进中心

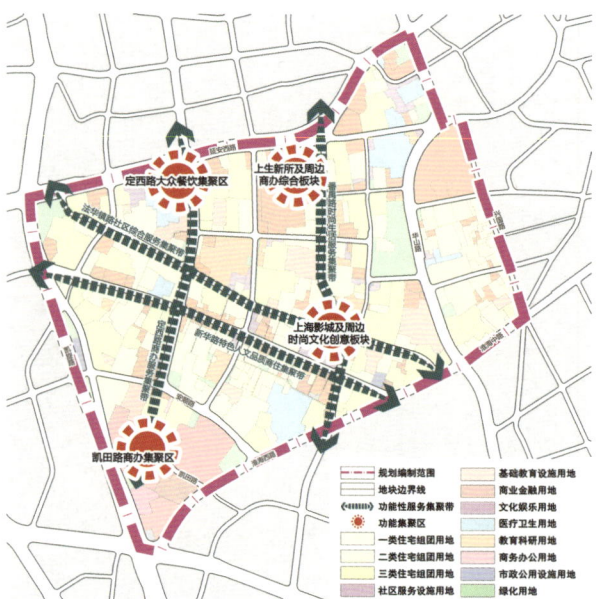

图 2-3-3 新华路街道空间结构图

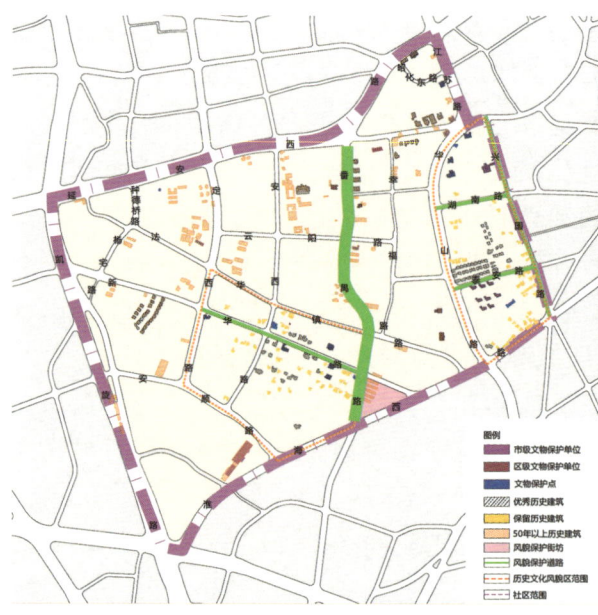

图 2-3-4 新华路街道风貌人文要素分布图

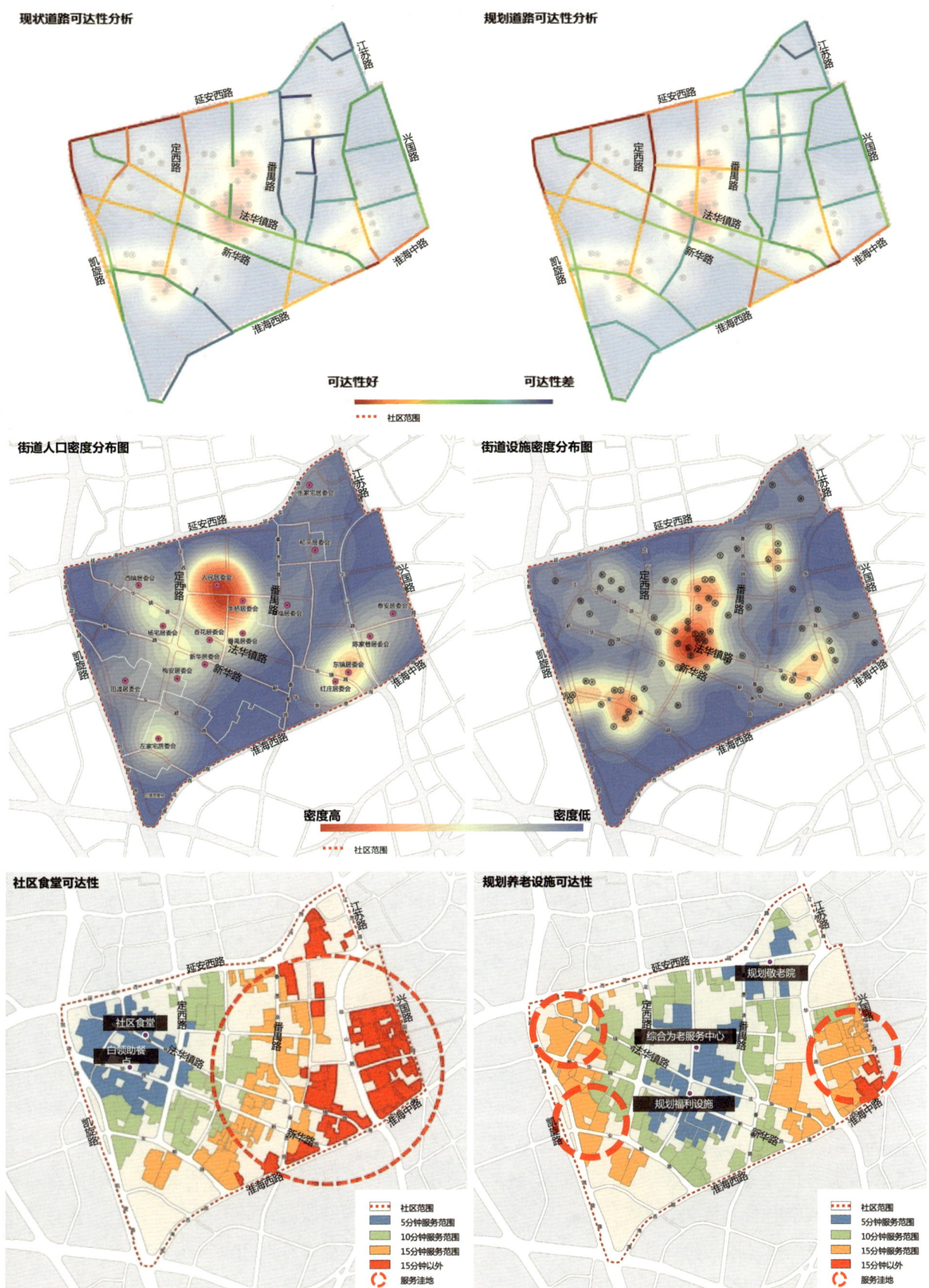

图 2-3-5 新华路街道社区服务设施供给情况可视化分析

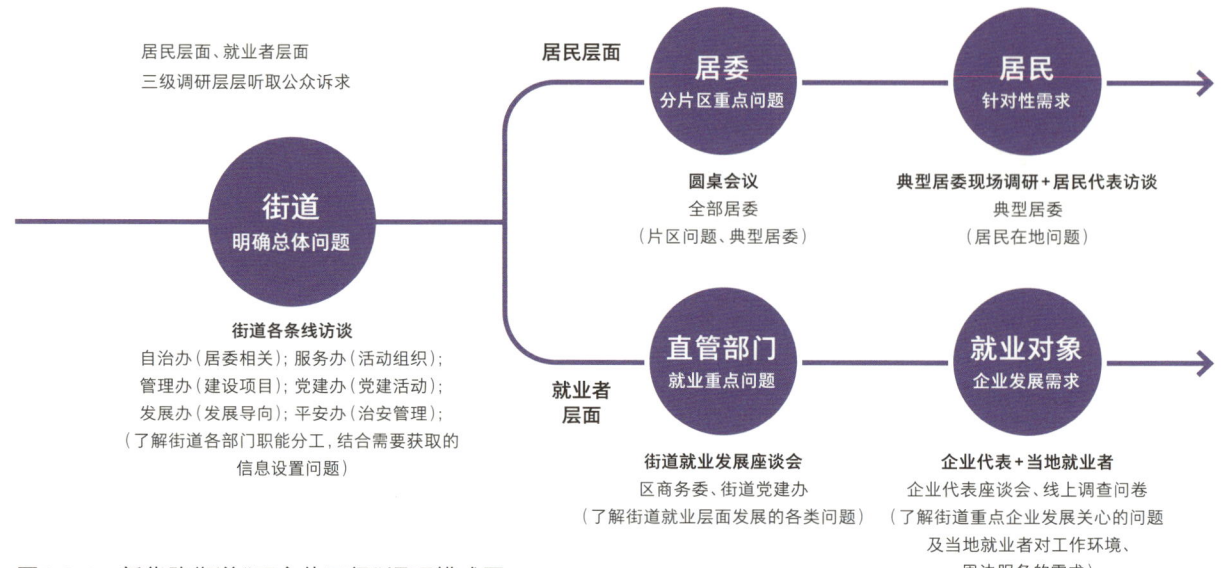

图 2-3-6　新华路街道"双主体三级"调研模式图

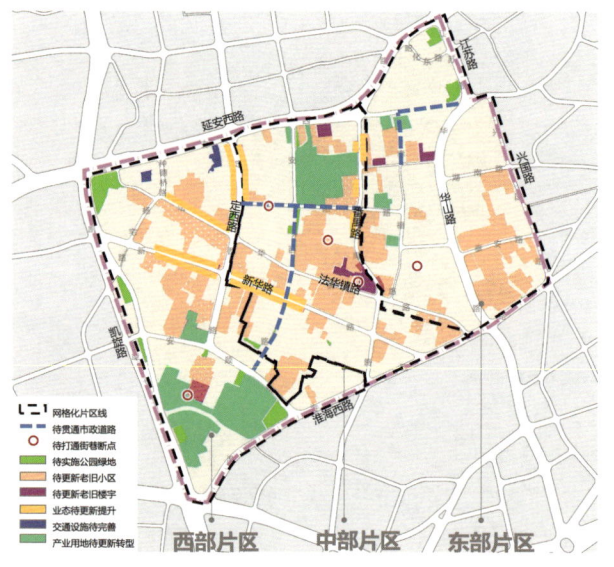

图 2-3-7　新华路街道社区需求分布图（2019年）

**2. 公众视角精准锁定需求**

新华路街道产城融合度较高，居民和就业者均为街道服务的重点人群，以"双主体三层级"（图2-3-6）为调研对象，深入了解需求。

针对在地居民开展街道调研—居委座谈—居民代表访谈，通过街道调研了解街道整体层面的问题；依托居委座谈有针对性地了解各居委面临的实际问题及百姓诉求；重点锁定区域性、共性需求及一老一小人群等特定需求，进行现场踏勘与居民代表访谈，深入居民生活空间，实地了解居民困难及想法。

针对就业人群开展街道访谈—直管部门座谈—企业、就业者代表访谈及问卷调研，通过街道访谈，整体研判社区营商服务环境及企业发展；通过直管部门座谈，了解企业相关服务配套问题；通过企业、就业者代表访谈及问卷调研，进一步了解在地企业与就业者的实际需求。

结合专业与公众两方面视角得出需求结论，通过梳理整合，与街道沟通协商，对需求迫切性进行初步排序，最终形成社区总体需求清单（图2-3-7，表2-3-1）。经整合发现，新华路街道在社区文化、养老、菜场等方面存在共计1.88万平方米缺口。同时，居民对养育托管点、社区食堂等品质提升型设施需求呼声较高。其中，养育托管点需求主要集中在新建商品房小区内，社区食堂需求主要集中在老年人集聚程度较高区域。

表 2-3-1　新华路街道社区需求清单（2019 年）

| | 住宅方面 | 服务设施方面 | 公共安全方面 |
|---|---|---|---|
| 宜居 | ★★★ 小区内架空线影响居民生活<br>★★★ 小区内楼道空间、管线、绿化、屋顶、雨棚等老化严重，需要维修和更新<br>★★★ 老洋房小区建筑老化研究，房屋结构损坏，比较危险，但修缮和大修流程太复杂，更新停滞不前<br>★★ 老旧商品房、老公房、老洋房小区普遍反映现有的公共活动空间质量较差，缺乏小区内微型服务设施 | ★★★ 现状文化活动中心缺乏大型活动空间<br>★★★ 现状西北部及中部片区对室内菜场需求较大<br>★★ 现状中部片区需求体育设施<br>★★ 健身点需求较大，需进一步加密<br>★★ 居委会面积不足，缺少大空间的活动室<br>★★ 停车位不足 | ★★★ 部分小区大门老化，且无监控探头，楼道无防盗门，小区安全管理存在隐患<br>★★★ 居委会基本均配置了微型消防站，但部分居委存放在储物空间里，难以及时取用<br>★★★ 街道存在一定商办宇宇，但消防、物资库等基础安全设施配置情况街道无法掌握相关信息 |
| | 就业空间方面 | 就业岗位方面 | 就业服务方面 |
| 宜业 | ★★ 街道内楼宇除了上生·新所、幸福里等个别更新过的商办地块外，其他的商办楼普遍较为老旧，服务设施不全，难以吸引效益好的企业<br>★★ 街道商办楼宇普遍租金较低 | ★ 街道内商办空间就业人员以外来人员为主，就近就业机会较少 | ★★ 老旧楼宇较多，空间不足且无配套服务设施，需依靠周边商铺等解决白领午餐问题<br>★ 商办地块停车场现多内部使用，存在闲置时段 |
| | 社区托幼方面 | 基础教育方面 | 其他教育方面 |
| 宜学 | ★★ 西镇居委亲子家庭众多，对养育托管点需求较大 | ★★ 东部地区缺幼儿园 | ★★ 现状社区学校借用了职业学校的空间，近期职业学校要搬走，社区学校需求无法解决<br>★ 现状青少年活动中心功能有提升需求<br>★ 结合儿童出版社业主有自主更新需求，并主动提出更新后提供共享儿童图书馆 |
| | 老年友好型空间方面 | 儿童友好型设施方面 | |
| 宜养 | ★★★ 缺少日间照料中心<br>★★★ 缺少老年助餐点<br>★★ 小区内活动空间及部分老龄化较为严重的小区楼道外缺乏无障碍坡道 | ★ 现状华山儿童公园使用对象以老人为主，几乎没有儿童使用 | |
| | 慢行系统方面 | 开放空间方面 | 人文特色方面 |
| 宜游 | ★★★ 至虹桥路地铁站的步行距离过远<br>★★ 社区街巷断头路多<br>★★ 新华居委辖区内社区街巷主要由街道托底管理，尚有6条弄堂无人管理<br>★ 部分道路街巷地面不平、景观较差 | ★★ 现状新华路沿线绿地及平武路幸福路交叉口绿地环境品质较差，居民难以进入，体验性差<br>★ 附属绿地开放度有进一步提升空间，尤其是交大等设施内的附属绿地 | ★★ 名人故居历史悠久，但品质较差，整体环境需要整治和提升<br>★★ 外国弄堂沿线有正在动迁的老洋房，希望未来附属花园可以开放给居民使用<br>★★ 新华路沿线雕塑品质一般，建筑风貌尚未充分展示，风貌景观有进一步提升空间 |

急迫性排序：★★★急迫＞★★较急迫＞★一般

## 2.3.2 全区域资源排摸，列出"三份资源清单"

新华路街道主要通过三条途径开展社区潜力空间排摸（图2-3-8），一是实地踏勘发现低效空间；二是规划资源局、机管局、国资委等部门调研，盘摸政府内部、国有企业、事业单位等可利用的资源；三是依托数字化手段，叠加比对规土多元信息，挖掘规划潜力空间。综合三条途径获取的资源信息，梳理形成空间资源清单，主要包括：整体可开发地块、零星可开发地块、可置换地块、附属绿地广场及设施、道路红线内可利用空间等。

在全方位识别空间资源的基础上，新华路街道结合部门调研和企业走访，同步形成两份社会资源清单，即项目资源清单与治理资源清单。前者主要包括政府投资和社会投资的各类已安排或已规划的项目等，后者主要包括参与前期规划设计、中期建设监督及后续管理维护的治理主体、治理项目等。

## 2.3.3 全方位供需匹配，动态更新社区蓝图

新华路街道通过多方共议，明确社区中远期发展目标，持续跟进社区需求变化，通过叠合社区问题需求与空间资源，加强供需匹配，并适当预留动态弹性空间，滚动更新社区蓝图。

**1. 抓实社区发展主脉络**

结合新华路街道的社区特征、需求导向、发展定位等，通过街道、部门、社区规划师、居民代表等多方共议，确定"人文新华·花园社区"愿景总目标，并分解为宜居宜业的繁荣社区、多样便捷的幸福社区、活力开放的和谐社区三个子目标（图2-3-9）。以"花园"为空间印象，以"人文"为内涵支撑，统筹社区全要素，优化设施与空间布局，提升公共服务品质，打造精品精致精细宜居、宜商、宜业的新华特色15分钟社区生活圈（图2-3-10）。

**2. 高效补齐社区短板**

面对可开发用地稀缺的挑战，积极利用存量地块更新契机植入公共要素，结合微更新、微改造

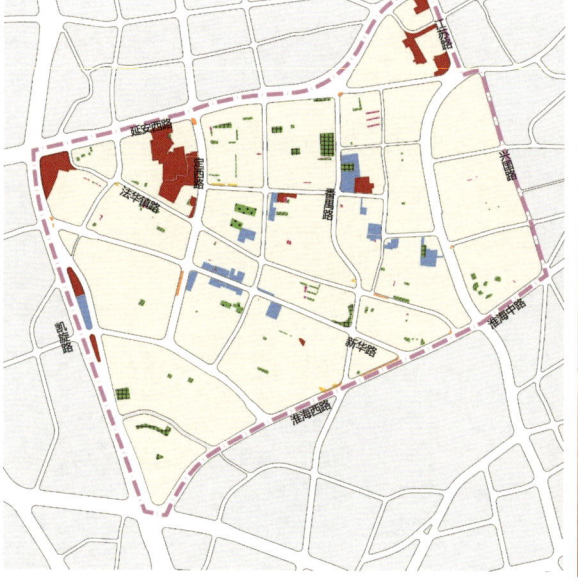

图2-3-8　新华路街道潜力空间资源分布图

# 第 2 章 社区规划

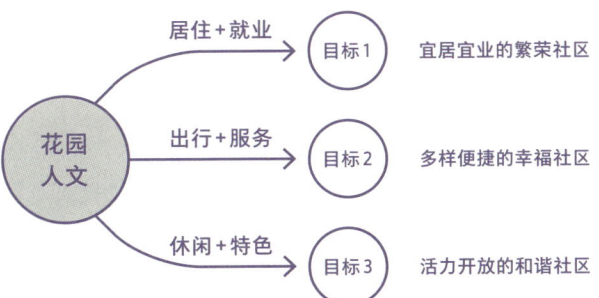

图 2-3-9 新华路街道规划愿景目标

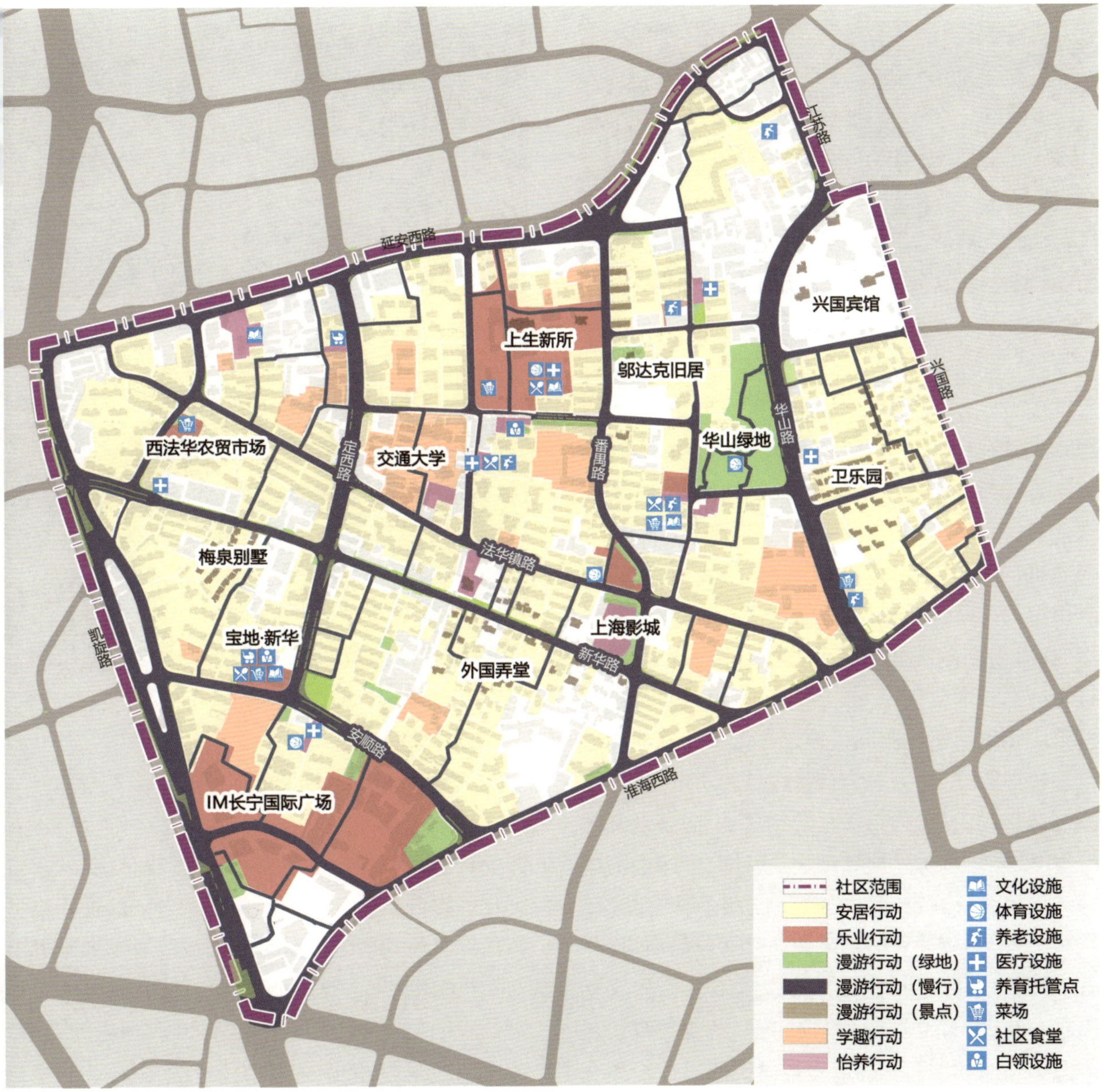

图 2-3-10 新华路街道"15分钟社区生活圈"规划蓝图（2019年）

图 2-3-11　产业用地转型：上生·新所与宝地新华 © 上海城市空间公共艺术促进中心

图 2-3-12　精品小区改造：新风邨与华山花苑 © 上海城市空间公共艺术促进中心

等设计手段，最大限度地利用空间资源，补齐社区短板（图2-3-11）。如依托上海生物制品研究所更新，经与更新主体协商，通过综合设置移交产权、附属空间开放共享等手段，将原来封闭单一的科研机构改造成有公共功能、能看灯光秀、能逛露天市集的7×24小时开放社区，为所在社区提供约7000平方米的社区级公共服务设施，新增约12500平方米公共空间。宝地·新华的前身是上海第十钢铁厂机修车间，通过存量工业地块转型改造为甲级办公，同时为社区提供约3000平方米的社区市民中心、菜场以及老年食堂，向公众开放约3400平方米的屋顶绿化，有效补充社区亟需的服务设施和公共空间。依托"精品小区"建设，新风邨、华山花苑等老旧小区在提升房屋品质、优化管线埋设、改善小区环境的同时，结合小区内实际需求，增设睦邻微客厅、屋顶花园、儿童游戏场地等服务空间和配套，提升当地居民的居住品质和使用便利（图2-3-12，图2-3-13）。

图 2-3-13　附属空间微更新：新·境花园 © 上海城市空间公共艺术促进中心

### 3. 精准回应百姓期盼

在满足基础保障服务的基础上，结合特定人群的行为特征和出行习惯，进一步优化高品质、精细化的提升型服务配置。关爱一老一幼近距离出行需求，将闲置学生宿舍改造成综合为老服务中心（图2-3-14），配置社区食堂、日间照护、文化活动等功能，为老年人提供家门口"养、医、学、娱"的一站式服务；增设养育幼托资源，依托公共绿化景观提升和道路改造，打造儿童友好的玩耍空间和安全街道；改造新华里巷市民中心（图2-3-15）和社区文化中心，增加舞蹈教室、书画教室、阅读空间等各类学习空间，满足社区各类人群的终身教育需求（图2-3-16）；保障青年白领安居乐业，通过腾退旧厂房改建人才公寓，设置多种房型满足不同人才需求，并提供开放书吧、共享会客厅等配套设施，打造全方位、全天候、多功能的活力空间（图2-3-17）。

**4. 建立动态更新机制**

创新建立政府、专家、社区"三方共评"工作机制，从规范性、科学性、服务性等角度综合评价社区各项服务要素配置和运营管理情况，收集社区各类设施及空间的日常使用反馈，持续跟进社区最新需求导向，对社区蓝图进行动态更新调整，不断优化细节，推动"15分钟社区生活圈"行动健康持续发展。

### 2.3.4 全领域整合衔接，聚焦蓝图有序实施

以蓝图为引领，以实施为导向，新华路街道通过整合条线部门和多元主体各方力量，推动"静

图2-3-14 综合为老服务中心：屋顶花园与智慧医疗 ©上海城市空间公共艺术促进中心

图2-3-15 新华里巷市民中心：文化云直播 ©上海城市空间公共艺术促进中心

图2-3-16 文化活动中心：儿童阅览室与书画教室 ©上海城市空间公共艺术促进中心

图2-3-17 上生·新所：人才公寓 ©上海城市空间公共艺术促进中心

态蓝图"向"动态行动"转型,分目标分阶段有序推进项目实施。

**1. 分类生成项目清单**

把"一张蓝图"明确的项目与政府重大工程项目、民生服务保障项目、街道"家门口工程"项目、居民区"微更新、微治理"项目等有效衔接。依据实施主体的积极性、实施难易程度、居民需求紧迫度、资金落实情况等细分为三类,即基本配备项目、创造条件项目、持续推进项目。基本配备项目,以补短板的保障型项目为主,近期必须完成;创造条件项目,侧重提升类项目,近期全面启动;持续推进项目,侧重项目储备,现阶段实施性虽不足,可争取中远期启动,体现"一张蓝图"的长久推进与可持续提升。

不同类型的项目清单细化深度不同,基本配备项目与创造条件项目应明确项目名称、项目内容、实施主体、资金来源、操作路径、实施时序等细节内容,并落实资金安排;持续推进项目优先明确项目名称和项目内容,应对项目提出规划要求,并初步判定操作路径,待到项目实施条件成熟,再补充完善其他细节内容,结合项目定位调整至前两类项目,落实资金推进(图2-3-18)。

**2. 加强重点区域整体统筹**

结合总项目库梳理,考虑居民需求突出、项目分布集中等因素,对关联性较强的项目进行整合,划示出4组重点区域(图2-3-19),对重点区域内项目进行打包,从区域层面整体提出规划、施工和管理要求。如牛桥浜路沿线集中了大量居民急难愁盼、规划尚未实施的公共服务设施,将沿线地区划为一个项目包,对原分属街道、区房管局、区建管委、区绿容局、业主等多个主体的项目进行整合,协调建设力量、建设资金和建设时序,保障实施效果(图2-3-20)。

最终,2019年新华路街道"15分钟社区生活圈"行动确定109个项目清单,包括基本配备项目41个,创造条件项目53个、持续推进项目15个。2022年第二轮行动延续第一轮项目36个,按需新增项目39个,并细化上生·新所、上海影城、新华路沿线等重点区域更新要求,引导区域个性化发展。

### 2.3.5 全过程多方参与,创建社区治理共同体

新华路街道以行动规划编制与实施为主线,逐步形成一整套公众参与模式,包括全主体参与体系和全过程行动路径;并以社区活动、民间刊物、自治空间为载体,广泛开展社区多元主体参与活动,深度听取社区各方的意见及建议,生动演绎共治共建的"人民城市"理念。

**1. 优化全主体参与体系**

在"双区长两级议事制"[1]联席会引领下,新

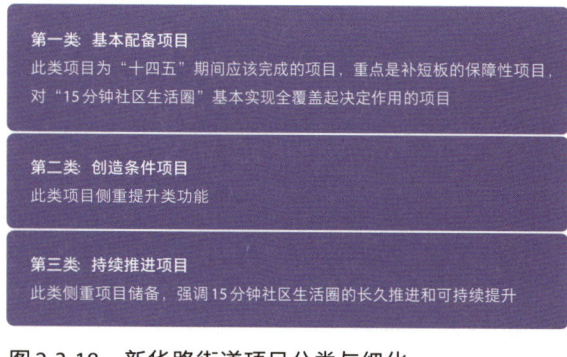

图2-3-18 新华路街道项目分类与细化

---

[1] "双区长两级议事制"指由负责民政、社区和负责城建的两位副区长领衔推进"15分钟社区生活圈"相关工作;"两级议事制"指区级议事例会和街道级议事例会:区政府每季度召集一次区级议事例会,决策重大事项;街道每1~2周召集一次街道级议事例会,讨论协商具体问题。

# 第 2 章 社区规划

华路街道进一步叠加"五社联动"参与框架，即以社区为平台、以社会组织为载体、以社会工作者为支撑、以社区志愿者为服务、以社区公益慈善资源为补充，补全社区基层治理参与主体和分工，形成以街道为纽带的全主体社区治理体系（图2-3-21）。近年来，通过打造社区营造中心，成立"人人营造师联盟"，出版社区刊物《新华录》，举办"年度项目认领""社区开放周""社区营造大会"（图2-3-22）等常态化公众自治活动，为社区提供充分的治理参与和学习渠道，培育社区共治队伍，提升社区主体共治共建能力。

**2. 细化全过程行动路径**

以新华社区市民健身中心改建项目为试点，公开征集更新提案。在两个月内收到40份公

| 项目包名称 | 项目数量（个） |
| --- | --- |
| 牛桥浜路服务核心区项目包 | 宜居：7 |
|  | 宜业：2 |
|  | 宜游：3 |
| 新华路美丽街区项目包 | 宜居：27 |
|  | 宜业：3 |
|  | 宜游：17 |
| 凯旋路商办核心区项目包 | 宜居：1 |
|  | 宜业：5 |
|  | 宜游：6 |
| 华山绿地周边休闲区项目包 | 宜居：4 |
|  | 宜游：4 |

图 2-3-19 新华路街道项目包分布及项目清单（2019年）

| 项目类型 | 序号 | 项目名称 | 实施主体 | 资金来源 | 操作路径 | 实施时序 |
| --- | --- | --- | --- | --- | --- | --- |
| 宜居 | 1 | 番禺路222弄7号 | 房管/街道 | 区财政 | 改造更新 | 2021 |
|  | 2 | 番禺路180弄 | 房管/街道 | 区财政 | 改造更新 | 2021 |
|  | 3 | 番禺路222弄26—32号 | 房管/街道 | 区财政 | 改造更新 | 2021 |
|  | 4 | 番禺路277弄小区 | 房管/街道 | 区财政 | 改造更新 | 2021 |
|  | 5 | 番禺路209弄小区 | 房管/街道 | 区财政 | 改造更新 | 2021 |
|  | 6 | 良华公寓 | 房管/街道 | 区财政 | 改造更新 | 2021 |
|  | 7 | 敦惠坊（三期） | 业主 | 社会资金 | 实施建设 | 2025 |
| 宜业 | 1 | 金地地块 | 业主 | 社会资金 | 实施建设 | 2019 |
|  | 2 | 上生·新所（二期） | 业主 | 社会资金 | 实施建设 | 2020 |
| 宜游 | 1 | 牛桥浜路中段道路拓宽及架空线入地 | 建管委 | 区财政 | 实施建设 | 2021 |
|  | 2 | 牛桥浜路东段口袋花园更新 | 街道 | 区财政 | 改造更新 | 2021 |
|  | 3 | 店招店牌整治 | 市容 | 区财政 | 改造更新 | 2021 |

图 2-3-20 牛桥浜路服务核心区项目包内容及项目分工（2019年）

众提案与5个专业设计团队方案,以图纸、实体模型和视频多媒体形式进行方案展示和票选,现场展示过程中又收获大量市民群众的金点子。通过新华社区市民健身中心改建、新华路345弄美好生活空间、华山花苑地下空间综合利用等一批试点实践,形成:需求共议—项目生成—提案征集—方案投票—实施参与—共同验收—自治运维的全过程行动参与流程(图2-3-23),未来将作为常态化行动模式在社区中全面推广。

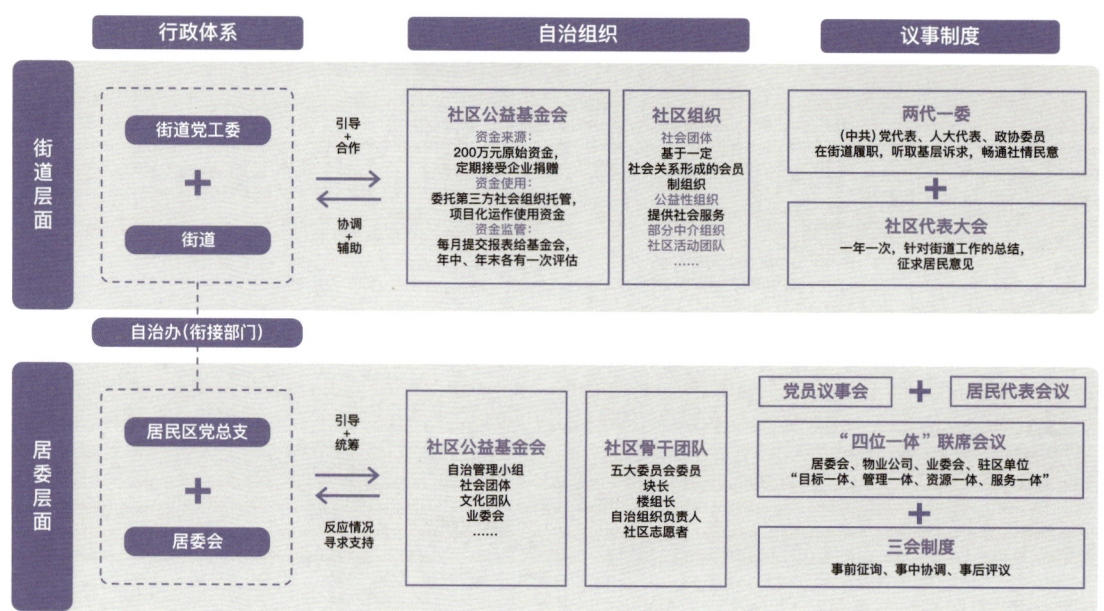

图2-3-21　新华路街道基层政府与社会互动机制

图2-3-22　社区营造大会:治理达人实践分享

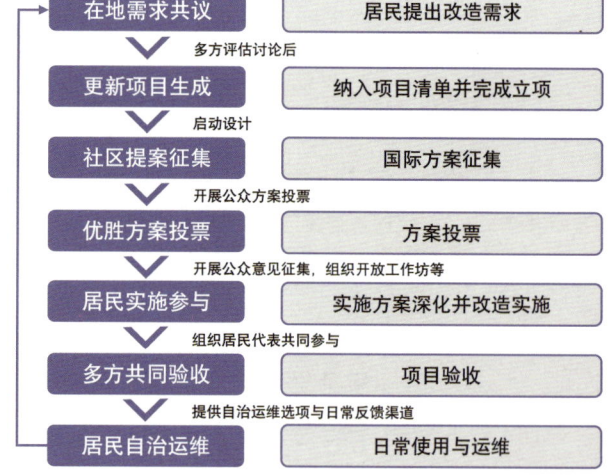

图2-3-23　新华路街道建设项目全过程行动参与流程

## 2.4 浦东新区惠南镇海沈村、远东村、桥北村乡村社区生活圈行动

**社区基本信息**

**规划范围**：远东村、海沈村、桥北村三村由北向南依次相接，东至老港镇，西接惠南镇镇区，北至南港公路，南跨大治河（图2-4-1至图2-4-3）

**用地面积**：8.9平方公里

**户籍人口**：1.1万人（海沈村21个村民小组、远东村23个村民小组、桥北村28个村民小组）

**组织实施单位**：上海市浦东新区惠南镇人民政府

图2-4-1 惠南镇海沈、远东、桥北三村区位图

浦东新区惠南镇海沈、远东、桥北三村是典型的上海远郊乡村，存在居住布局分散、老龄化严重、本地人口数量持续萎缩、空间资源紧约束等共性问题。2013年底，随着轨道交通16号线在村内设站（图2-4-4），交通区位条件跃升为产业跨越发展带来机遇；渤马河生态走廊和大治河生态走廊在此交汇，水道密布、蓝绿交融的优越生态环境为乡村创客新产业人群的入驻提供巨大吸引力（图2-4-5）。近年来，海沈、远东、桥北三村组团打造"骑迹乡村·自在惠南"的骑行文化线路（图2-4-6），培育了一批在地新产业主体，依托区位优势和生态优势，正由传统的农业产业村向乡村休闲旅游、乡村创客集群新产业村转型。

2021年初，海沈、远东、桥北三村联合启动乡村社区生活圈行动。针对乡村地区生活、生产、生态及基层组织特征，建立乡村版"宜居、宜业、宜游、宜学、宜养"全要素框架，打造"稻香远东、活力海沈、浪漫桥北"的乡村社区生活圈愿景。2021年上海城市空间艺术季期间，在海沈村举办

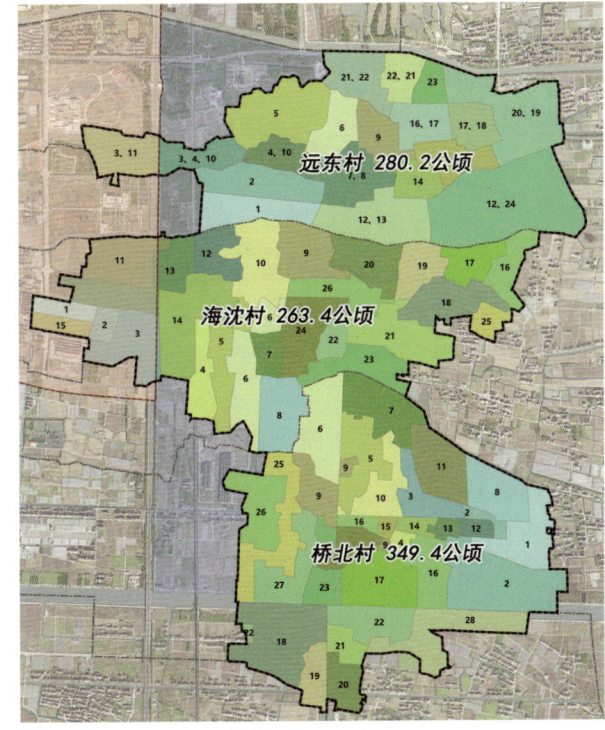

图2-4-2 惠南镇海沈、远东、桥北三村村民小组分布图

图2-4-3 惠南镇海沈、远东、桥北三村鸟瞰

图2-4-4 轨道交通16号线"惠南东站"

图2-4-5 惠南镇海沈村稻田与栈道鸟瞰

图2-4-6 "骑迹乡村·自在惠南"的骑行文化

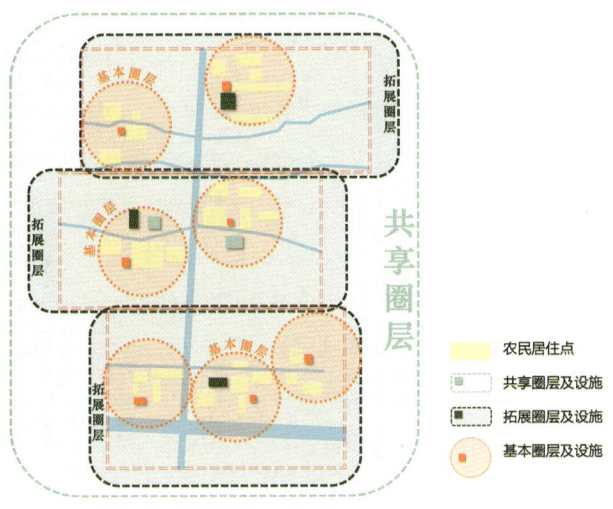

图2-4-7 乡村社区生活圈圈层划定模式图

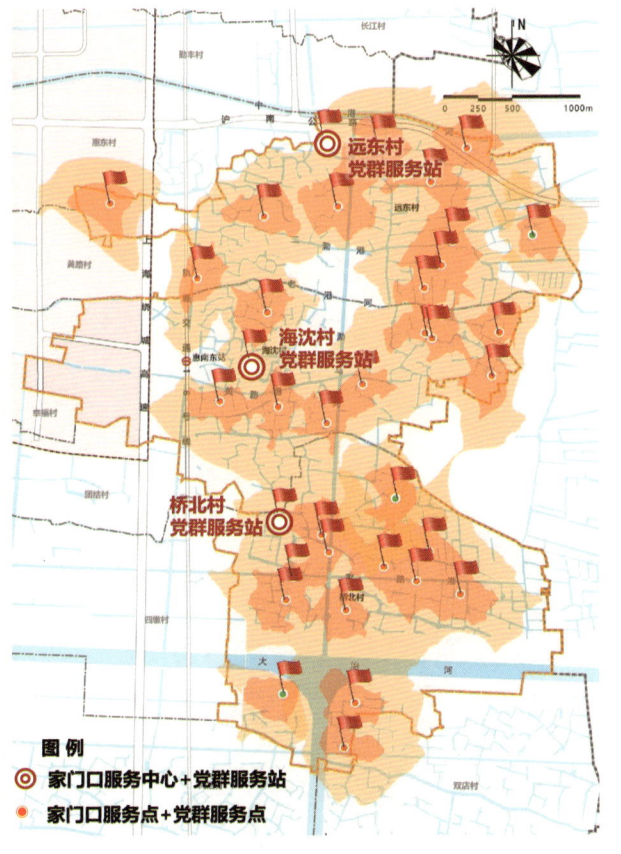

图2-4-8 党建引领下的三村乡村基层服务网络构建

"新时代、新乡村、新生活——乡村社区生活圈"主题展,邀请原住民、新村民及游客共聚一堂,共谋沪乡新发展,共享沪乡新生活。

### 2.4.1 划圈层,形成统筹共享的发展格局

基于乡村地区居住布局分散、人口密度低、服务资源紧缺的现状,以及乡村产业振兴的需求,海沈、远东、桥北三村以多圈层为引导,区域统筹组织乡村不同层级的生活圈服务设施。

在满足基本行政管理需求的基础上,从乡村地区生产生活内在联系的特征出发,建立弹性适应的生产生活圈层,即分为基本圈层、拓展圈层和共享圈层(图2-4-7)。基本圈层以自然村为单元,补齐家门口服务点,提供睦邻活动、养老助餐、物流收发等服务,满足村民基本需求;拓展圈层以行政村为单元,衔接行政管理,配置家门口服务中心,提供党建行政、便民商业、初级诊疗等行政村级别的公共服务;共享圈层以上位郊野单元规划明确的乡村发展组团为单元,设置圈层共享的乡村高能级设施,以综合文体、旅游服务、机构养老为主,是统筹产业发展和公共服务的圈层。全域构建适应产业发展和共建共享的乡村振兴格局。

通过划定圈层,有效解决邻近村服务设施重复建设、能级不足、使用低效的问题,实现海沈骑行文化游客中心、远东田园服务站、桥北亲子养老中心等乡村高能级设施的区域共建、共治、共享,化解乡村社区供给弱势和需求旺盛之间的矛盾(图2-4-8)。

### 2.4.2 优底版,打造舒适宜人的乡村社区

转变过去同质化的乡村公共服务设施底线配置思路,采用传统田野调查和大数据信息化分析相结合的研究手段,深入了解原住民、新村民、旅游人群的实际需求(图2-4-9),结合乡村产业

发展方向，着力从服务配置、休闲体验、出行便捷等方面，打造舒适宜人的乡村生活社区。

### 1. 需求导向丰富要素引导

综合考虑老年人、儿童、农场主、第三创业者、亲子家庭及旅游休闲人群等六类核心人群需求，以及乡村地区生产、生活、生态"三生"高度融合的发展导向，注重对于特色农业设施和乡村旅游休闲设施等乡村生产要素、郊野滨水生态廊道和生态休闲节点等生态要素、农居点小型开放空间等生活要素的引导（图2-4-10）。

### 2. 分级精准配置要素服务

考虑村庄人口、交通、空间、治理及生活场景目标需求差异，强调精准配置和服务。挖掘乡村存量建设用地、闲置宅基地、农居点开放空间资源，集中建立"一站式"家门口服务综合体，实现服务功能复合；依托乡村家门口服务体系，推动基础服务下沉至自然村；依托基层党建网络组织志愿者流动服务，实现时空资源共享，打通乡村社区生活圈服务的"最后一公里"（图2-4-11）。以为老服务为例，整体形成"共享圈层集中设置机构

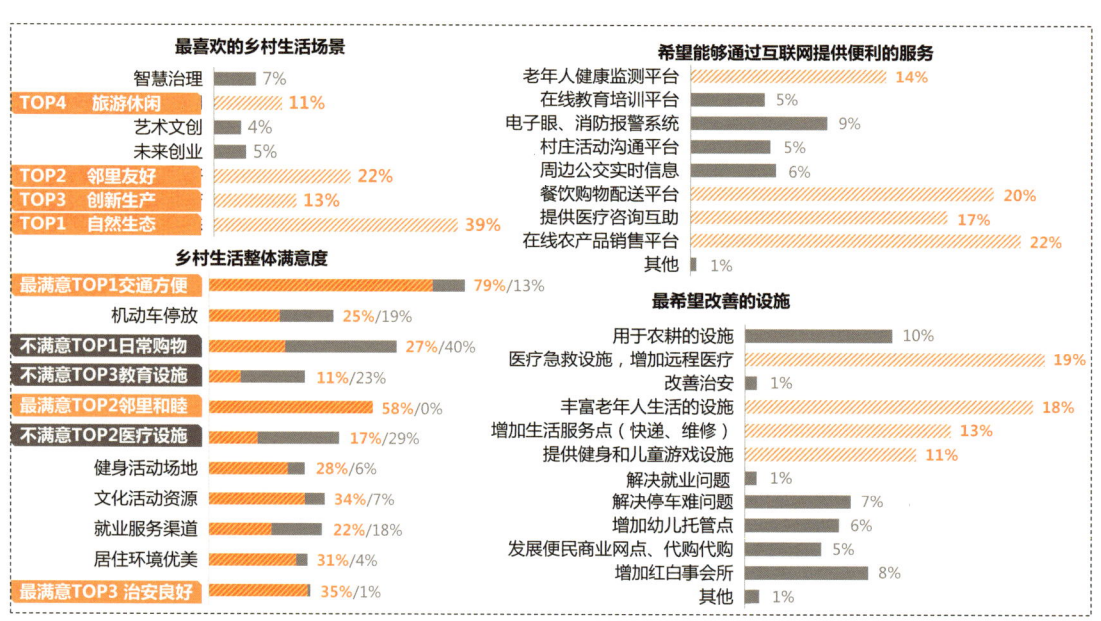

图2-4-9　线上问卷结果梳理（部分）

图2-4-10　结合乡村六类人群需求明确要素引导

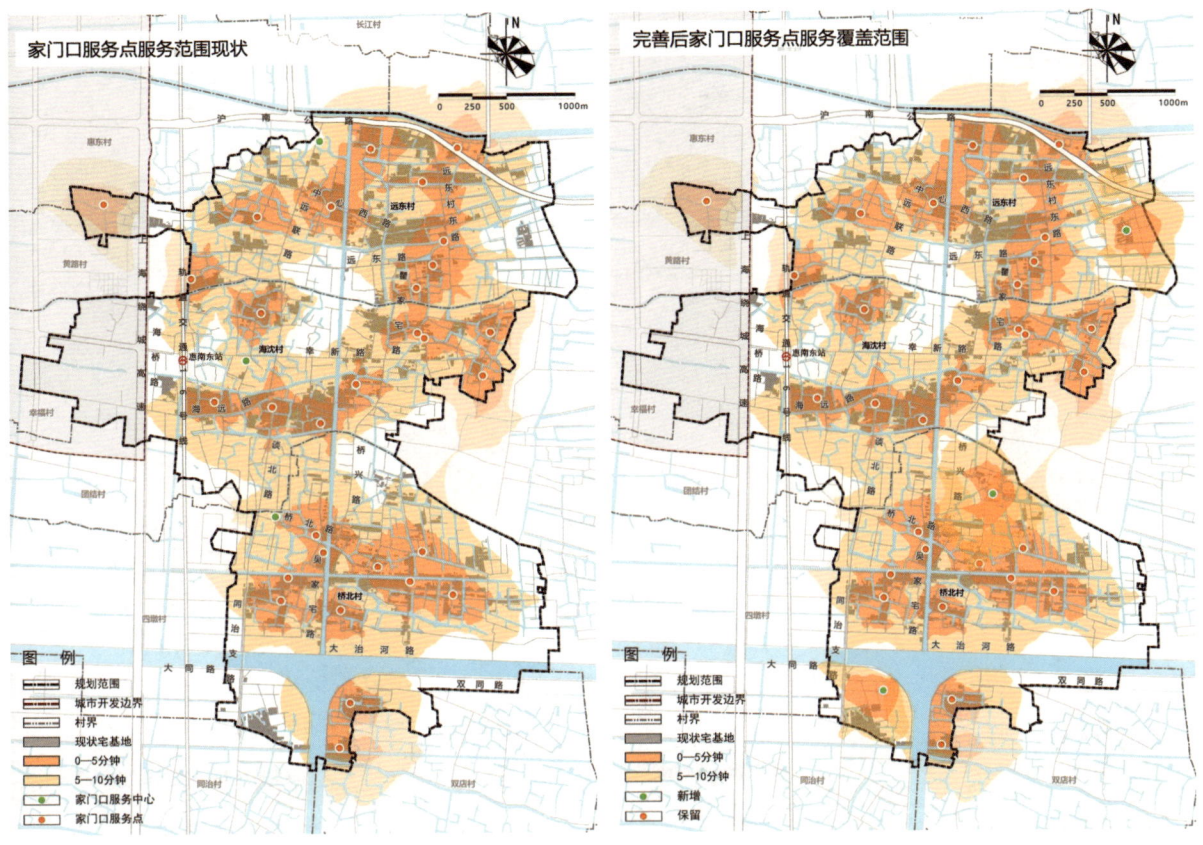

图2-4-11 家门口服务点服务范围前后比对分析

养老设施、拓展圈层嵌入设置老年活动室、基本圈层灵活配置智能服务设备终端＋休闲节点＋服务配送"的乡村分级养老体系，为乡村老人提供差异化养老服务。

**3. 提升村域公交服务水平**

构建基于乡村出行特征、农村路网、市政道路、公交站点的出行时间模型，识别全域自然村到惠南东站的最短时间路径（图2-4-12）。针对现状轨道交通与地面公交接驳服务范围有限、桥北村东南部存在覆盖盲区、地面公交服务能力不足的情况，结合村民主要出行习惯和活动需求，提出乡村公交优化方案（图2-4-13），包括增设惠南东站至桥北村的乡村公交环线，增设公交站点，节假日期间增加发车频次等，精准提升"地铁村"腹地公交服务水平，引导低碳出行。

### 2.4.3 聚场景，构建全域互动的特色主题

基于区域特色资源和未来乡村功能定位，结合乡村社区生活圈层划定，重点依托差异化的公共服务设施配置，构建全域互动的"1+3"乡村特色主题场景（图2-4-14，图2-4-15）。

**1. 构建全域旅游休闲主场景**

在海沈、远东、桥北三村共享圈层，围绕"骑迹乡村·自在惠南"骑行文化品牌构建旅游休闲主场景。全域旅游服务配套体系由共享圈层游客中心和拓展圈层田园服务站，以及若干个旅游节点构成。其中，游客中心是结合惠南东地铁站改造提升进行的微更新项目，作为旅游休闲场景对外衔接的枢纽，是将游客导入惠南乡村的主要门户，提升空间形象打造形成乡村风貌和田园生活

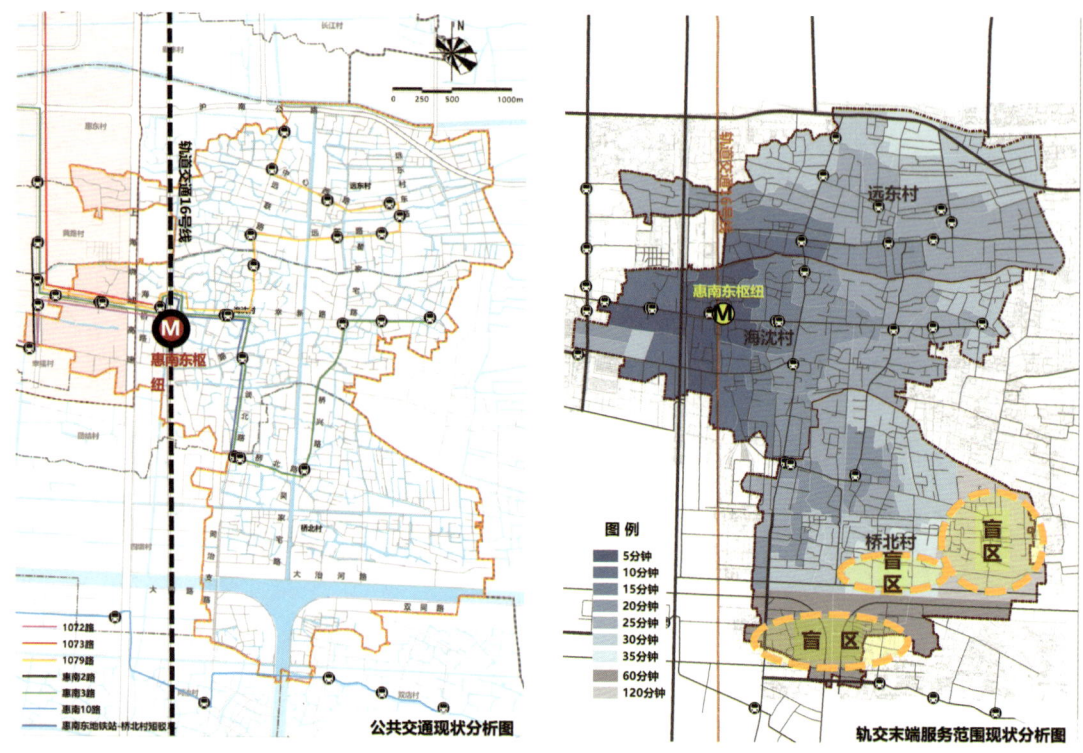

图 2-4-12　乡村公共交通体系现状布局及现状公交服务评价

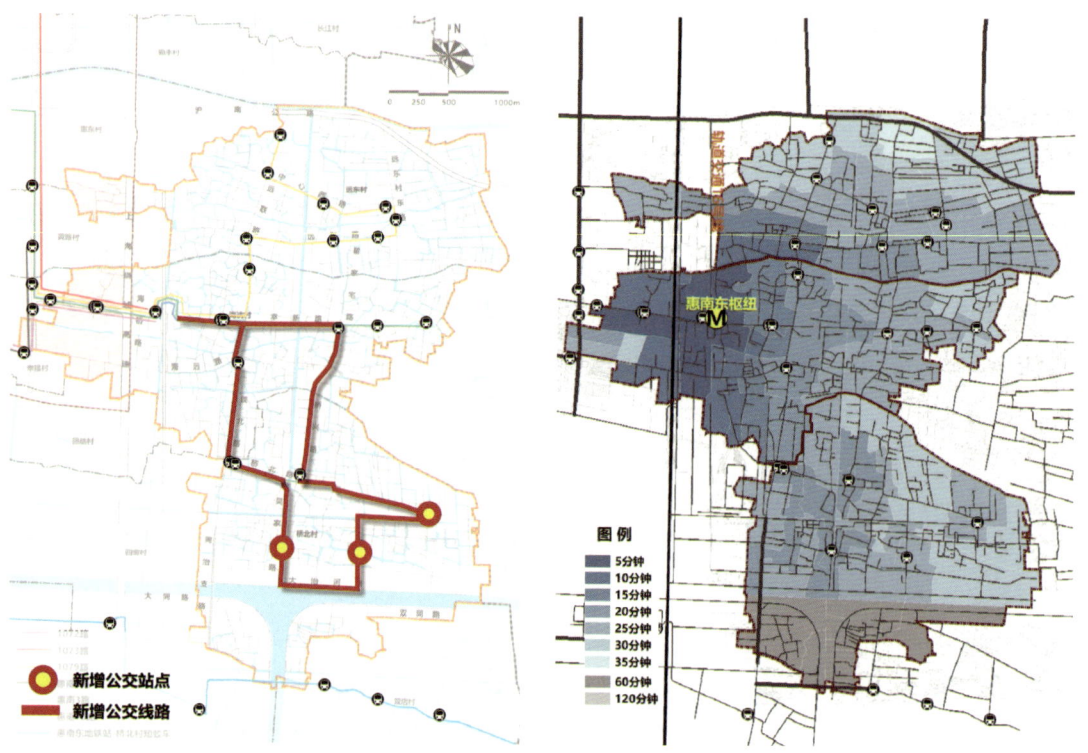

图 2-4-13　乡村公交接驳优化方案及优化后公交服务评价

的展示窗口。由惠南东地铁站经心愿桥进入海沈村后,在村口设置骑迹驿站服务中心,联合区域内民宿提升服务一体化,提供游客行李直送民宿等服务(图2-4-16)。

**2. 营造主题特色分场景**

拓展圈层结合各村特征分别营造海沈村"艺术归乡,创客家园"艺术文创分场景、远东村"稻果农趣,宜养乐园"邻里友好分场景和桥北村"绿野仙踪,生态田园"自然生态分场景。

海沈村的艺术文创分场景提出,传统乡村与创新艺术共融行动,包括挖掘地方特色传统文化艺术资源,利用存量空间资源增设传统乡村展示空间,丰富乡村文化体验。其中,"记忆海沈"是村内仅有的一处传统绞圈房三合院民宅,对其进行整体保护修缮,并植入沪乡传统文化记忆内容展示,在2021年城市空间艺术季期间,带领大家重温海沈村的历史记忆和岁月时光(图2-4-17,图2-4-18)。远东村着重链接稻田、果园等种植基地资源,为都市游客提供亲子农园体验活动,拓展乡村老人增收途径。桥北村以大治河、泐马河

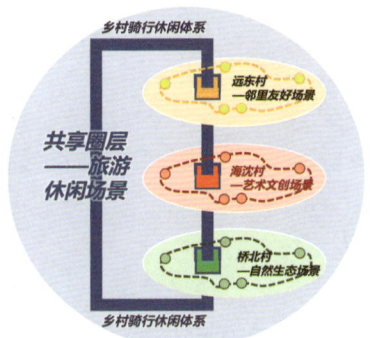

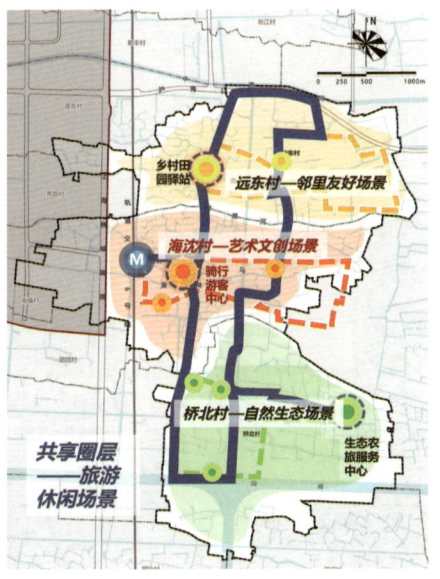

图2-4-14 "1+3"互动场景模式图、规划图

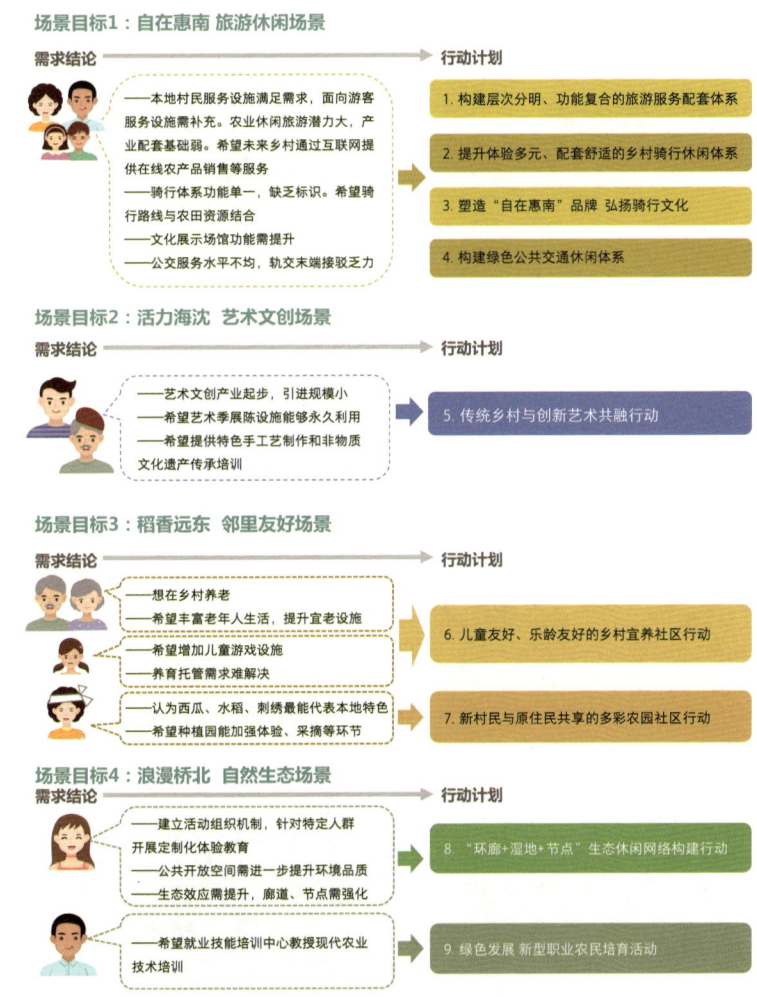

图2-4-15 "1+3"互动场景目标及计划生成图

生态廊道为依托,打造自然生态分场景,通过小流域生态整治,夯实自然生态空间基底,同时建设高标准生态农田,重点发展"粮、林、果、蔬"四位一体的优质农产品生态产业体系。

### 2.4.4 推实施,衔接精细管理的行动路径

秉持"先策划再规划、规划引领设计、设计指导施工"的工作原则,通过一张规划蓝图和一份项目清单,多方协同推进项目实施。

### 1."一张蓝图"统筹圈层建设项目

根据"优底板"和"聚场景"两项规划策略,以及打造舒适宜人的乡村社区和构建旅游休闲、艺术文创、自然生态、邻里友好的"1+3"主题场景的行动目标,以骑行线路为线形要素,统筹安排乡村社区生活圈三级圈层建设项目(图2-4-19)。

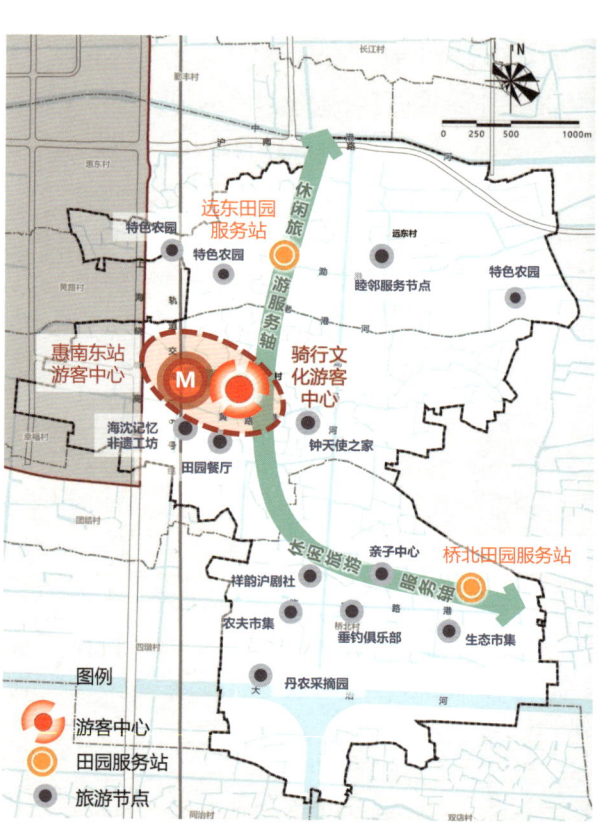

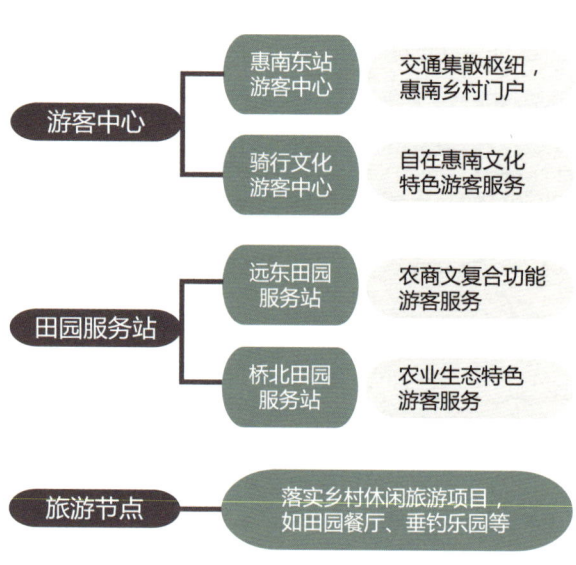

图2-4-16 "自在惠南"旅游服务配套体系构建

图2-4-17 整体保护修缮三合院民宅

图2-4-18 打造"记忆海沈",展示沪乡传统文化作品

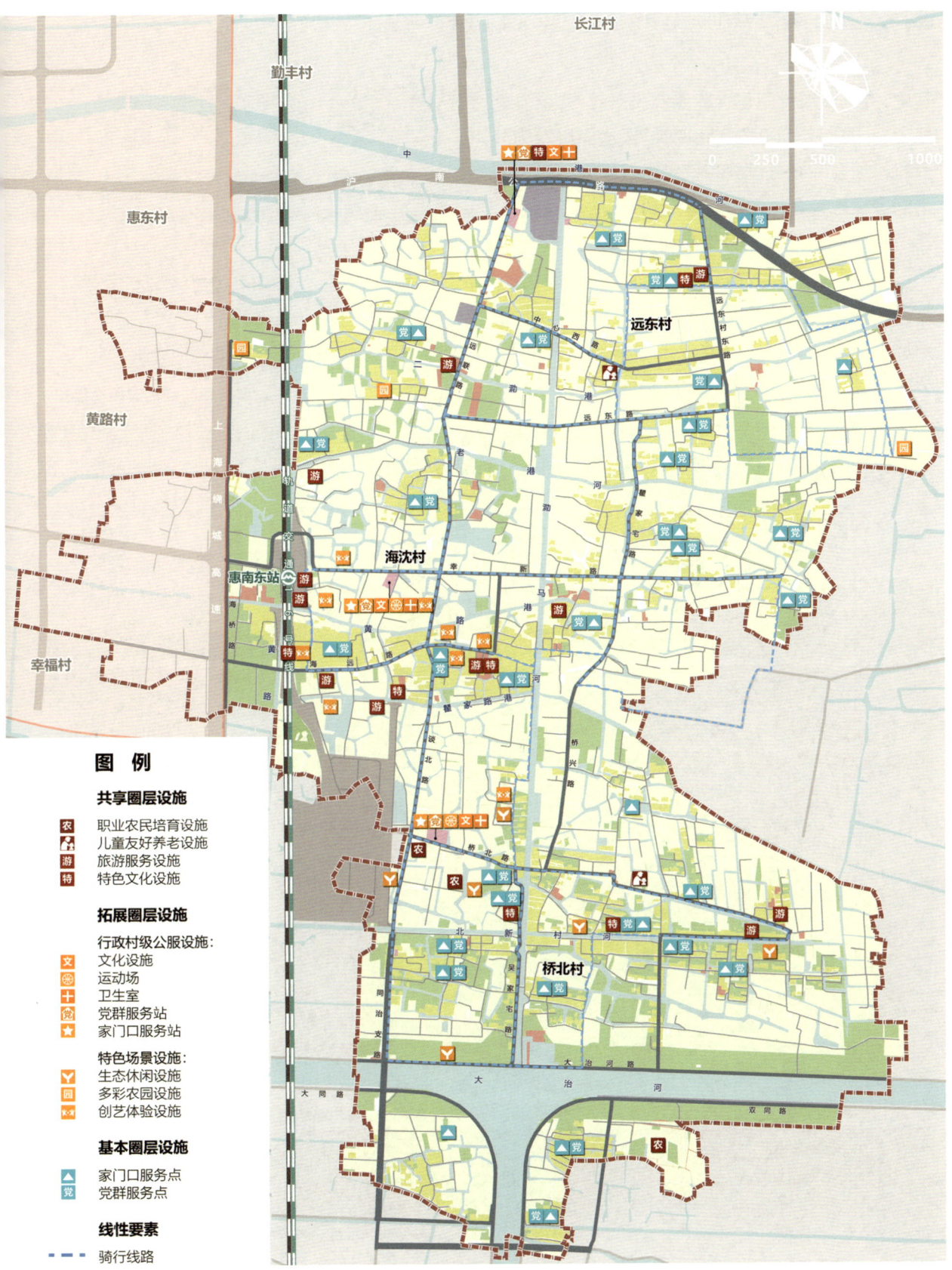

图 2-4-19 海沈、远东、桥北三村乡村社区生活圈规划蓝图（2021年）

其中，共享圈层设施包含职业农民培育、儿童友好养老、旅游服务和特色文化四类；拓展圈层设施分行政村级公共服务设施和特色场景设施两类；基本圈层设施包含家门口服务点和党群服务点。

**2. 衔接法定规划夯实行动实施路径**

衔接郊野单元规划控制要素和国土空间用途管制要求，以精细管理、面向实施的视角整合资源形成行动清单，引导郊野单元规划地块布局、功能与村庄设计。其中，部分项目依托乡村振兴

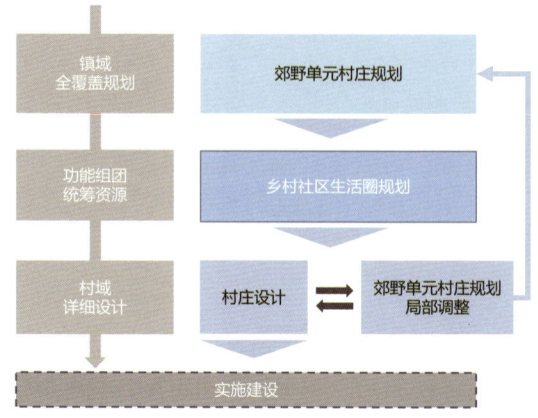

图 2-4-20 乡村社区生活圈行动与规划实施衔接图

图 2-4-21 海沈村乡村社区生活圈导览地图 ©LeTalwork 勒拓文化

图 2-4-22　16 号线惠南东站《四季海沈》长卷设计图

图 2-4-23　海沈十二工坊：花细草工坊、屋里厢咖啡、小确幸画坊

示范村建设、农民相对集中居住等工作，推动项目实施落地；对于需要建设指标的，通过启动郊野单元村庄规划局部调整，依托机动指标合法合规落地方案（图 2-4-20）。

**2. 以行动为纽带促进多方共建**

由惠南镇政府牵头，以政府托底类项目建设为基础做好乡村社区生活圈底板优化，同时积极引入不同专业背景的社会组织、企业、乡村责任规划师、专业团队、乡贤、村民等多方力量，共同参与项目实施（图 2-4-21）。

如惠南东站游客中心由申通地铁公司与惠南镇合作共建开展微更新，以"进站入画，由画入村"为设计理念，将手绘《四季海沈》长卷作为轨道交通 16 号线惠南东站乡村主题的叙事开端，为往来游客展示沪乡生活的四季画卷（图 2-4-22），实现城乡衔接的空间转换。"海沈十二工坊"项目（图 2-4-23）改造和运营由在地培育的乡村新产业主体"云程乡匠"共同参与，项目吸引的乡村共创者有"00 后"在校大学生、红酒产业创业者和远洋漂泊多年归来的本村居民，集乡村记忆、乡村味道、乡村匠人于一体，实现城乡创客资源有效对接，让村民享受到城市的便利，也让更多的市民愿意留在乡村，共同建设乡村，成为"新村民"。

# 第 3 章　温馨家园

营造良好的居住条件，承载的是老百姓最朴素、最基本的生活需求。住宅不仅是遮风避雨的庇护所，更是人们追求幸福、安宁生活的重要载体。"螺蛳壳里做道场"，曾是上海住宅条件逼仄拥挤的真实写照，也映射着老百姓即便在住宅空间局促的情况下，仍然巧用空间改善居住品质，努力实现美好生活的追求。上海作为一个拥有2500万人口的超大特大型城市，在宜居方面仍存在两方面问题：一是老旧住房多、居住条件差，尚有不少里弄、职工住宅缺少独立厨卫空间，部分社区环境较差、缺乏设施配套；二是保障性租赁住房与就业人群的分布仍有错位，住房品类不够丰富，无法满足各类人群的多层次居住需求。

经过多年持续建设，上海在提升居民居住条件方面已有了巨大改善，人均居住面积从1995年的8平方米[1]，增长到2023年的37.5平方米[2]。为进一步实现住有所居、全龄友好的宜居目标，上海"15分钟社区生活圈"行动持续在老旧社区整体有机更新和保障性住房方面多向发力。通过开展美丽家园、老旧住房综合改造、成套化改造等行动，提升住宅的宜居性、适老性，推动老旧社区焕新颜，实现居民幸福再升级。同时也关注可负担、可持续的社区住房供应体系，完善全龄友好的配套设施，努力为不同收入层次的居民提供健康、舒适的居住环境，让更多的人留得下、住得好，打造让人们可以安放家庭生活、享受幸福的温馨家园。

---

[1] 上海市统计局《1996年上海统计年鉴》，中国统计出版社，1996年，第105页。

[2] 上海市统计局,国家统计局上海调查总队. 2023年上海市国民经济和社会发展统计公报[R/OL].（2024-03-21）[2024-05-08].

## 3.1 设计策略

### 3.1.1 量身定做改造方案，推进老旧住房宜居性改造

上海的老旧住房问题是一个不可忽视的议题，房龄超过30年的住宅房屋占比超过一半。这既是城市发展的历史见证，也是当前城市更新面临的挑战。尤其是非成套的职工住宅和里弄，由于建设时间较早，普遍存在户型面积小、厨卫设施共用、管线设备老化、结构年久失修、公共部位被占用等问题。这些问题不仅影响了居民的生活质量，在一定程度上还威胁到居住的安全性和私密性，与现代生活对舒适和安宁的需求形成鲜明对比。在这样的背景下，对建成较早的老旧住房进行综合整修和现代化宜居改造，已经成为社区更新、提升居住品质的重要组成部分。

**1. 分类施策推进老旧住房的成套化改造**

上海的老旧住宅类型多样、分布广泛、总量众多、居住条件逼仄，改造方式也在不断创新。根据原有结构、户型特点、居民生活状态及风貌要求等，综合考虑住宅的类型、户均面积、改造潜力、成套比例以及居民的实际诉求，因地制宜确定改造的方式。对于结构稳固的老旧住宅，可以通过贴建、改建或平改坡等方式，适度增加居住厨卫等空间，提升空间利用效率。对于结构老化严重或存在安全隐患的住宅，则可能需要拆落地重建，适当增加建筑高度或调整面宽、进深，以弥补生活空间不足，并增大建筑间距，改善采光和通风效果。而对于有风貌保护要求的非成套里弄等住宅，改造须在保持原有外轮廓的前提下进行，根据居民自愿和适当补偿的原则，采用适当"抽户"的方法降低居住密度，释放更多空间用于增加独用厨卫的成套化改造。此外，在户型优化方面，还可通过楼梯外移、楼道空间重组等手段，释放更多内部空间以适应居民现代生活的需求，如加装电梯、拓展楼梯与过道、增加储物空间与阳台晾晒空间等。

静安区彭浦新村街道彭三小区，采用"改扩建""加层扩建""拆除重建"等多种改造模式，实现了每户拥有独立使用的厨房和卫生间，并配备了电梯和地下停车库等设施。**3A**

徐汇区天平街道云水别墅作为新式里弄住宅，通过与居民的深入沟通，度身定制"一户一方案"。改造过程中，通过优化建筑平面方案、

调整层高等方式，适度增加套内面积，使得每户人家都能拥有独立厨卫；并通过拆分户型、归集分散居住空间等方式，有效提升居住的舒适性。 3B

## 3A 彭三小区

始建于20世纪50—60年代，原本为多层非成套公房，存在房屋面积狭小、阴暗潮湿、多户共用厨卫设施等问题。改造项目分五期完成。一期改造中，采用"改扩建"的方法，对现有住房结构进行局部改造和扩建，以增加居住空间和改善居住功能。自二期开始全部采用"拆除重建"方式，其中二期、三期为拆多层建多层，通过加层的方式增加可居住面积，实现每户拥有独立使用的厨房和卫生间。四期、五期为拆多层建高层，不仅增加了居住面积，还通过增加电梯、地下停车库等设施大大提高居民的居住舒适度和便利性。

加建的电梯

改造后实景

## 3B 云水别墅

外观

改造前　改造后

建于1938年，成套改造前，存在内部结构复杂且没有独立厨卫等各类问题，居民生活极为不便。改造工程采用内部整体改造的方式，挖掘空间潜力，优化各层的平面分割，让每户居民都能拥有独立厨卫；调整结构，腾出部分墙体空间作为居住面积分配；调整公用楼梯位置并缩小楼梯占地，减少公摊面积；打开部分封闭的区域，使得原先不能使用的空间得到利用。同时，经过大量协调沟通，将同一住户分散在不同楼层的居住空间就近归集合并，大大提升了住户的居住舒适度。

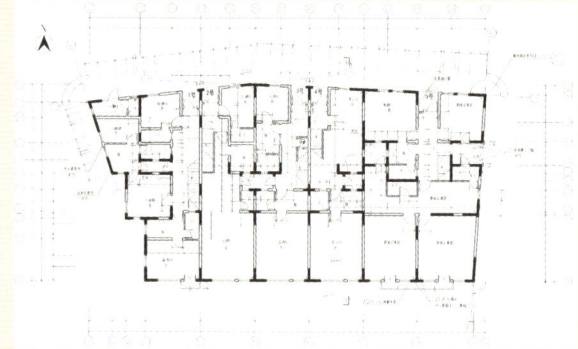
楼道改造前后对比及别墅改造后平面布局 ⓒ 上海杨浦建筑设计有限公司

## 3C 春阳里

始建于1936年，为典型的老式石库门建筑风格，2016年被列为上海市风貌保护街坊。里弄原有建筑为木构架砖混结构体系。由于建筑年代久远，部分墙体沉降变形出现开裂，木结构柱与地面接触处受潮，柱端部腐蚀严重；屋面构件如大梁、椽子、屋面板已腐蚀、开裂、弯曲变形；房屋的抗震及防火设防等级已无法满足现今规范要求。在2017年的更新改造中，将原有的砖木结构体系置换为钢结构框架混凝土楼面板结构体系，提升结构抗震性能与防火安全等级，延长历史建筑生命。同时按照原构造形式，采用原样红色机平瓦材料对屋面进行铺盖复建，在屋面工程中更新防水层、植入保温层，在不影响原有风貌的同时，提升房屋防水、保温性能。

改造后实景

**2. 全面提升建筑结构安全**

通过建筑墙体加厚、砖木结构整体置换等方式对建筑结构进行加固，增强建筑的承重能力；通过更换门窗，增加墙体防水层、保温层和隔声层，增加耐火材料，平屋顶改坡屋顶，增加地下空间等方式，提升建筑的保暖、降噪、防水、耐火、防潮、防蛀等性能。如虹口区北外滩街道春阳里，在改造中将砖木结构体系整体置换为预制钢结构框架混凝土楼面板结构体系，大大提升建筑的安全性。 3C

**3. 加装电梯便利上下楼**

上海市的多层老旧社区中，众多住宅楼高5～6层，且在建设之初并未配备电梯，这给居住在较高楼层的居民，尤其是老年人和行动受限者的日常出行带来了极大的不便。因而，居民对于加装电梯的需求日益迫切。上海高度重视这一民生工程，2011年发布《本市既有多层住宅增设电梯的指导意见》（沪房管修〔2011〕187号）启动加装电梯工程，截至2022年底，已累计完工并投入运行4397台。[1] 2023—2025年间，计划以每年3000台以上的速率推进加装电梯项目。然而，加装电梯的实施过程涉及众多复杂因素，包括复杂的建筑设计、结构安全、居民意见协调和资金筹集等多个方面。在设计策略上，加装电梯须综合

---

1　栾晓娜《民之所望丨从奢望到日常，上海老小区加装电梯提速背后有着方法论》，《澎湃新闻》2023年3月29日。

考虑日照、建筑平面布局、噪声、震动干扰等一系列因素,确保增设的电梯既实用又不扰民。

上海巧妙运用多种方法解决不同房型的加装电梯难点:对于设有外廊的住宅,电梯紧贴外廊设置,最大限度利用现有空间,并做到电梯与各住宅楼层无高差衔接。对于没有外廊的住宅,新建电梯井道通常独立于建筑,尤其避免紧邻卧室或起居室,减少对住户的震动和噪声干扰。此外,电梯井道的设计采用玻璃等透光性好的材料,减少对后排住户日照的影响。针对底楼与低层居民意见难以协调的问题,在加装电梯的同时,改善底楼环境,提供适当的补偿,如以增加底层和二层可使用的公共空间等,作为协商条件,提高居民的同意率。

静安区临汾路街道的居民区选择在楼组大门外加装电梯,并将加装电梯与美丽楼组建设结合起来,把底层公共空间作为一楼居民的常用空间,还为一楼居民免费更换入户门与过道窗,既美化了底层空间环境,又能减少对一楼居民的噪声影响和出入干扰。 3D

### 4. 开展适老化和无障碍改造

在老龄化程度较高的居住社区,结合老年人的生理特征和生活需求,积极推进适老化和无障碍改造,显著提升居住安全性和舒适度。在

## 3D　临汾路街道

辖区内20个居民区中近90%的楼组没有电梯。而居住在三层楼以上且60岁以上的老人约有1.3万人。其中,80岁以上老人近2800人。截至2023年,临汾路街道17个无电梯居民区,有16个实现了全部加梯。街道通过党建引领和居民自治的方式,成功克服了业主意愿统一、资金筹集、技术设计、行政审批和后期维护等多重挑战。在具体实施过程中,社区采用"三会"(听证会、协调会、评议会)制度协调居民意见,通过惠民措施提升底层与低层住户的获得感。比如,免费更换入户门与过道窗,对一、二楼公共空间进行美化。技术上,采用适宜的电梯停靠方式和透明玻璃电梯井道设计,同时考虑采光、节能保温和无障碍设计要求。此外,社区还建立电梯运维的长效机制,比如"梯管家"模式,确保电梯的安全稳定运行。

加装透明电梯,减少对采光的影响

居住区底层公共空间改造美化
©上海市公共艺术协同创新中心

社区中，按需就地增加老年活动室、为老服务中心、老年食堂等公共服务设施，让老年人无需步行太远就可参加社区活动、外出就餐；优化社区慢行系统、对步道进行无障碍改造，加密公共区域座椅设置，方便老年人出行并能随时休息。在住宅改造时，通过协商等灵活方式，将高龄或有障家庭的住房置换到底层，方便出入。在住宅公共区域改造时，增加无障碍坡道、加装电梯，让老年人能够轻松地上下楼；放大门牌号、为楼层涂装不同的色彩，提高楼层可识别性，便于老年人快速辨认；巧妙利用屋顶空间，作为空中花园并设置座椅、顶棚等，为老年人提供种植、闲聊、休憩的理想场所，增进邻里间的交流互动。在住宅内部，采用消除地面高差、铺设防滑地砖、设置扶手等措施，有效预防跌倒等意外事件，确保老人行走的平稳与安全；加宽门距、增强照明、增设助浴椅和安全扶手，不仅方便老年人的日常生活，也使他们的居家环境更加温馨和舒适。

如闵行区江川路街道电机新村社区适老化改造，通过盘活存量资源，改造形成"一桥四方"养老综合体，为居民提供各类为老服务设施，几乎涵盖老年群体的全部生活所需。在居家适老化改造方面，根据老年人的需求设置低宽型台阶、无障碍通道配置扶手、增设楼道扶手夜灯、增加楼层色彩区分等。 `3E`

## 3E 电机新村

电机新村社区适老化改造是上海市首个连片整体规划的适老化改造项目。以街区规划为引领，盘活存量资源，在"北竹港桥"周边梳理出电机厂退休人员管委会、煤气站等碎片空间，改造为"一桥四方"养老综合体项目，包括社区食堂、老年活动室以及社区综合为老服务中心和长者照护之家，并建设无障碍步道。在居家适老化改造方面，每一栋居民楼内部都进行彻底的改造：入口处，选择低宽型台阶更方便老人行走；无障碍通道配上扶手，让老人们安全地行至家门口；入夜暖意十足的原木色扶手会亮起灯光，视线不清的老人们不必再担心摔倒；每一层楼不仅用颜色区隔，也清晰标明楼层数；危险又恼人的"飞线"统一收纳进管网，楼道恢复一片清爽，同时大大降低老人发生意外的风险。

"一桥四方"养老综合体

由废旧煤气站改造成的社区食堂内景

## 5. 整合拓展老旧住区公共空间

老旧居住街坊，因历史原因形成犬牙交错的街坊内小地块。这些街坊往往各自为政，出入口分散，因而产生不少消极和闲置的角落空间。通过拆除和打开围墙，将原本相互隔离的若干个小区整合连成"片区"，打破物理上的隔阂，居民可在街坊中自由畅行、减少绕道。整合后的片区可以更有效地利用碎片空间，将原本墙角、尽端等零星的消极空间化零为整，拼合出更多连续完整的公共空间，包括但不限于：为居民提供晾晒衣物的场地；增加停车位，缓解老旧小区停车难的问题；引入绿化植被提升生态环境；设置座椅和休息区供居民休憩驻留，促进社区的交流互动。此外，根据各个社区的具体需求和特点，还可以因地制宜地补充公共服务设施，如社区活动中心、儿童游乐场、老年活动室、口袋公园等。

徐汇区凌云街道417街坊打通7个小区，一体化改造公共通道，打开围墙，增加停车空间、绿化空间、晾晒空间、小区花园等。 `3F`

## 6. 因地制宜合理利用公共空间

老旧社区的公共环境，往往具有建筑间距小、弄巷狭窄、绿化缺失等特征，以及停车位不足、活动空间有限、日照条件差等挑战。因而，因地制宜地合理利用公共空间是提升老旧社区环境、植入多元设施的关键。

## 3F 凌云417街坊

作为上海城市化推进过程中的早期开发基地和动迁安置基地，由多方参与规划和建设，街区内7个小区属性各有差异。417号街坊公共空间的全方位重塑，从管理上做"减法"开始，改变7个居住小区"各自为政"的现状，整街坊调整为一个物业管理区，撤除各自的门禁，前置到街区三个主要出入口，为公共通道的重塑提供共享的基础。其次，拆除围墙后，一些边角、尽端空间暴露出来，公共空间系统做"加法"，如通过拆除沿公共通道的部分小区围墙、镂空围墙实现视线通透等扩展步行空间；利用各小区出入口、通道转角、内部闲置绿地开放等挖掘口袋公园；打通梅陇港步道等。拓展后的公共空间系统综合考虑人行车行空间、沿街建筑立面、围墙、城市家具、绿化景观等全要素的一体化设计。

围墙镂空提升公共空间品质

新增公共空间 ©吴鉴泉

针对老旧社区停车难的问题，除了强化停车分时管理、与周边停车资源统筹规划外，还可以通过梳理通道停车位、树下停车位，设置立体停车装置、停车空间地下化等方式增加停车空间，提高停车效率，并释放出更多的空间用于种植绿化、公共活动等。针对老旧社区内公共活动空间不足的问题，优先选取日照条件好的区域，布置儿童嬉戏、老人活动、衣物晾晒、植物生长的空间；灵活利用小区过道、不规则边角、巷尾尽端等空间，通过精心设计改造，植入立体绿植、藤架、座椅等设施，为儿童和老人提供游憩和休闲的场所。此外，还可以根据社区的实际需求灵活调整使用功能，实现空间的错时使用，如一块场地可分时安排晨练、午后休闲、放学后的儿童游乐等，从而最大限度地发挥公共空间和设施的社会效益。

黄浦区外滩街道如意里在改造过程中，将非机动车停车转移到地下，同时注重满足"一老一小"的活动需求和安全出行要求。为老人设置更多可坐可休憩的座椅和可供老人相聚交流的紫藤廊亭；为儿童设置儿童游戏区，设计树屋滑梯、秋千、躺床和游戏步道。 3G

## 3G 如意里

建于20世纪80年代，是一个坐落在上海市中心南京东路—外滩片区的迷你小区。小区内居民楼共4幢，楼高7层，共有508户近900口居民。2022年加装6部电梯后，让这里的部分空间变得局促。为满足"一老一小"的活动需求，让公共空间更舒适、更开放，小区改造过程中将非机动车停车都转移到地下，保障空间最大限度地还给居民休闲和活动使用，确保老人和儿童的行走安全。老人的体力极大限制了他们的活动范围，充分听取老人意见后，小区内每20米设置不同类型的可坐休憩设施，并保留、修缮一直是居民相聚中心的紫藤廊亭，让老人下楼就有花园晒太阳、有亭子乘凉、可以安全惬意的聊天散步。小区为儿童设置儿童游戏区，设计树屋滑梯和爬网；沿小区主要入户道路结合每一个单元楼号设计包含躺床和秋千的林下"入户花园"；居委活动室门前还设有座椅和吧台的共享小院，供小朋友放学后交流、写作业。

紫藤廊亭改造后

树屋滑梯

共享花廊改造后

共享小院改造后

### 3.1.2 满足差异化居住要求，提供多样保障性租赁住房

上海作为超大城市，吸引了大量的外来人口来此生活、就业。上海的保障性住房现仍存在总量不足、选址偏远、居住环境差和配套设施滞后等问题。为更好地解决青年群体、各类人才、城市一线工作者的安居需求，上海市重点增加各种可负担的、中小套型的保障性租赁住宅，缓解青年群体的住房困扰。

**1. 优化保租房合理布局**

重点在新城社区、产业园区及周边，轨道交通站点附近，就业人口导入区域，适度增加保障性住房供应。优先选择职住失衡、空间宽裕、成本相对可控的区域，通过独立地块新建、与商品房综合结建、存量闲置建筑改建等形式，多类型、多渠道地增加保障性居住功能，促进就业人群职住平衡。

如闵行区梅陇镇力波中心地处闵行与徐汇区主城的交界处，周边有8大产业园区，租赁住房需求旺盛。开发主体主动将部分办公用地调整为租赁住房，提供750余套房源，同时涵盖1~4房的多种户型，为就业群体提供多元、邻近的住房条件。 `3H`

黄浦区半淞园路街道的有巢·南舒房，紧靠西藏南路城市干道，且紧邻轨道交通8号线站点，交通便利，租赁需求大。西藏南路红线拓宽后，拆除邻街的3栋煤卫合用公房。充分利用剩余的狭长形基地，新建住宅作为保障性租赁住房，不仅充分利用零星用地，也有效弥补黄浦区保障性租赁房的缺口。

**2. 提供类型多样、可负担的保租房产品**

充分考虑新市民、青年人落户上海的经济承受能力和交往的需求，通过建立"一张床、一间房、一套房"的多层次租赁住房供应体系，向建筑、快递、外卖、环卫、家政、医护等一线务工人员，以及新就业、创业的初创人员定向供应，分层分级解决群众居住困难。

如宝山区大场镇城家公寓提供"一张床、一间房、一套房"的多种户型、多层次价位的安居保障体系，配套公共区域达2000平方米以上，为更多新市民、青年人筑起"安居巢"。 `3J`

**3. 配置兼具生活和社交属性的共享空间**

满足新市民和青年人群的社交需求，在底层或裙房增加共享建筑空间。在房型紧凑的情况下，移除部分套内使用功能，在公共区域植入共享厨房、共享餐厅、公共客厅、公共健身房、读书屋等功能，不仅提高

设施使用效率、满足住户的基本生活需求,还提供一个宽敞、便利、热闹的社交环境。

如松江区中山街道"中建·幸孚+"公寓有近2000平方米的"悦享"客厅,打造集生活、休闲、社交于一体的共享空间;增加建筑内外的共享公共空间,包括屋顶花园、露台、共享院落等。通过在公共空间中植入更多的活力场地(以活动促进交往)和公共功能,鼓励住户走出房间、亲近自然,开展多样化的社区活动,促进积极阳光的生活方式、烘托乐于交流的氛围。 3K

## 3H 力波中心

上海首个零星工业用地全面转型成功的项目,2014年该地块全面启动整体转型,打造成涵盖办公、商业、租赁住宅相关业态的30万平方米产城融合综合体。更新采取一部分保留、一部分改造、一部分拆除的原则,使项目既保留历史文化,塑造品牌形象,又提升功能空间。其中,东地块拆除重建,打造成集商住办为一体的城市综合体,租赁住房便在其中。力波中心的租赁住房项目分为恺诚精选公寓和恺诚行政公寓,共计758套房源,房型涵盖为单身青年配备的一室户、满足情侣住宿需求的两房套间,以及面向家庭的三至四房的二代居房型。

外景

恺诚精选公寓(1~2室户)与行政公寓(3~4室户)©力波酿酒(上海)有限公司

## 3J　大场城家公寓

公寓社区由8栋楼组成，总建筑面积达6万多平方米，提供1384套公寓，形成从一张床到一间房的多层次住房供应体系。"一张床"为2—3层的城市建设者管理者之家，总计64间客房，提供158个床位。户型分为双人间和三人间两种，双人间套内面积19～21平方米，三人间套内面积22～23平方米，单床位租金约800元/月。每张床位配备单人带锁衣柜、书桌。房间带有灶台、冰箱、微波炉、洗衣机、热水器、移动餐桌等，基本满足建设者日常生活所需。"一间房"为面积19～23平方米的3种户型，总计1320间，租金3000～3700元/月，主要面向刚步入社会的新市民、青年人。每种户型都配备干湿分离卫生间、实用性书桌、收纳空间以及冰箱、微波炉等日用电器，打造舒适宜居的居住环境。

外景与内景©上海南宸置业有限公司

## 3K　"中建·幸孚+"公寓

公寓位于工业区施园路299弄、G60科创走廊松江新城总部研发功能区的中心位置，毗邻巨人网络、飞科电器等集团总部和海尔智谷"产城创"基地，地理位置优越，租赁需求旺盛。公寓配有近2000平方米的"悦享"客厅，布局共享厨房、公共会客厅、共享书吧、健身房、瑜伽室、影音区、桌游区等。利用建筑屋顶，设计成开阔的晒台，租户可以在这里晾晒衣物，感受新鲜空气和温暖的阳光。

外景与内景©上海中建东孚资产管理有限公司

徐汇区龙华街道龙南佳苑属于公租房类型的住宅小区，设计采用U形多层廊式住宅结构，巧妙地围合形成院落空间，可承载节日庆典、社区集市、文化沙龙等公共活动；逐级跌落的开放式屋顶平台提供了丰富的活动空间与绝佳的观景场所。 3L

## 3L 龙南佳苑

项目位于天钥桥南路夏泰浜路路口，南面紧邻黄浦江。在建筑布局上，放弃以往高层低密度的行列式住宅小区模式，综合考虑容积率和日照影响，运用不同标高的廊式住宅，形成半围合和全围合院落空间，日常可用于邻里聚会、休闲锻炼，节事时也可以作为举办庆典和社区集市的场所；逐级跌落的屋顶平台是花园，亦是观景阶梯，创造了丰富的屋顶活动空间，也为更多社交活动的发生提供可能。北侧多层住宅区设计大量架空层作为半室外空间，并在底层设有公共活动室。商业建筑、屋顶活动平台、围合院落之间以连廊联系，为居民提供地面之外、另一个维度的活动空间。

整体布局、屋顶花园、连廊、围合院落©GOM上海高目建筑设计事务所

### 4. 配置体现多样关怀的设备与服务

在住宅中增加对特定居住人群的关爱，针对其特殊需求增设专属楼层、定制设施和进行专门化设计。如考虑女性居民的安全和隐私需求，设置女性楼层，提供额外的安全措施，24小时监控或紧急呼叫等系统；为养宠物的青年群体提供专门的宠物友好楼层，配备宠物活动区、宠物洗澡设施等。

杨浦区长白新村街道创寓228设有女性楼层和宠物楼层两层特色楼层。其中，女性楼层设有专属安全梯控、机器人配送等安全服务；宠物楼层提供免费的喂养服务，并设有智能寄养舱。 3M

## 3M 创寓228

位于昔日"两万户"工人新村的228街坊，如今"蝶变"后，又成为创新人才的家园乐土。其在3楼和11楼设两层特色楼层。3楼是可爱的宠物楼层，共27间公寓。楼层房号标识采用猫爪样式的宠物特色标志，走廊也使用猫咪摆件、插画等布置。此外，楼层里还单独设置智能寄养舱，可以实现自动喂水、喂食，检测舱内湿度温度。当住客出差时，宠物楼层还提供免费的喂养服务，也可实时通过监控摄像头观察宠物状态，或通过语音助手与宠物互动。11楼是女性楼层，走廊以艺术摆件、女性时尚杂志等表现丰富的浪漫元素，还有专属安全梯控、机器人配送等安全服务，处处体现对都市女性的关爱。

外景©上海日清建筑设计有限公司

## 3.2 优秀案例

### 3.2.1 普陀区曹杨新村街道曹杨一村成套改造项目

普陀区曹杨新村街道的曹杨一村,始建于1951年,是中华人民共和国成立后全国大规模建设的第一个工人住宅社区,2004年获评第四批"上海市优秀历史建筑",2016年入选首批"中国20世纪建筑遗产"。然而历经六七十载,曹杨一村的居住环境和使用功能已无法满足人民群众生活的需求。曹杨一村里大部分住房不是成套配置,厨卫合用不仅在空间捉襟见肘,也影响居民日常生活的舒适性。

2018年起,普陀区以城市更新为抓手,明确以旧住房成套改造为重点工作。在此背景下,曹杨一村旧住房成套改造项目应运而生。项目遵循"原址保护、留房留人"的改造理念,分为四个工区推进,涉及房屋48幢居民1499户,建筑面积4.89万平方米(图3-2-1)。

**1. 保留社区肌理,有机整合外部建筑风貌保护与内部布局更新**

针对老旧住区设施陈旧、住房非成套、建筑老化和环境杂乱等民生问题,曹杨一村开展旧住房成套改造与综合修缮,优化老旧住区公共环境。改造项目按照"留改拆并举,以保护保留为主"的原则,采取原址保护、留房留人的方式。通过"三留三新"修缮工程,即"留外观,新格局;留工艺,新品质;留设计,新功能",在保持原建筑肌理基本不变的前提下,为每户适当增加8~10平方米,满足老百姓独立煤卫的使用需求。在最大限度保留第一个工人新村的珍贵印记的同时,让居民体验更加便捷、安全的新生活。

**2. 以"一房一方案"代替"千房一面",有效提升老旧住宅改造品质**

改造团队认真对待百姓需求,共听取意见3700余次,征集人民建议2200余条。在房屋的室内户型改造上,实行"一户一图纸",根据近1500户房间的实际情况和居民的不同需求,为每家每户提供个性化、精细化设计方案。特别是针对老年人、残障人等特殊家庭的实际情况,对内部格局进行个性化设计,细致考虑适应轮椅的活动,扩大门框间距,拓宽室内通道和走廊的宽度,确保

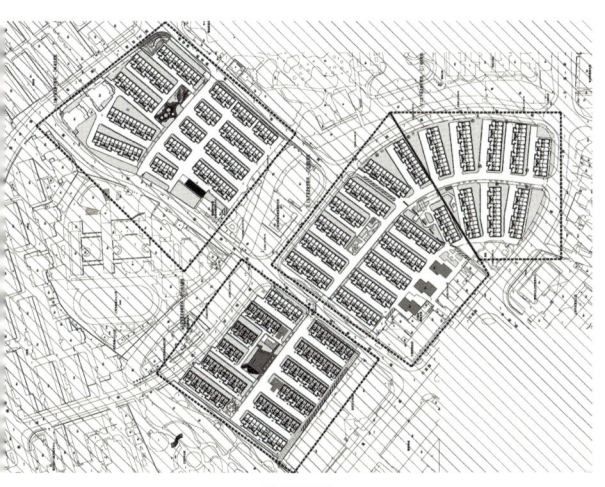

总平面图

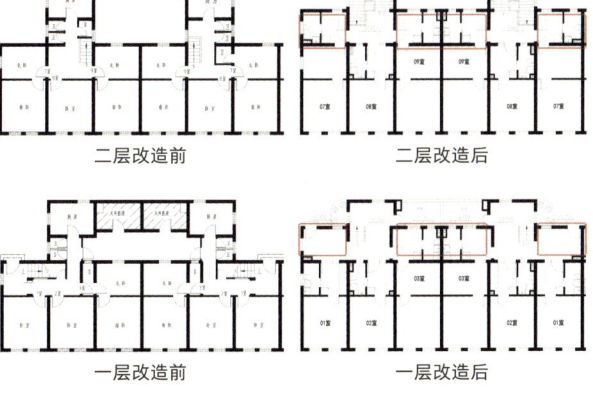

二层改造前　　　　二层改造后

一层改造前　　　　一层改造后

图3-2-1　曹杨一村旧住宅成套改造总平面与平面示意
©上海建筑装饰(集团)设计有限公司

轮椅能够顺畅通行和灵活转向。针对需要一对一护理的老年居民，调整内部隔墙的位置，优化空间利用和护理流程。此外，对厨房和卫生间也进行适老化改造，降低橱柜和水槽的高度，使之符合老年人和轮椅使用者的操作习惯。在卫生间安装L形扶手和可折叠淋浴凳等辅助设备，增强使用的便利性，显著提升安全性。

**3. 叠加全要素提升内容，实施环境品质提升改造**

曹杨一村成套改造项目将外部的公共空间也作为改造的重要一环。改造前的曹杨一村生活广场功能较为单一，有时仅用作晾衣场所。改造后，变成多功能户外"智能公共客厅"，不仅保留社区内的古树，增设座椅，还重新规划停车区域。此外，同步配置集多种功能于一身的5G人工智能灯杆，除了基本的照明功能外，还集成360°监控、公共广播、智能调光、无线Wi-Fi等多种实用功能，极大地提升了居民生活的便捷性和安全性。户外客厅的顶棚设计同样充满巧思：能够根据天气变化自动调节角度，无论是晴天还是雨天，都能为居民提供一个舒适的社交空间，免受日晒雨淋的困扰。曹杨一村的小区门头也经过精心的修缮和设计，融入具有文化意义的回字纹元素，增强了小区的标识性。色彩上运用红色和米色为主色调，并以灰色作为点缀，整体造型向1952年的门头式样致敬，既保留历史风貌，又赋予小区新的活力（图3-2-2）。

### 3.2.2 闵行区马桥镇城市建设者管理者之家

闵行区马桥镇城市建设者管理者之家，是闵行区首个"新时代建设者管理者之家"，是闵行进一步加大公共服务类重点行业企业一线职工住房保障力度的积极探索。建设者管理者之家主要针对来沪工作人员租房"远、贵、难"的痛点，向建筑施工及环卫绿化快递医护等行业一线职工定向供应"价格公道、服务到位"的租赁住房和床位（图3-2-3）。

项目位于马桥镇中青路588弄，毗邻闵行经济技术开发区、莘庄工业区，周边企业一线从业人员达18万人，对于租赁住房的需求旺盛。项目共440张床位、138套房源，平均面积35平方米。目前，已入住包括特保及保安、绿化工人、环卫及保洁、维修维保人员、建筑工人、医护人员等。

**1. 服务人群"广覆盖"**

"新时代建设者管理者之家"可办理居住证，实行民用水电计费，家具家电配备齐全，租客可"拎包入住"。该项目广泛辐射周边航天、船舶、电气等制造业企业和高校科研院所等各类从业人员，以及保安、保洁、快递、环卫工人等城市一线劳动者。目前，项目整体入住人员2385人。

**2. 配套服务"暖人心"**

"新时代城市建设者管理者之家"设置了一个250平方米的多元共享生活区，包含共享厨房、共享餐厅、共享洗衣房、公共淋浴房等多元共享空间，提升居住的舒适度。在保障"一张床"的安居服务基础上，社区里还设有700平方米公共活动区，包括党群服务站、物业管理服务站以及健身

图3-2-2　公共空间加装的智能照明设施 ⓒ上海市城市公共空间设计促进中心

房、影音室、亲子乐园等,一站式政务办理、健康卫生、阅读自习、亲子互动、影音视听、文体健身等服务,让租户不出社区就能获取各类公共服务。社区还设置"人才驿站",嵌入各类创业就业服务、社团活动、公益扶持等,陪伴各类租住人才成长。此外,社区设有户外健身区,配置1片标准篮球场、4片羽毛球场、超600平方米主题露营草坪,让租客实现"运动自由"。

**3. 房源供应"全品类"**

"新时代城市建设者管理者之家"所在社区设计了包含"一张床、一间房、一套房"的多层次租赁产品。其中,"一套房"主要面向企事业单位管理人员、科创人才和家庭型客户,平均户型面积60平方米,月租金约为3500元;"一间房"主要面向刚步入社会的新市民、青年人,平均面积30～35平方米,月租金为2200～2600元不等;

外景

室外运动场

共享厨房

两室户

共享洗衣房

四人间床位

图3-2-3　新时代城市建设者管理者之家 ©润灏房屋租赁(上海)有限公司

而"一张床"主要面向保安、保洁、快递、环卫工人等城市一线劳动者,分为四人间和两人间,月租金分别为每床500元和900元。租金价格综合考虑不同群体的租赁需求和租金负担能力,旨在为新市民、青年人和一线务工人员提供价格更可控、环境更宜居的住所。

### 3.2.3 浦东新区金桥镇佳虹家园

浦东新区金桥镇佳虹家园位于金桥镇中心的集镇社区与工业开发区的交界处,居住区与工业区城市肌理的扭转在此处形成一块典型的三角形城市隙地。

针对社区开放度低、功能单一、品质一般等问题,佳虹家园缤纷社区项目结合需求调研和问题导向,整合既有资源,通过调整通道和绿化,改善场地人流进出流线和视线等较为封闭的状况,统筹考虑原有绿化、广场、建筑的保留、改造和连接,提供社区交往、休闲健身、儿童游戏等多元空间(图3-2-4)。

**1. 巧用公共空间,承载活动多样化**

佳虹家园缤纷社区项目通过打开家门口服务站围墙,调整社区入口,引导居民进入广场,集聚人气。在人行流线上设置一条曲线形风雨游廊(图3-2-5),以界定周边的活动场所,在不同区段融入由各个活动场所演化的个性化空间,如都市农园、活力广场、科普体验园(图3-2-6)等,将

图3-2-4　佳虹家园鸟瞰 ©梓耘斋建筑工作室、田方方
图3-2-5　佳虹家园风雨游廊 ©梓耘斋建筑工作室、任广

图3-2-6　佳虹家园科普体验园与佳虹客厅 ©梓耘斋建筑工作室、田方方

功能零散、碎片化的绿地织补成一片有机关联、领域分明的复合式场所空间，激励社区居民的公共生活。在风雨游廊内部设置休闲座椅及展墙，改善居民回家的便捷体验和行走观感。同时，为加强曲线游廊与室外广场、家门口服务站的互动联系，沿游廊的边界分别设置社区舞台、儿童沙坑、体育篮球等活动设施，提供展示社区文化的窗口和交流活动场所。

**2. 居委用房改造，体现服务最大化**

社区利用原居委用房改造，以底层架空、开放共享，打造社区公共文化客厅，模块化植入亲子读书屋、共享厨房、助老洗衣、自助体检站、首问接待[1]、群团之家等功能。在二层融合党建服务、民主议事、两代表（党代表与人大代表）接待、共享办公等互动空间，叠加法律咨询、心理服务、健康小屋等专业服务。改造实现家门口公共服务的提质增能，做到社区服务设施"办公最小化、服务最大化"。

---

1 首问接待功能用于接待服务对象来访。第一位接到服务对象来访申请办理公务的工作人员即为首问首接责任人，不论服务对象提出的问题或需办理的事项与首问首接责任人是否有关，责任人都应热情回答与接待，不得借故推诿。首问责任制于2014年首先在税务系统全面推行，而后在其他政府机构和部门中实施。

# 第4章　睦邻驿站

作为一站式服务设施综合体，睦邻驿站是为居民提供社区公共服务、满足多元需求、促进休闲交往、感受城市温度的特色空间。睦邻驿站大致可分为两大类，一类是功能整合、空间复合的一站式综合服务中心——"人民坊"，如徐汇区的生活盒子、黄浦区的零距离家园等；一类是小体量、多机能的服务驿站——"六艺亭"，如浦东新区的望江驿、普陀区的苏河驿等。

在社区中，精心设置的驿站如雨后春笋般涌出，体现了上海在有限空间配置多样服务，如"螺蛳壳里做道场"般的细致功夫，也仍存在数量不足、覆盖范围有限、部分驿站与环境融合度不够、功能配置与需求短板匹配度有待提升等问题。通过生活圈行动，大力推进睦邻驿站建设，使之既能提供周到的便民服务，又能营造温馨的市井氛围，让城市关怀近在咫尺、城市温度触手可及。

睦邻驿站集成多种类型的社区服务，一般布局在人流集中、交通便捷、景观优美的位置，规模大小根据功能需求灵活设置。在人口密集、设施不足的社区设置驿站，有助于健全社区公共服务设施类型配置，有效覆盖服务盲区，弥补设施规模不足。在滨水、绿带、公园等人流密集的蓝绿开放空间周边设置驿站，可以服务更广泛的游客人群，提供观景导览、文化体验等特色服务，特殊时期也可发挥应急避难作用。

## 4.1 设计策略

### 4.1.1 慢行友好的灵活选址

睦邻驿站选址的原则是覆盖广、更普惠、邻近性佳。良好的设施选址应符合居民的日常生活习惯、地域人群活动特点、出行动线;可以在需求旺盛、慢行便利、环境良好的地方优先布局驿站,以增强服务效能,也可在被大型河流、交通干道、生态空间分割的服务盲区设置驿站,以补充设施不足。睦邻驿站一般独立设置,也可结合商业楼宇、市政设施、闲置建筑等空间集成设置,或利用河流绿楔、蓝绿带状空间的缝合功能植入驿站,提供休憩观赏场所。如外环绿带曾经是"不可进入"的防护绿带,长宁6.25公里外环绿带开放后,根据游客的游览动线,在慢行道沿线结合滨水、森林等优质景观资源,将既有的4个道班房改建为驿站。其中植入市民休憩停留空间,增加休憩便利的座椅、寄存柜、手机充电等设施设备,补充运动休闲等功能,并增加生态科普教育等特色活动,大大提升长宁外环绿带的吸引力和服务效果。 **4A**

## 4A 外环绿带驿站

采绿庭位于外环绿带入口处,有招徕、邀请之意,是市民进入长宁外环绿带遇到的第一座驿站,主要为大家提供信息咨询服务。鱼丽阁位于偏枢纽型的仙霞西路可乐路一带,不仅靠近居民区,而且步行几分钟就可到达河对岸的虹桥人才公寓,在休闲空间中融入自然教育和科普特色。振鹭轩是隐于林中的林带管理用房,每座驿站和监控点位都可以在振鹭轩的智能大屏中实时查看,楼前设计了可供市民避雨遮阳的宽大檐廊。有年堂位于长宁外环生态绿带南入口,邻近空港八路和环绿路,是周边东虹桥中心等新建楼宇内企业白领们休闲、运动的好去处。

鱼丽阁

振鹭轩

采绿庭

有年堂

嵌入生态蓝绿空间中的长宁外环绿带驿站 ©杨敏

在空间资源紧缺情况下，通过积极挖掘闲置资源，包括闲置建筑、沿街裙房、附属建筑、构筑物等，结建驿站增加多样化的服务设施空间，于细微处释放空间潜能、体现服务多能。如黄浦区外滩街道苏州河畔的樱花谷驿站，原为公厕和环卫道班房，经过建筑外观整体改建和二楼的透明化处理，成为苏州河沿线集休憩、党群服务、志愿者服务、游客服务、户外工作者服务于一体的多功能驿站。其西侧不足百米是中国石化第一加油站，采用下拉式加油枪使得加油空间最小化，进而在一楼增加便利店、二楼增加咖啡馆和观景平台。两处设施整体掩映在同步改造的樱花谷绿地中，不仅让老建筑重新焕发新生，而且成为苏州河畔一处靓丽的景观。 4B

## 4B　樱花谷驿站

位于南苏州路与虎丘路交界处，紧临黄浦江、苏州河的交汇点，河对岸向西北处眺望即是著名的历史建筑——上海邮政博物馆。这里原是公厕和环卫道班房，建筑老旧、环境较为杂乱。经过建筑外观整体改建和二楼的透明化处理，使之成为集党群服务站、志愿者服务站、游客服务站、户外工作者服务站于一体的综合性站点。目前，驿站一楼仍保留公厕和户外工作者服务站功能；从公厕一端的户外楼梯拾级而上，先是一个半开放露台，为游客提供各种打卡苏州河、老房子与外滩的角度；二楼目前为外滩街道零距离家园，空间较为宽敞，三面落地玻璃，景观环绕，可供开展各种多功能活动。

与驿站西侧不足百米是中国石化第一加油站，始建于20世纪中期，是中国第一个自营加油站。改造后，加油站兼具油站历史陈列功能，并配置一楼的便利店和二楼的咖啡馆。设计通过优化人车分流动线，消解原来加油站对于滨河景观的阻隔。驿站与加油站之间的区域改造为樱花谷绿地，通过保留原有的配套服务建筑结构、增加架空步道、开挖下沉庭院、丰富植物种植等方式，营造坡地、坡顶、构架顶等多层次观景空间。樱花谷串联驿站和加油站于两端，三者互动，共同成为苏州河畔一处令人流连忘返的景观节点，也将第一加油站打造成为"最美加油站"。

镶嵌在滨河游园中的驿站 ©原作设计工作室、章勇

驿站内设置的党群服务中心

中国石化第一加油站 ©原作设计工作室、章勇

### 4.1.2 一站综合的功能集成

社区睦邻驿站的功能设置应以百姓需要为导向,紧扣服务人民、便利人民,兼顾多元人群需要,植入多元、丰富的服务功能,一站式集成服务优先。

"人民坊"作为集中布局多种功能、服务便捷、规模集约的一站式综合服务中心,需根据社区系统评估和调研,针对人群特征、服务短板和未来新兴需求,配置"十全十美"多元综合功能(表4-1-1)。其中,"十全"强调保基本,"十美"强调提品质和塑特色。如徐汇区在老龄人口比例较高的社区设置的人民坊,多配置综合为老服务中心、长者照护之家、日间照护机构、助餐服务点、健康促进空间等医养结合的养老服务

表4-1-1 "人民坊"功能配置建议表

| 分类 | 服务功能 | 具体内容 |
|---|---|---|
| "十全"基础保障 | 党群服务 | 街镇社区党群服务中心;党群服务站点;新时代文明实践分中心/站/特色阵地 |
| | 便民服务 | 百姓议事厅 |
| | 就业服务 | 社区就业服务站点 |
| | 医疗卫生 | 卫生服务站 |
| | 为老服务 | 社区老年人日间照护场所;长者照护之家;老年助餐服务场所;老年人、残疾人、伤病人康复辅具社区租赁点;老年活动室 |
| | 教育托育 | 婴幼儿、儿童养育托管点;母婴设施 |
| | 文化活动 | 文化活动室 |
| | 体育健身 | 多功能运动场 |
| | 应急防灾 | 社区应急避难场所;微型消防站 |
| | 公共交往 | 附属活动场地 |
| "十美"品质提升 | 生态培育 | 立体绿化(屋顶绿化、垂直绿化);市民园艺中心 |
| | 全民学习 | 社区学校 |
| | 儿童托管 | 家庭科学育儿指导站;儿童服务中心、儿童之家 |
| | 健康管理 | 健身点(市民益智健身苑点);健身驿站;智慧健康驿站;未成年人保护工作站 |
| | 康养服务 | 长者运动健康之家 |
| | 特色服务 | 社区食堂;生活服务中心(便利店、早餐店、药店、菜店、末端配送、家电维修、家政服务等) |
| | 文化美育 | 慈善超市 |
| | 创新创业 | 生产性服务设施(生产配套、技术平台、商务平台等);青年中心(乡创中心) |
| | 交通市政 | 公共厕所;智慧市政处理设施 |
| | 智慧管理 | 数字生活应用场景 |

供给体；在产业园区、大型商圈等就业密集的区域设置的人民坊，多配置就业服务指导站，提供职业指导、创业指导、就业援助等服务。

人民坊的功能也要关注特殊群体的需求，跟上时代发展的变化。近年来，平台经济新业态蓬勃发展，外卖送餐员、快递员、网约车司机等新就业群体已成为社会发展不可或缺的组成部分。驿站结合上述人群的生活工作特点、出行休憩需求，量身定制服务内容，体现社会的包容与关怀。如静安区根据新就业群体规模庞大的特点，系统谋划，整体设计，以党群服务阵地为依托，植入"新心驿站"，服务新就业群体。除了提供休憩、餐饮、充电、理发等常规服务功能外，还设置助动车充电桩，划分临时停车位并设立标识，让新业态群体能安心地停下来；定期举办情景党课、红色电影、医疗问诊、中医推拿等活动和服务，定向提供技能培训、心理疏导、法律援助、政策解读，为新就业群体进行心灵"充电"；发挥他们走街串巷、熟悉社情的优势，鼓励其认领社区志愿者等服务项目，使其成为城市美好生活营造的参与者、守护者。 **4C**

## 4C 新心驿站

共和新路街道辖区内快递网点、分拣站、外卖配送站共计18家，站点分布广、服务群体大。通过在党群服务阵地植入新心驿站，让每日穿行在大街小巷的快递外卖小哥，在此享受到歇脚、喝茶、手机充电、餐饮、理发等便民服务的同时，链接善治街区资源，为小哥提供法律咨询、牙病防治、心理舒压等公益服务。此外，小哥可以在驿站认领社区啄木鸟、垃圾分类宣传、孤老结对等志愿服务，有助于进一步提升其幸福感、归属感与社会价值。

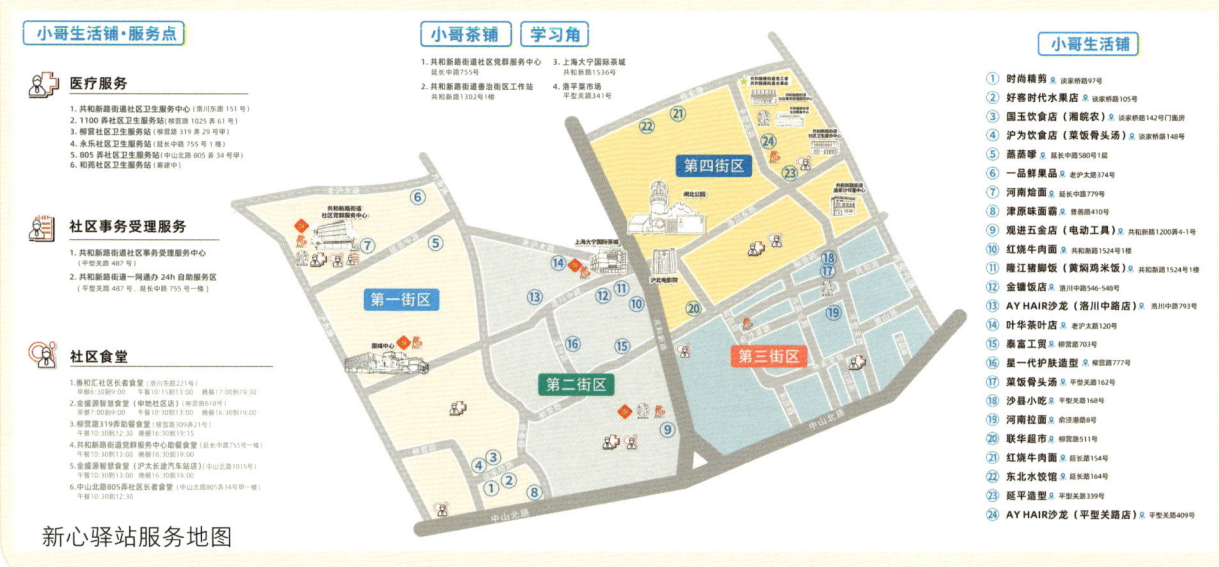

新心驿站服务地图

图 4-1-1　三种模式"人民坊"空间布局示意图

人民坊按照功能配置集成度和总体建筑规模大小,可分为理想型、特色型、基本型三种配置模式(图4-1-1)。

全龄共享的理想型人民坊,要体现舒享关怀,主要涵盖自助式老年照料服务、释放儿童天性的设施与场地、灵活共享的多种功能空间,同时具有全时开放、多元包容的特色,提供轻松的工作环境、优质的生活服务、浓郁的文化艺术氛围、随处可见的自然绿意,集中设施面积约2000～4000平方米。

面向白领及产业人群的特色型人民坊,主要结合产业功能为主的区域布局,功能上追求短时、便捷、高效,推崇个性化服务,展现健康活力,兼顾家庭托儿育儿需要和文化艺术诉求,可引入优质餐厅、咖啡厅、花店、酒吧、亲子、健身等业态,规模大约800～2000平方米。

服务老幼人群的基本型人民坊,结合地域特征,部分可侧重老龄化社区生活特征与需求,强调对老年人交往与情感的关怀,嵌入医养服务和智慧医疗设施;部分可侧重幼儿生活特点,结合周边环境,提供充足、安全的儿童活动场地,以及室内幼儿托管服务等。

"六艺亭"是上海15分钟社区生活圈另一种公共服务设施模式,更注重轻小体量、灵活布局。"六艺"源自"礼乐射御书数"传统六艺,可演绎为"琴棋书画诗花"当代六艺的场所。通过在有限的空间内植入充电、饮水等温暖便利的小服务,成为日常生活动线上的歇脚处;也可以提供下棋、阅读、书法、插花、聆听音乐的场所,成为增进社区交往的聚会点;特殊情况下还是遮风避雨、应急庇护的避难所(表4-1-2)。如苏州河畔的普陀区长寿路街道武宁路桥下驿站,激活桥下消极空间,紧凑布局隔间型卫生间和自动售卖机、储物柜等服务设施,开辟"城市看台"与"迷你展厅"。它不仅吸引一些城市亚文化群体在此交流聚会,还在2022年公共卫生风险高发时,成为维系城市物流运转的快递骑手们的临时营地,曾同时容纳五六十人。 4D

### 4.1.3 高效舒适的功能布局

睦邻驿站的内部空间布局需要契合人们日常习惯、行走特点、使用频率等行为规律,包容不同人群如老人、儿童、有障人士等的差异化需求。按不同人群使用特点与空间特性耦合,综合考虑层数、日照、朝向、通风、噪声等条件,巧妙安排建筑内外部功能;根据不同功能使用特点,合理安排各类空间的规模与布局,结合户外场地、公共空间、绿地等空间要素,安排消防、交通、出入口、垂直交通等必要的辅助空间,做到动线流畅、功能有序、空间匹配。在空间有限的情况下,建筑可利用外部公共领域进行适度延伸,安排如屋顶花园、通道和辅助空间、底层架空空间等户外活动空间。在空间约束性大、功能需求较为复杂的建筑内部,鼓励探索分时共享、平急两用等弹性灵活的空间利用方式。

普陀区桃浦镇"乐慧Life",是桃浦东部片区网格化综合管理服务中心,服务覆盖桃浦镇东部17个居村委及周边楼宇,包含9大服务功能;根据各类设施的使用频率、服务人群的行为特征和建筑的净高采光条件等,合理安排各层功能;充分利用屋顶空间设置科普小菜园,利用底层户外空间设置各类体育活动与休闲娱乐功能。**4E**

### 4.1.4 灵动美好的场所特质

在注重睦邻驿站的实用性的同时,也要注重其空间品质,在其中融入在地文化和艺术元素,增强建筑的独特性和灵动性,与周边环境融为一体,成为社区中一道靓丽的风景线。

表4-1-2 不同类型"六艺亭"的功能配置建议表

| 类型 | 基础型 | 提升型 | 复合型 |
| --- | --- | --- | --- |
| 建筑面积 | 10~50平方米 | 100~200平方米 | 300~400平方米 |
| 基础保障型功能 | 休息室、无线网络、冷热饮水、自动售卖、物品寄存、雨伞、充电、应急医疗(心脏除颤器、急救箱)等 | 休息室、无线网络、冷热饮水、自动售卖、物品寄存、雨伞、充电、应急医疗(心脏除颤器、急救箱)、公共厕所、游览问询等 | 休息室、无线网络、冷热饮水、自动售卖、物品寄存、雨伞、充电、应急医疗(心脏除颤器、急救箱)、公共厕所、游览问询等 |
| 品质提升型功能 | / | 包括但不限于便民早餐、咖啡简餐、文化宣传、艺术展示、微型书店、快闪演点、百姓议事厅、百姓直播间、志愿服务站、屋顶花园等,拓展艺术、生态、科普、党群宣传等 | 包括但不限于便民早餐、咖啡简餐、生活市集、慈善超市、文化宣传、艺术展示、文创售卖、微型书店、快闪展演点、百姓议事厅、百姓直播间、志愿服务站、共享服务点、鲜花蔬果店、屋顶花园等,拓展艺术、生态、科普、党群宣传等 |
| 平急转换要求 | 在应急条件下满足临时庇护的需要 | | |

## 4D 武宁路桥下驿站

位于武宁路桥北岸跨光复西路的桥洞下。除安置驿站功能菜单中必备的公共卫生间、24小时服务设施和公共休息室之外,设计师将部分空间改造为开放的阶梯式"城市看台",塑造开放可变的空间。与"城市看台"隔路相对的是"迷你展厅"。展厅沿路界面都是可开可合的立轴旋转门式展墙,既能灵活地展示展品,又能凭借不同的开闭姿态成为一个可变舞台,与看台一起构成"桥下剧场"。

武宁路桥下驿站"城市看台" ©杨敏

武宁路桥下驿站的转换使用 ©朱润资

## 4E 乐惠Life

"乐慧Life"桃浦东部片区网格化综合管理服务中心建筑面积约3200平方米,室外面积约1320平方米。中心集社区助餐、为老服务、亲子活动、便民服务、体育健身、阅览休闲、党群服务和网格管理等多项功能,融合共享。一楼大厅设置党群服务、网格管理、便民服务等,便捷到达;二楼有台阶和中庭空间,以互动共享空间为主,包括邻里Fun亲子乐园、文体活动室、邻里范共享客厅、料理妈妈共享厨房等;三楼面积宽敞,开设社区食堂;顶层为屋顶花园;屋顶日照丰富,布置科普小菜园。户外设置儿童游乐场、共享篮球场,以及利用集装箱改造的Parkbox健身仓。

建筑外观

建筑内景

屋顶花园

驿站的建筑造型需注重美学价值，与自然环境、人文风貌形成和谐的对话关系。可以积极挖掘并提炼地域风貌特质，让驿站既体现地域特色，又与生态蓝绿空间和社区环境相得益彰，成为社区生活网络中的点睛之笔。除了建筑本体的美学价值，还可充分拓展其观景空间，让驿站与社区形成"看与被看"的互动关系，唤醒百姓对于城市心有所归的温馨情感。

如在浦东黄浦江滨水公共空间植入的"望江驿"，是融于环境的系列精致建筑，建筑造型精巧美观，且利用景观地形特点和建筑构造，提供面江观河的适宜观景空间和怡人的观景界面。浦东新区陆家嘴街道东园一党群服务站和社区活动室在服务便民的同时，用造园的方式将社区中心塑造成既可远眺陆家嘴地标，又可承载"雅文化"的空间，为市井日常增添一份雅趣。**4F** 青浦区青浦新城的环城水系公园内的17座驿站，运用多变的建筑形态和具有地域特色的建筑名称，强化江南水城印象。**4G** 还有徐汇区天平街道"66梧桐院"邻里汇，

## 4F　东园一党群服务站和活动室

改造前

改造后

庭院内景

位于浦东陆家嘴核心区域内一住宅小区——建于20世纪80年代的东园二村里。这幢带有内院的两层小楼更新改造时，拆除自身的院墙和铁门，通过新设计的游廊重新组织空间布局，与建筑物连接成整体，围合出一个微型园林，为社区创造一种融入日常的精神空间。此外，改造充分利用其优越的地理位置，将屋顶重新设计为观景平台，使之成为近观陆家嘴"三件套"的佳地。

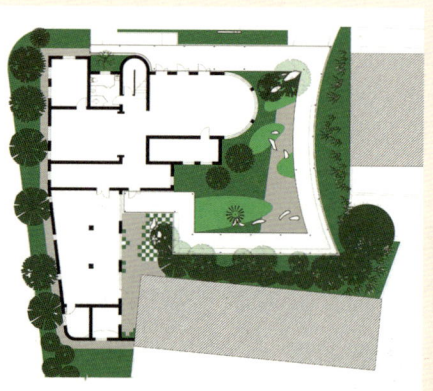
建筑和景观设计平面图

屋顶平台

东园一党群服务站和社区活动室改造 © 无样建筑工作室

# 4G "环城水系公园"驿站

青浦环城水系公园共设17个驿站,总建筑面积2558平方米,驿站按1~1.5公里服务半径设置,其中一级驿站7个,二级驿站6个,三级驿站4个。17座驿站在蜿蜒的滨江公共绿地中渐次铺开,有的宛如童话中的林间小屋,有的像科技感十足的"太空舱房"。驿站命名或出自中国传统文化,如上善驿、浩泽驿等;或根据选址处的传统地名进行演绎,如盈港驿、漕盈驿等。

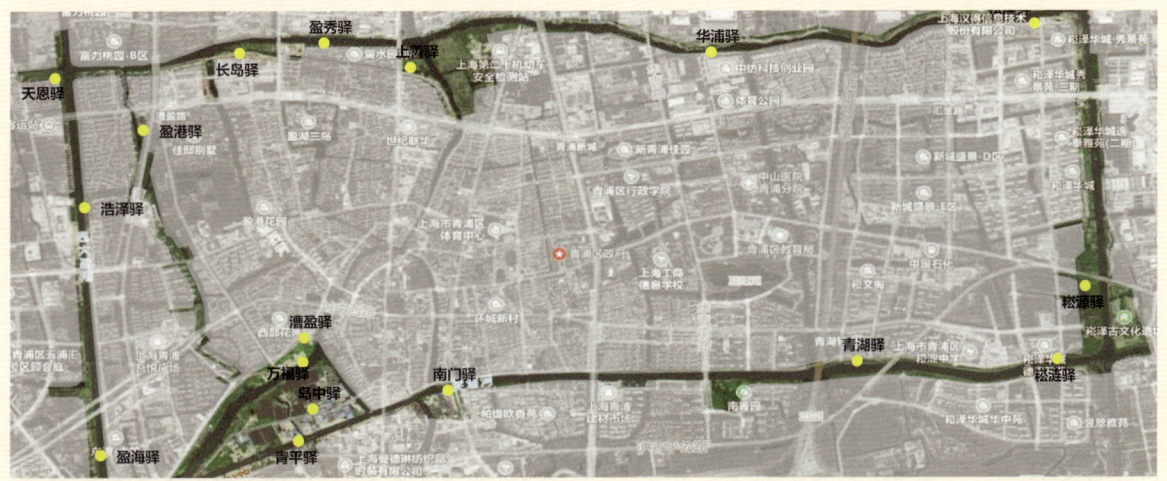

青浦新城环城水系公园驿站总体布局

青浦新城环城水系公园驿站

青浦环城水系公园驿站类型与配置

| 驿站类型 | 一级驿站位 | 二级驿站位 | 三级驿站位 |
|---|---|---|---|
| 位置 | 公园重点广场或主要活动场地 | 公园主要活动场地 | 稍偏僻的活动场地 |
| 面积 | 150~220平方米 | 100~120平方米 | 80~90平方米 |
| 功能 | 卫生间(男、女、无障碍) | | |
| | 休憩 | | |
| | 自动售卖 | | |
| | 便民设施 | | |
| | 书吧或茶吧 | 书吧或茶吧 | 书吧 |
| | 宣传显示屏 | 宣传栏 | / |
| | 远程医疗及部分驿站设置有党建宣传 | / | / |

把一座英式乡村风格的历史保护建筑改造为红砖掩映、满载历史风韵的新时代文明实践分中心,又在北侧新建一栋L形建筑,设置社区食堂、社区课堂及小舞台。两栋建筑相互掩映,既保留风貌区独特的历史底蕴,又提供一站服务的多功能场所。此外,还引入评弹表演等非物质文化遗产活动,使人沉浸式感受浓郁的历史氛围,品味"梧桐区"的高雅。 4H

## 4H　66梧桐院邻里汇

位于天平邻里汇院落里的主楼由著名建筑师邬达克(1893—1958)设计,建于1932年。这是一幢"90岁高龄"的典型英式乡村风格建筑,也是徐汇区文物保护点,如今变身为"一站式"新时代文明实践分中心。建筑采用假三层(局部二层)砖木结构,木制构架半裸露于立面上,陡峭的屋顶上开老虎窗。在主楼修缮过程中,门的所有装饰花纹经脱漆清洗全部展露出来;室内还原了客厅的布局,窄条斜铺的木地板、复原的壁炉、绿丝绒的沙发、纹理清晰的木制长桌、典雅的吊灯。

建筑内部设置可供读书读报的会客厅、供儿童游戏的童趣童辉、供学习借阅的家门口四史馆、供志愿者活动的爱志愿加油站、供社区议事的汇治理议事厅、供休闲娱乐的书吧影吧等。在主楼北侧,新建一栋同为红砖立面的L形建筑,与老楼相映成趣。一楼为社区食堂,二楼设社区课堂和小舞台。如今,临街的社区食堂已成为"网红",明亮的落地窗镶嵌在红墙之中,人们能惬意地坐在落地玻璃窗前,一边品尝价格实惠的美味,一边欣赏老洋房与梧桐树组成的美妙街景。

保留的英式乡村建筑变身为新时代文明实践分中心

新建的L形建筑设置社区食堂、社区课堂和小舞台

新时代文明实践分中心一楼的会客厅

新楼一层的社区食堂颇具人气

## 4.2 "人民坊"优秀案例

### 4.2.1 徐汇区"生活盒子"

2022年起,徐汇区提出一站式社区服务综合体"生活盒子"服务民生新概念,对既有"邻里汇"进行全新升级,让"生活盒子"实现空间共享、复合使用,满足全年龄段人群的需求。

**1. 悉心选址,系统覆盖**

徐汇区所辖13个街镇,在城市运行网格体系的基础上,进一步将每个街镇划分为3~5个片区,在每个片区因地制宜建设综合性社区服务空间"生活盒子",实现总体统筹层面的布点全覆盖。2023年,精心选择已建成的40个"生活盒子",发布生活盒子地图,进一步提升生活盒子在市民中的知晓度和使用度。

**2. 功能多元、服务便捷**

徐汇的生活盒子充分考虑各年龄段人群的生活需求,标配社区食堂、社区卫生站、社区文体、社区助浴点"新四件套",同时因地制宜配备丰富的特色服务,并通过空间共享、复合使用,满足全年龄段人群的需求。如徐家汇街道土山湾社区四分之一居民是老年人,生活设施即便品种齐全,若散落各处,老年人行动起来仍会吃力。因此,生活盒子的功能设置充分吸纳居民对于集中设置食堂、理发、缝纫修补、家电维修等的需求,不再让居民因吃饭、就医、洗衣奔波于不同的地方。生活盒子中,整个一楼是居民呼声最热切、使用频率最高、烟火气最浓的社区食堂;二楼的便民服务区,汇聚了一批理发、修家电、修鞋、修磨刀剪、缝纫修补、洗衣熨烫的能工巧匠(图4-2-1);三楼的社区卫生服务站,开设全天门诊,居民可以来问医就诊。

**3. 空间互通,增进开放**

徐汇区斜土路街道的"康晖里党群服务站",原是茶陵路77号一家关闭多时的生鲜超市。除设置居委会外,还兼容许多为辖区内居民服务的新功能,包括自助服务、助老服务、爱心服务等。建筑底层在沿茶陵路一侧适当退让,形成一条宽约24米、长约40米的长廊,意象性地呼应社区居民对小马路的记忆。通过建筑长廊的灰空间体现邀请、开放、融合的姿态。长廊中植入模块化的学习位、微型消防站等功能,营造轻松自如的服务体验。同时,长廊发挥展陈、活动功能,举办摄影绘画展、书法艺术展、手工作品展、义诊集市等(图4-2-2),让社区文化的丰富性更易被看见。

图4-2-1 土山湾盒子配备家电维修、理发等功能

## 4.2.2 黄浦区南京东路街道苏河之眸零距离家园

黄浦区南京东路街道的苏河之眸零距离家园是一个覆盖全区域、服务全人群、完善全功能的"一站式服务"综合体。

### 1. 从凋敝到重生的滨水建筑

苏州河畔如今矗立着一座绿白相见、清新敞亮的5层建筑，可曾想它过去是凋敝闲置的宾馆旧建筑，披满爬山虎，门可罗雀。黄浦区将这座无人问津的闲置建筑改造为社区综合公共服务中心，改造时复原了身披绿色植被的形象。

### 2. 周到完善的功能布局

整栋建筑面积约3300平方米，共6层空间，包含咖啡店、食堂、文化交流借阅图书空间、中医馆、养老服务、运动休闲、活动举办等多元功能。其中一层为党群服务站、社区卫生与健康服务，二楼是"读者·苏河"文化空间、老人日托所和食堂，三、四层为服务老人的长者照护之家，还特别为社区居民设置1~14天的喘息式照护。较高的五层作为健身房，引入专业健身企业的运营管理，合力打造全年龄段人群都喜欢的健身课程。建成后的苏河之眸零距离家园，不但照顾到社区重点关注的老年群体，也为区域内的年轻人工作生活、文娱健身做全面考虑，也为非社区人群提供特色服务（图4-2-3）。

### 3. 流畅愉悦的动线空间

建筑虽然占地小功能多，但内部行走体验却并不逼仄，空间设计恰到好处，各种功能安置得十分妥帖。建筑西北角的楼梯，是在"削切"掉原有建筑的一角后打造的。开放的户外楼梯将建筑打开，使之有更多的透气空间，每上一层楼看到的风景都不一样，成为居民身心舒悦的好去处（图4-2-4）。

### 4. 人人共享的苏河露台

之所以被称为"苏河之眸"，因为它是这一段苏州河沿岸的最佳观景地，在寸土寸金的中心城区拓展了近水舒朗的屋顶空间，任何人都可以拾级而上来到楼顶，将河两岸的美景尽收眼底，故被

图4-2-2　康晖里党群服务站改建长廊形成的灰空间、展示和学习空间与多功能活动空间

图4-2-3　零距离家园中社区健康服务、长者食堂及文艺演出

誉为苏州河边"最美露台"（图 4-2-5）。露台对岸是抗战旧址——四行仓库、晋元纪念广场等，人们可登高眺望苏州河沿线的工业遗产建筑群，回溯一段荡气回肠的历史。

### 4.2.3 徐汇区徐家汇街道T20白领T站

位于徐汇区T20大厦二层的白领T站是一处面向商圈企业、商务白领、市民游客的特色一站式服务综合体，建筑面积约1000平方米，为周边就业人群提供丰富的服务。

**1. 从繁华的十字路口直达驿站**

T20大厦原是徐家汇西亚宾馆改造成的城市地标。它没有按常规设计成"写字楼加停车场"的形式，而是在建筑低区通过设置社区服务空间、公共停车场、空中绿化等形式强化建筑的公共性和生态性。从主入口即可直达白领T站的"汇客厅"，一处舒适便捷的、为白领、市民、游客设置的休憩交流空间，同时也为商圈企业、商务人士提供临时性的会客空间（图4-2-6）。在这里，可小歇、看景，亦可会友、放松身心，感受片刻的静谧时光。

**2. 用开放的方寸橱窗搭建企业展台**

徐家汇商圈人流密集，T站设置艺企秀吧，用艺术的折线展墙，打造企业"肖像馆"。艺企秀吧预留两面各5.58平方米的"橱窗"，面向辖区全体企业邀约办展，用艺术的设计语言和表现手法，深入挖掘企业精神内涵，为企业文化、核心价值和企业品牌进行多维度公益传播。

图4-2-4 充满呼吸感的楼梯与长廊步行体验 ©章鱼见筑

图4-2-5 开放面河的最美露台与空中花园 ©章鱼见筑

### 3. 让企业白领获得便利服务

T站为周边企业白领配备的多种特色空间，其中的政务自助超市配有"一网通办"营商服务自助办理机和自助证照柜。目前，可提供29个部门353项行政审批法人业务，178项"全市通办"个人事务。汇客厅让市民、游客放松身心，坐揽徐家汇繁华之景；灯塔书房布置寻源徐家汇、玩转徐家汇等主题盒子，以互动文化传播的形式让白领"走读徐家汇"；海派艺廊为用传统手法体现当代场景，选取徐家汇"七个百年"具有代表性的建筑，以白描的形式在彩色亚克力板上呈现，成为传播海派之源、讲好徐家汇故事的窗口。Time时光剧场是集讲座、沙龙、培训、演出等各种形式于一体的多功能综合剧场，可容纳60～80人举办活动，并免费接受辖区内企事业单位预约使用，是T20中心内企业、白领、社群高频打卡地。咖啡美学实验室，致力于还原咖啡最本质的社交属性，以满足企业商务多元化需求为宗旨，打造精品咖啡Coffee（咖啡）＋艺术空间、Art（艺术）＋企业服务、Business＋社群活动、Community（社区）的Coffee ABC综合运营模式。

图4-2-6　便捷可达的白领T站、海派艺廊与Time时光剧场ⓒ徐家汇街道办事处

## 4.3 "六艺亭"优秀案例

### 4.3.1 浦东新区黄浦江"望江驿"

2017年,黄浦江两岸从杨浦大桥至徐浦大桥45公里岸线公共空间贯通。其中,东岸滨江公共空间贯通开放岸线24公里,均按照"一公里一座"的原则,在由临江的跑步道和内侧的骑行道限定的狭长堤状滨江绿地内,嵌入一系列服务驿站"望江驿"。目前共有24座风格统一的"望江驿"沿江排列,为市民提供休憩停留空间(图4-3-1)。

**1. 既能饱览江景,又能成为风景**

望江驿所在场地背靠陆家嘴连绵的摩天楼群,隔江与外滩及北外滩对望。在以平易的风格服务市民的同时,"望江驿"通过与景观、地形的多维整合,让建筑成为"看与被看"的风景放大器。驿站场地较城市道路抬高2米以上,通过塑造微型空间和地表形态,既与岸线协调融合,又获得最佳观景高度和角度。望江驿内部也以最大限度提供面江视线:在建筑沿江面设置大型落地玻璃,内外均设置通长观景座椅;斜向的屋顶坡面在面江一侧抬至最高,使得沿江面获得更为高耸的观景空间,市民可以在此饱览开阔江景(图4-3-2)。

**2. 既可安心休憩,又丰富便民**

望江驿空间不大,通过合理的空间划分,将必要的便民服务与最大限度的休憩空间集成在一个个驿站中。空间主要由两个功能分区组成:一侧是相对封闭的公共卫生间,另一侧是布置有信息导览和发布、阅读书架等服务设施,开放通透的公共休息室。公共卫生间包含男女卫生间和考虑服务母婴和特殊人群的第三卫生间,入口处亦设有无障碍通道。两部分功能区之间是一条穿越建筑的有顶通廊,连接背江一侧的骑行道和面江一侧的跑步道与漫步道。廊内布置自动售卖机、储物柜、冷热直饮水、共享雨伞机等便民设施(图4-3-3,图4-3-4)。

图4-3-1 东岸望江驿选址的场地与建筑类型分析 © 致正建筑工作室

### 3. 既有统一风格，又有"特色+"主题功能

根据"一驿站一特色"原则，采取"特色+"主题赋能的形式对望江驿进行功能叠加，在确保休憩功能的前提下，叠加党建、文化、金融、健康、科技、生态等主题元素，吸引更多市民参与主题活动。目前已赋能的望江驿有13座，成为东岸滨江的新地标、浦东创新成果展示厅和滨江文化会客厅。例如，5号望江驿以"初心"为主题，室内布置充分展示浦东开发开放的过程；8号望江驿与新区妇联合作，以"和美"为题，旨在打造亲子会客厅，其中的家具布置也进行儿童友好设计；3号望江驿作为文化会客厅，2019年全年向市民做了300场直播，运营主体邀请到文化名人在此以线上直播的方式给市民分享各类专题的文化活动。

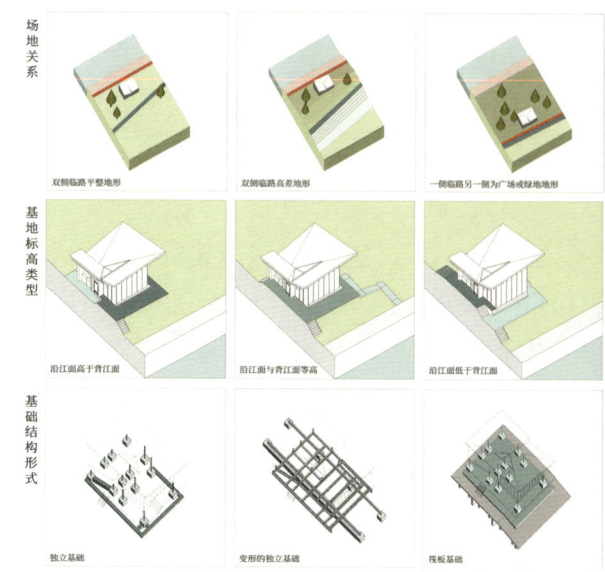

图4-3-2　望江驿地形重塑的类型分析图 © 致正建筑工作室

## 4.3.2 普陀区苏州河"苏河驿"

普陀区苏州河岸线按照500米间距的服务半径，分级分类规划建设25座苏河水岸驿站，是苏州河"项链"上的璀璨珍珠。

### 1. 见缝插针、融于环境的驿站选址

苏河水岸驿站结合苏州河特有的岸线蜿蜒曲折的特点进行选址。一般位于观景视野良好的区

图4-3-3　望江驿的空间格局 © 杨敏

图4-3-4　望江驿内部垂江通廊与面江的休息室 © 杨敏

域,或河流转折处,或与竖向地形结合,或利用桥下空间,规模紧凑、功能齐全,是苏州河"项链"上的璀璨珍珠。

**2. 模块组合、功能多样的服务供给**

驿站设计采用功能模块化的构建原则,承载"十全十美"的美好生活向往;包括休憩、充电、饮水、交流、应急医疗、游览问询、公共厕所等十项基本服务功能;以及驿站客厅、百姓直播间、艺术空间、微型书店、小微剧场、中式普园、屋顶流星花园、风雨长廊、百姓画廊、苏河灯塔等十多项品质提升功能。根据不同选址基地的空间条件、服务人群需求,选择不同的功能模块提供服务。

**3. 空间开放、还景于人的驿站设计**

驿站的设计一方面充分考虑其作为公共建筑的开放性,吸引市民的进入;另一方面强化其形态美学,使之成为滨水的一道风景,也成为人们观赏滨江蓝绿风景的重要驻足点。

普陀公园驿站位于普陀公园主门前东南侧,同时面向苏州河。原址与两侧住宅小区围墙三面围合,形成一处小型开放的公园前区,过去常被各种机非车辆占据,少有人停留。驿站廊,驿站以开放的回形敞廊重新整合公园入口空间,对外打开,既可穿行又可以小坐休憩,成为开放的核心空间,吸引游客进入;重塑公园门廊前庭,开辟位置极佳的观河屋顶花园;通过建筑避让,保留场地西、南两侧及东北后院里的全部8株胸径30厘米以上的大树及原有绿植覆盖,打造浓荫密树的环境。由于沿河防汛墙较高,地面层无法观河,在休息室和展厅的屋顶布置天台花园,作为观赏苏河的屋顶星空剧场(图4-3-5至图4-3-7)。

顺义路口袋公园驿站分南、北两段,北段是公共卫生间模块,三面配有檐廊,将人流引入场地北端后退道路的入口小广场(图4-3-8);南段是连在一起的休息室和小展厅,展厅屋顶设有天台

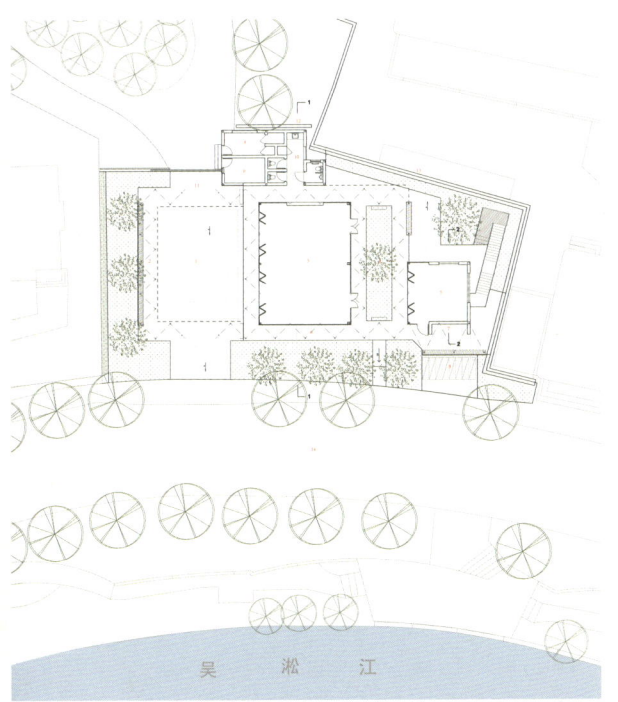

图4-3-5　普陀公园驿站平面图与天台花园 ©杨敏

图 4-3-6　普陀公园驿站鸟瞰 ©杨敏

图 4-3-7　普陀公园驿站回形敞廊 ©杨敏

图 4-3-8　顺义路口袋公园驿站建筑细部与鸟瞰 ©杨敏

图 4-3-9　顺义路口袋公园驿站屋顶星空花园 ©杨敏

花园，天台花园在休息室的最南端以一条略偏向东南的绿坡平缓过渡到河滨步道，坡地上错落的木方汀步自然形成面河的城市看台（图4-3-9），将对岸华东政法大学校园的历史风貌尽收眼底。

### 4.3.3 徐汇区黄浦江河图洛书亭

位于黄浦江畔徐汇西岸的河图洛书亭是2023年上海城市空间艺术季的小品建筑。该建筑由自然万物与人共栖共存的意向出发，以中国传统文化源头——河图洛书[1]为依凭，将空间划分为九格，又因地处黄浦江畔，故名河图洛书亭。

**1. 艺术与城市风景共鸣呼应**

河图洛书亭由八个形状相同但方向不同的单坡斜屋面构成，在江边两道防汛墙之间狭窄的地块里，营造一个洁白清透、体形轻巧的钢结构建筑。亭子可灵活承载多样化的功能诉求，通过不设门禁、全天候使用的有顶空间，实现多义开放，促进人与自然的互动（图4-3-10）。

---

[1] 河图洛书是远古时代人民按照星象排布出时间、方向和季节的辨别系统。河图1—10数是天地生成数，河图上排列成数阵的黑点和白点，蕴藏着无穷的奥秘；洛书1—9数是天地变化数，洛书上纵、横、斜三条线上的三个数字，其和皆等于15。

## 2. 多变模块适应功能植入

河图洛书亭设计初期考虑的是可复制性与变通性，根据场地面积可组合成不同的形式（图4-3-11，图4-3-12）。建筑采用模块化设计，巧妙利用钢木两种材料的特性，利用新材料（聚脲）、新技术（实心钢柱与CLT木结构结合）进行低成本、快速建造的尝试，灵活快速地满足市民的各种需求。建成的河图洛书亭不仅为游客提供可休憩、可观景的平台，成为周边社区的居民们活动的中心，并因应市民的各种要求产生更多的可能性，为功能植入提供想象的余地。

图4-3-10　河图洛书亭

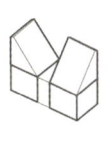

图4-3-11　河图洛书亭单元组合分析图

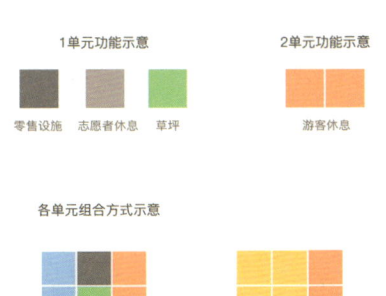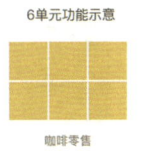

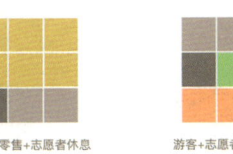

图4-3-12　九宫格式的空间布局与不同朝向的单坡面天窗带来丰富的功能排布与体验

# 第 5 章　活力空间

　　活力空间是容纳、承载社区人群日常交往、观景休憩、种植体验、体育锻炼、文化活动和游玩探索的公共开放空间。既包括独立占地、集中布局的公共绿地和广场，也包括非独立占地的街头广场、口袋公园、社区农园、屋顶花园等小微公共空间，以及儿童游戏、青年活动、老年健身等各类户外运动场所。

　　活力空间场地类型多样，规模大小不一。需改善的方面包括：空间布局上，部分社区公共开放空间布局不均衡，存在一定的服务盲区；场所设计上，空间品质不高，开放度、可达性、活力度、辨识度均显不足；功能设置上，功能相对单一，无法满足多元人群需求，场地布局及活动组织与人群活动需求的适配性有待提高。此外，社区公共开放空间未能与蓝绿空间串联成网，与游乐场所、景观资源、公交站点等设施资源也未能有效结合。

图 5-0-1　曹家渡花园

## 5.1 设计策略

### 5.1.1 变"消极"为"积极"

城市的消极空间包括建筑间的中介空间、道桥间的边角空间、用途不明的废弃空间、未经设计的冗余空间，等等。由于其往往形状不规则、面积较小，因此常常容易被忽视，未被有效利用。社区当中存在很多类似的消极空间，敏锐发现各类消极空间，采用一定的设计手法变"消极"为"积极"，是增加活力空间规模、优化布局的重要途径。可结合活动特征和需求分析，植入活动功能、优化场地设计、提升空间的活动性，激发空间的新用途；通过零星空间整合、曲折边界规整、周边空间借用、转弯半径缩小等方式，扩充空间的范围；通过围墙、绿化、铺装、高差等方式界定不同的活动空间；通过种植园艺、植入建筑小品等方式屏蔽与吸纳噪声与交通尾气等消极因素；通过墙绘、铺装、设施设置等方式吸引人们驻足，并结合人体工程学等原理设计相应的活动及休憩设施，优化人的体验，使活力空间可停留、可漫步、可观景、可活动，唤醒场所感、激发参与性与互动性。

浦东新区缤纷社区行动选取与居民密切相关的9类公共要素开展更新行动，具体包括：活力街巷、街角空间、慢行网络、艺术空间、林荫街道、口袋公园、透绿行动、公共设施和运动场所。通过上述行动，充分激发空间潜能，为城市提供了大量活力空间。 `5A`

浦东新区周家渡街道昌里园，位于拆违后留下的一段圆弧形空缺处，空地上还临时砌有一堵围墙，使得城市界面单调、冗长，公共空间杂乱、难以进入。在保障居民安全性与私密性诉求的基础上，改造方案巧心构思，借鉴苏州园林设计手法，以折线形游廊，通过漏、透、隔、围、折转、对景等手法，围合出亲子别院、折廊庭院、树荫轩、回廊院、方亭、围场庭院等综合活动空间，成为一处处延展的社区生活舞台，鼓励使用者开展各种自发活动。 `5B`

宝山区高境镇新境地公园，紧靠铁路北杨支线，原本为仓储物流功能，环境面貌差，安全隐患多，且信访投诉不断。在综合地块周边社区居民需求的基础上，改造项目通过开放式设计链接城市休闲绿色环路，提升周边联通性，增加党群交流、休憩漫步、文化社交、体育锻炼和社区活动空间，再配合以丰富的互动元素、自然景观和游憩路径，形成功能

## 5A 缤纷社区行动

浦东新区在2016年下半年提出缤纷社区行动倡议，2017年率先在建成度最高的内城5个街道（陆家嘴、潍坊、塘桥、洋泾、花木）进行试点，2018年全面覆盖到浦东新区36个街镇。整个试点包括"1+9+1"的框架体系，即"1"个社区规划，"9"项行动，1个互动平台。

其中借助9项行动，建成南泉休闲广场（口袋公园）、翡翠指环（慢行网络）、竹园环路（艺术空间）、潍坊六七村总弄（活力街巷）、樱花路（林荫街道）、东方汇经地块（透绿行动）、陆家嘴双拥广场设施盒子（公共设施）等多项活力空间和场所。

浦东新区缤纷社区行动地图与9项行动标志

## 5B 昌里园

周家渡街道位于世博园区的南侧，是一片高密度的生活街区，拥有许多典型的大型居住社区，呈半弧形延展的南码头路从其中穿越。2018年的拆违整治项目，将南码头路东侧喧闹杂乱的商业店铺拆除清理，在昌五小区的边界处留下一段长约350米、进深6～8米的圆弧形围墙绿地，面对城市形成一道单调、冗长的界面，在小区内部也留下一段段荒芜封闭的杂草丛生地。改造借鉴苏州园林设计手法，确立了折线形的游园路径。根据沿街住宅楼的排列，围墙内外的树木环境和街道功能，游廊的走向相应地内外凹凸，与小区内部的环境形成呼应，镂空的月洞门进一步扩展视野，为街道提供拓展性的口袋空间。这条廊道既是一条健身步道，也是一条附加的人行通道，年纪大的居民从北侧临街的菜市场买菜回家可以坐下来歇一歇，马路对面的小学校放学的小学生也可以在这里找到几张写作业的桌子。原来场地里的树木全部保留，成为走廊沿线生动的景观，与场地的形状、周围环境和居民生活呼应成趣。

折线形游廊鸟瞰©梓耘斋建筑工作室、任广

折线形游廊近景©梓耘斋建筑工作室、田方方

复合、绿色活力的都市生活公园。 5C

浦东新区金桥镇永建路垃圾站,在改造前由于垃圾站分散堆放,容易产生废水、臭气和污染,周边违章搭建、随意停车现象严重。通过对垃圾站原有设施及周边区域进行改造,将这片区域打造为具备垃圾分类科普宣传和公共空间功能的口袋公园。 5D

### 5.1.2 嵌入多彩活动

功能植入是公共开放空间增加活力的重要方式之一。通过调研确定周边社区的人群特征及活动需求,提供多样活动场地,分人、分时、分类型植入多样活动,丰富生活体验。让老人能晒太阳闲聊,让儿童能

## 5C 新境地公园

新二路58号地块原本分租给仓储、物流、停车等单位,整体空间品质较差,且项目周边小区以及居民较为密集,居民要求改造的呼声强烈。为了能够提升地块整体品质,积极回应居民诉求,高境镇将新境地公园作为该镇品质提升改造的重点项目,于2021年正式启动。项目将原始硬质场地敲碎而成的水泥块,化作具有场所记忆的细胞单元,布置于生态铺地、地坪垫层及造型景墙中,在保留社区历史印记的同时,也赋予新生场地亲切自然的氛围,传递绿色、节能、环保的生活理念。为进一步提升地区活力,项目综合运用智慧技术与夜间景观照明设计打造日夜可游的城市公园,以满足居民、游客全天候的使用需求。

公园实景©上海尤安建筑设计股份有限公司

## 5D　永建路口袋公园

将原先的垃圾站和河边的一块空地"打包"，一起升级改造为口袋公园，让缤纷社区与环保同行。改造充分发挥滨水景观优势，结合居民活动需求，通过围墙、绿化、亭台、小品、座椅等巧妙布局和精细设计，提供休憩、活动、观景、交流等多样化空间，营造亲和、温馨的环境氛围和简洁素雅的江南意境。尤其是围墙的设计，通过"遮、围、挡、分、漏、透"等多种手法，化解地块狭长、周边有道路和垃圾站等不利因素，界定区分不同功能空间，又体现文化意蕴和场所特色，成功地将消极空间转化为积极的休闲活动空间，是典型以小取胜、丰富多用、整体协调的口袋公园。

## 5E　巴林路辉河路街道空间

婚姻登记中心外街道空间、运一幼儿园家长接送区与巴乐园©奥雅股份

虹口区曲阳路街道人口老龄化，老年人缺少公共交流空间；中年人没有户外休息娱乐的空间，附近的林荫公园不具备停留休闲的功能；周边学校多，儿童缺少户外活动场所。针对这些问题，曲阳路街道在巴林路、辉河路的街道空间，进行全面提升改造。针对不同节点，如在婚姻登记中心旁设置大型的爱情标识"LOVE IN QUYANG"，并在门口墙面进行插画墙绘，美化城市的界面，也成为新晋打卡纪念地；在幼儿园接送区设置特色坐凳，在强化幼儿园门口的功能性、昭示性和互动性的同时，考虑了对接送老人的关爱，给家长提供一处可休闲、可亲子互动的场地；在巴林路、辉河路街角的"巴乐园"，通过设置丛林木屋系列游乐设备和"QY"曲阳特色塑胶场地，让孩子们流连忘返，获得快乐的童年时光。

自由探索，让青少年能锻炼体能，让游客能歇脚驻足，让白领能短暂放空；白天可以是开阔的活动场地与涂鸦空间，晚上则变成露天电影、灯光秀与表演晚会；周中可以是社区展览、公益咨询，周末则成为厨艺展示、物物交换的集市；节假日更是街头演绎戏剧传统民俗表演、民俗活动的场所。此外，可通过与室内设施相结合，布置街道家具、增加移动座椅等方式，进一步对空间进行延展，保障各类活动的开展，营造全天候开放、全人群适应的活力空间。

虹口区曲阳路街道巴林路、辉河路的街道空间以"折叠的时光圈"为设计理念，从展示性、功能性、趣味性与美观性出发，对曲阳路街道社区进行提升，通过婚姻登记中心、"快乐归家"放学路、运光第一幼儿园家长接送区、儿童疫苗接种点等不同节点的打造，满足新婚夫妇打卡留念、老人接送小孩、儿童玩耍游戏的多样需求。 **5E**

浦东新区陆家嘴街道"活力102"乳山路体育公园在有限的空间内，通过多样巧妙的空间分隔手段，紧凑布置了标准化的篮球场，小而精致的步道，小朋友们喜爱的秋千、滑梯、跷跷板，以及国际象棋、射箭等十多项活动的场所。 **5F**

### 5.1.3 赋予主题特色

明确设计主题，以统一的概念、灵动的意向与多样的表达，保证设计风格的整体性，也创造出更为丰富生动的公共空间。设计主题的确定，可以从历史脉络、场地记忆、传统风貌、民俗风情、人群爱好、植物群落、艺术提炼等方面汲取灵感，并进一步通过色彩、图案、符号、墙绘、铺装、植物、建构筑物、灯光、艺术小品等多样性的设计表达，进一步演绎和诠释设计主题，强化公众认同，赋予活力空间独特的吸引力与归属感。

黄浦区小东门街道商船会馆花园，以拥有300多年历史的江南文化为基调，通过历史场景的复原与重塑展现诗意之境、园林之美。复建的中式园林要素一应俱全，加之保留历史建筑、甄选苗木造型等，使其成为感知历史温度、富有传统古典花园韵味的魅力空间。 **5G**

长宁区"糖苏河"桥下乐园，以缤纷色彩及糖果元素为主题，如在凯旋路和古北路分别采用柠檬、西瓜为主题元素，将健康、运动活力元素与色彩元素相结合，提升桥下空间的亮度与彩度，展示了"给生活加一点甜"的美好寓意。 **5H**

浦东新区地铁2号线川沙站口袋公园，以"川沙印象·古镇拾光"

## 5F 乳山路体育公园

"活力102"乳山路体育公园,位于寸土寸金的陆家嘴,周边有很多老旧小区,居民和白领缺乏日常健身、运动休闲场所。设计师在仅3200平方米的空间内紧凑布置了老年健身、少年活动、儿童游戏等多样场所。室内有以国际象棋大师林峰命名的国际象棋图书馆、品鉴体验咖啡的咖啡文化展示厅;室外有齐全的户外健身设施,还建设了标准化的篮球场、小而精致的步道,用鲜艳的色彩和围栏、绿化分区围合,铺装彩色沥青和塑胶,并结合户外空间设置咖啡平台、音乐草坪、景观坐凳。保护老年人和儿童安全使用,体现健康、安全、活力的氛围。走进"活力102"可以看到,孩子们滑滑梯,自由奔跑;年轻的妈妈可以去健身,累了喝喝咖啡;年轻人打篮球,射箭;老人聊天、看书;楼宇间的白领下班后在这里上课……该空间已吸引上海市浦东新区射箭协会、上海活力102体育俱乐部、上海陆家嘴垂直登高俱乐部、林峰国际象棋图书馆、上海陆家嘴国际象棋俱乐部、上海陆家嘴咖啡文化中心等6家单位挂牌入驻。不同年龄的人群都可以在此享受到运动的活力与快乐。

鸟瞰及儿童游戏区 ©浦东新区规划管理事务中心

体育公园内举办的射箭、象棋活动 ©浦东新区陆家嘴街道

## 5G 商船会馆花园

位于黄浦区小东门街道辖区，占地约4700平方米，于2020年开始改建。建园过程中，有机整合水榭、景亭、荷风池、假山跌水、月洞门等中式园林元素；保留修复会馆原有条石、院墙与墙体的青砖等，分别用作地砖和墙砖，留存质朴坚毅的历史底蕴和原汁原味的传统园林韵味。结合场地空间，精心择取特选的形态品质俱佳乔灌木、造型树，让古树名木与秀美江南园林融合，并自成一派。

## 5H "糖苏河"桥下乐园

凯旋路桥下空间，位于万航渡路凯旋路附近，地处周家桥街道和华阳路街道交界处。原本仅在北侧区域设有一处市民益智健身点，功能和色调都较为单一。改造方案以柠檬为主题，加入艺术展览、运动休闲、亲子娱乐等功能，创造一个缤纷多彩的"糖果盒子"空间。设计师在整体概念方案的基础上，结合主题色"柠檬黄"，以柠檬为创意点，以圆形彩钢与柠檬黄色为设计元素，辅以柠檬、绿叶、吸管等的点缀，设计成一杯"柠檬茶"的外观。设备融合攀爬、互动、摇晃等功能，与艺术展览、运动休闲等功能相互配合，希望真正做到便民、成为如VC（维生素C）般的生活"必需品"。

凯旋路柠檬主题©上海卅吞设计咨询有限公司黄晓晨

与凯旋路桥下设计丰富多彩的儿童游乐设施不同，考虑到位于周家桥街道的古北路桥涵拥有更为宽阔的马路空间，将醒目的西瓜红、充满现代感的三角彩钢元素融入设计。古北路桥涵南侧原是实墙围合的停车场，更新后重新"包装"灰色的混凝土墙，以充满设计感的"古北路桥"中英文字突显区域特色。夜间，围挡处亮起灯光，将桥底渲染成一片充

古北路西瓜主题©上海卅吞设计咨询有限公司潘彦芹

满视觉冲击力和时尚感的"糖果盒子"。桥下的"西瓜伞"，以立体三角状西瓜为伞面，红色与镜面相间，透出几何形的立体感，路过的行人、车辆，以及粼粼波光逐一映照在伞面上，形成一种互动的乐趣。

为主题,紧扣川沙历史文化特色,用高低错落的仿木构格栅廊架,勾勒川沙古镇的天际线;格栅上镶嵌漏窗剪影,装裱川沙特色"三刀一针"的画幅,即以泥刀与石库门,代表建造技艺;以剪刀、绣花针和旗袍,代表裁缝技艺;以厨刀、丰盛菜肴,代表精湛厨艺。以适度抽象和凝练的方式巧妙展示国家级历史文化名镇的文化底蕴和非遗特色。 5J

## 5J 川沙印象

地铁2号线川沙站是游客进入川沙古镇的必经之路。改造前,此处房屋破旧杂乱,街沿上助动车、自行车乱停放,人行条件差,不利于川沙古镇整体形象的展现。改造方案将步行通道拓宽至5米,留足街角等候空间,并在其中嵌入人文展示功能,使人们一出地铁站便可以感受到川沙的历史氛围。用高低错落的仿木构格栅廊架勾勒出川沙古镇曾经的天际线、在白墙上用瓦片与格栅勾勒处内史第门头的轮廓线,凝练地表达川沙民居的建筑风貌;格栅立柱间镶嵌漏窗剪影,表达川沙特色"三刀一针"。基地转角是仿外滩海关大楼外形的构筑物,作为空间地标,致敬建造海关大楼的川沙匠人杨斯盛,传递人们对川沙匠人精神的敬意。

地铁2号线川沙站口袋公园改造前后

# 5K 永嘉路口袋广场

广场坐落于上海市中心的历史风貌区,周边是老式的里弄住宅,相隔不远的永康路和襄阳南路街道聚集了新兴的充满活力的商业。基地沿街宽约18米,纵深约40米,原为有消防隐患的旧里,改造为供市民公共交流的活动空间。公共空间被设计为由敞廊围合的小广场,以开放围合与设定高差的方式使其既有领域感,又属于开放的城市。场所通过将地坪抬高0.5米,增强场所感,同时与街道之间形成有趣的抬高视线关系。敞廊是主要的构筑物,四段长廊呈风车状,围合出规整的长方形内院,廊下高度刻意压低至2.1~2.7米,形成亲切的尺度,与周边旧里建筑的山墙形成虚实与高度上的对话。敞廊采用精致的钢木混合结构,考虑到居民公共空间的属性,在理性的形式基础上特意增加了钢片与拉杆组成的立柱等富有戏剧性与表现张力的细节。口袋广场尽头设有便民服务站,与市民的日常生活息息相关。砖红色的铺地、嫩绿色的钢柱与面前的街道、两侧的住宅融合在一起,形成来往行人、附近居民眼里熟悉的风景。

高差带来的领域感与被围廊包围的"院子" © 阿科米星建筑设计事务所

## 5.1.4 巧用各类空间

活力空间应根据人群特征及功能使用需求,合理进行场地布局,既要保障空间的可达性,又需对马路上的喧嚣等其他消极因素进行一定的隔离,满足驻留、行走、活动、赏景等不同活动的需求。驻留场地应尽量在路线尽端,或设置一定的围合区域,并提供座椅;步道应保持一定宽度,以确保行走流畅、舒适与安全;活动空间则需要有一定的场地规模,设置活动设施,并保障活动的安全性;赏景空间则需要统筹考虑视线廊道,兼顾看与被看的关系。当空间规模较大时,需要根据各类活动需求通过铺装、高差、矮墙、构筑物、植物等方式进行场地分区。不同分区间可通过立体化设计、线索串联等方式组织流线,打造动静相宜、处处有景的游观空间层次。

徐汇区天平路街道永嘉路口袋广场,设计为周边覆盖敞廊的庭院广场。敞廊的开放围合与台阶的高差限定,既实现了公共空间的共享,又有一定的场所领域感;敞廊下设有座位,中间广场为旱地喷泉,塑造出宜静宜动的空间氛围;通过场地的留白,为空间功能的多样性提供可能。 5K

静安区曹家渡街道曹家渡花园，在较小的空间内，通过独特曲线增加游览动线的长度，拓展空间的变化，在宽窄不一的曲线空间中布局停留休憩空间、植入相应功能、配置与之匹配的常绿骨架与花境植物，增加空间的变化性，并使功能空间融入整体景观结构。 5L

长宁区新华路街道的新·境公园，起初仅是弄堂间一个长22米、最宽处不足4.2米的狭长闲置空间。通过在两侧墙面上设置镜面不锈钢系统，实现以小见大。两边的镜面系统将小花园置入无限反射中，既是对空间的放大，也让人从中走过时，仿佛步入一个无限的自然花园，从而带来一种在城市中很难得的体验。 5M

## 5L　曹家渡花园

位于康定路、余姚路路口，原名康余绿地，占地约3000平方米，于2003年建成。表面上，花园经年历久，整体空间呈现老态；核心问题是当初偏传统园林的节点与路径营造，以及大量曲线景墙构成的复杂内向空间，与当代市民日常体验需求不符。改造中，放弃了场地中偏园林的复杂折线手法，简化和梳理场地内大量曲线空间后，通过鹦鹉螺曲线增加游览动线的长度，并基于现场需求调研，为晨练人群、周边居民的遛鸟活动匹配相应的场地空间与设施。配置与该曲线匹配的常绿骨架与花境植物，使功能空间景观化、融入整体景观结构，加强曲线作为景观体验主轴的功能与趣味。

实景鸟瞰

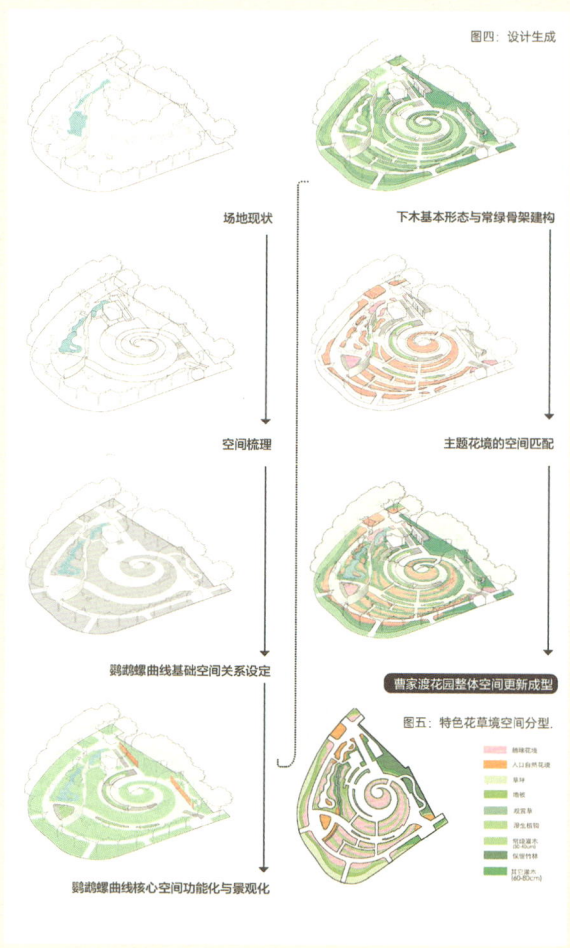

方案设计生成图

### 5.1.5 生物多样友好

社区中的活力空间是居民就近感知自然的场地。促进生物友好型设计，打造"生境花园"，既能够提供生物生存环境、促进生物多样潜力，又兼具观赏、休息和活动功能。选择具有一定生态价值的、在区域内具有较好生态连接功能、并对周边生态功能有补充的空间，以栽种本地植物、杜绝外来入侵植物、丰富植物群落结构、减少农药化肥使用及提供辅助的食物、水源或庇护所为基本原则，根据功能侧重点的差异，划分生境保护区、互动观察区、休闲科普区等分区。其中，生境保护区是必要功能区，维持相对的独立性，为野生动物提供良好的栖息地，不受人为活动的干扰，包含本地植物群落、自然式庇护所、水源、食源等；互动观察区和休闲科普区是可选功能区，基于场地条件和周边居民活动热度与需求，因地制宜地提供互动观察的场所。

长宁区仙霞新村街道虹旭生境花园，作为上海首家社区生境花园，打造了"自然栖息保护区""互动体验区"和"自然科普休憩区"三大功能板块。在三角形基地的尽端，干扰较少的区域，设置自然栖息保护区；三角形长边紧邻建筑的区域，设置互动体验区；中部呈U形

## 5M　新·境公园

位于新华路旁，是两栋建筑之间一个长22米、最宽处不足4.2米的弄堂空间。过去这里是一个路边违建的小面馆，拆迁后就变成一个狭小的闲置空间。更新设计的核心是在内部两侧墙面上设置镜面不锈钢系统。小花园经过两边镜面系统的无限反射，当人从中走过时，仿佛步入一个无限的自然花园，是一种在城市中很难得的体验。部分镜面可旋转，其背面是一块块可更换的展板，形成一个可以持续提供内容的街头画廊。通过手机扫描展板上的二维码，便可进入线上无限的展览空间。同时，两侧的镜面就像一块荧幕，反射记录着植物一年四季不停的变化，不同的人在这里与镜面、植物互动，呈现一道时间性的风景。从城市管理及安全的角度，这个空间原本离城市道路较远且相对封闭，设计师希望通过镜面的反射，形成一定的提示作用，避免成为城市治安防范的薄弱空间。

公园入口与内景 © 水石设计

区域，设置自然科普休憩区，作为过渡。以上布局尽可能减少人类活动对动物栖息空间的打扰，又为居民提供亲近自然的场所体验。5N

静安区南京西路街道绿房子生境花园，以增加生物多样性为目标，新增若干植物品种、蜜源及鸟嗜植物，以芳香科植物吸引蝴蝶、蜜蜂这类小动物们造访，还吸引不同的昆虫，并以大型乔木为小鸟营造庇护空间。景观水景及蚯蚓塔等则为小动物们提供水源及与食物。5P

## 5N 虹旭生境花园

花园位于虹古路427弄居民区内。原是小区的边角料用地，一度被违章建筑占据，后经小区拆除整治，形成一片约400平方米的三角地。一次机缘巧合，大自然保护协会的生态专家来到这里实地考察，他们认为小区附近植物种类资源较为丰富，能为鸟类、两栖类等小动物提供栖息之所，建议建造生境花园。经调研发现，小区邻近西郊宾馆和上海动物园，生态基底良好，具有得天独厚的场地条件。从景观生态学的角度而言，虹旭小区可以为向外迁移的动物发挥"生态踏脚石"的作用。基于场地的动植物物种调查、光照条件分析，三角地以保护鸟类、传粉昆虫、黄鼬等生物为目标，根据全阳、半阴、全阴的多种光照情况分区打造"自然栖息保护区""互动体验区"

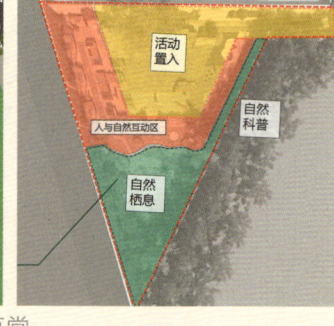

总平面图与功能分区图©四叶草堂

和"自然科普休憩区"三大板块，不仅为在地小动物提供栖息之所，也满足小区居民体验农事与园艺的需求，居民有机会亲手参与劳作与收获、感受四季，放松心情。

昆虫的家©大自然保护协会（TNT）　　花园一角©生态纪录片《共栖》上海广播电视台纪录片中心

# 5P 绿房子生境花园

植物花园为小动物提供多样食物©格吾景观

绿房子坐落于铜仁路和北京西路交叉口，是上海优秀历史建筑，并有远东第一豪宅的称号。它是著名匈牙利籍建筑师邬达克在上海完成的最后一件作品，因其建筑和围墙大量采用绿色面砖而得名。绿房子南侧有一片小花园，面积约780平方米。为改变设计传统、植物单一、利用率不高等问题，引入"生境花园"的理念开展花园微更新。生态设计方面，对于花园草坪区排水不畅的问题，改造方案在草坪区敷设若干盲管以提高场地排水性，促进草坪健康生长。同时，盲管收集渗透及地表径流的雨水，导入雨水花园渗池净化区，净化后流向地下小型蓄水箱，循环利用于景观水景，亦可成为小鸟的水源，多余的水可用于浇灌。生境营造方面，碎石区引入乡土植物地被和灌木17种，大多选用蜜源植物。这些植物气味芳香或能制造花蜜，最能吸引蝴蝶、蜜蜂造访。花境区混合了多种芳香科植物及花卉，以吸引不同的昆虫，还放置蚯蚓塔，用自然的方式给土壤增加营养；大型乔木能给小鸟营造庇护的空间，树下悬挂喂鸟器，旁边的水景雕塑《润》刚好为小动物提供水源。周边建筑的大块玻璃上，专门设置了圆点矩阵，防止鸟撞。在营造生物栖息地的同时，也营造了身心愉悦的办公环境。

植物花园中嵌入的昆虫屋和蚯蚓塔©格吾景观

### 5.1.6 公众参与式设计

积极发动社区居民、社会组织、周边企事业单位等共同参与到活力空间的塑造中来。不管是资金筹措、场地设计、活动策划，还是废物利用、手绘墙面、认养苗圃、买种种花，各方均可参与到活力空间的塑造之中。同时，可通过"一图三会"制度，收集居民诉求及其对方案设计和活动策划的反馈。通过公众参与式设计，培育居民自治能力，推动活力空间成为提高社区凝聚力的重要载体。

杨浦区五角场街道彩虹花园改造，全程未使用街道和居委会的资金，在社区规划师团队的支持下，通过居民自主参与、零散的资源整合、社会资金支持的方式，完成空间更新，通过花园激发社区活力，凝聚社区人心，孵化在地社团。**5Q**

浦东新区陆家嘴街道福山路的跑道花园，起初只是某健身房门前一片不起眼的公共空间。通过"政府出一点、众筹一点、基金会筹一点"的资金筹措，完成了不到100米的步行空间改造及跑道花园建造。南

## 5Q  彩虹花园

位于国顺路400弄，原是老旧小区中的一块荒废空间。场地内堆放各种垃圾，杂草丛生，墙面缠绕各种废弃管线，墙体剥落。社区规划师团队联合四叶草堂和社区志愿者，在居委、业委会和物业支持下开展自下而上的共建行动。整个改造没有使用街道的资金，也没有使用居委会的经费，费用均来自共建单位和公益基金支持，志愿者都是义务劳动，设计工程虽小却汇集各种资源，参与人群多达百人。同时，通过花园激发社区的活力，汇集多位社区能人和达人，成立"浇个朋友"社区营造团，为社区空间持续更新培育了队伍。自下而上的多方共建实验，为社区其他微更新项目提供了样板；一系列新想法在酝酿，项目为社区持续、为更新播下萌发的种子。

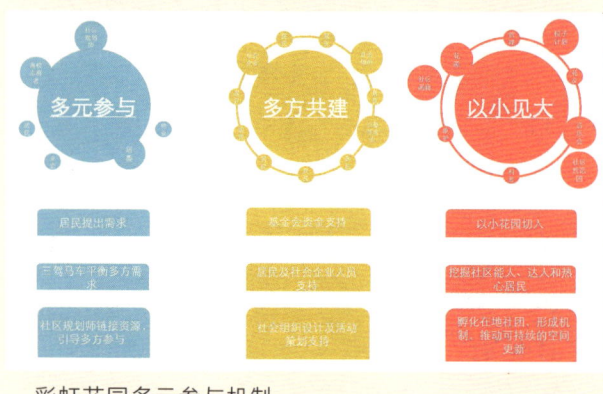

彩虹花园多元参与机制

彩虹花园居民志愿者参与花园种植和墙体粉刷

侧的健身房运营商承担部分跑道管理维护的责任，保障活力空间的后续运维。 5R

浦东新区东明路街道，自2017年起就由社区居民自发开始社区花园的建设，自费买种子种花、利用废弃物布置微型景观、认领点位养护花草。2021年，成立在地社区社会组织三林花社；2022年，成立街区发展中心，不断壮大社区参与的在地力量，共同参与到社区花园的建设之中。 5T

## 5R 福山路"跑道花园"

借鉴纽约曼哈顿区高线公园的设计灵感，浦东新区于2016年启动"翡翠指环"为名的街区空间更新项目，福山路跑道花园作为其中的子项目先行实施。福山路跑道花园起初只是某健身房门前一片不起眼的公共空间。2016年3月，健身房向陆家嘴街道提出，希望利用门口的街道和建筑后退空间建设健身步道。通过与政府、企业、专业人士及周边社区居民共同努力，完成了对步行空间的改造与跑道花园的建造。项目整合道路人行区域、绿化带与建筑前步行空间，重整空间与人行动线，优化更新座椅、路灯、花坛等设施，在商业建筑前铺设健身步道，设置规范停车位引导机动车停放，将原本使用效率低下的空间转变成一个面向居民、上班族、过路人等群体的小型日常聚集和运动场所，一条提升城市活力的健身步道。并且，通过"政府出一点、众筹一点、基金会筹一点"的资金筹措办法，由商户承担部分跑道管理维护的责任，组织各类健身主题活动，保障了活力空间的后续运维。

## 5T 心怡乐园

改造前

改造中

改造后

改造前，这里是一片缺乏养护的绿地，角落里堆放着杂物，有的区域被居民种上菜，还有不少地方是黄土见天。居委会、业委会也想改变，但资金有限，只能因陋就简"小改改"。通过社区达人董莲婷的发动，居民共同参与到社区花园的建设之中。铺路用的是透水性好的小石子，施工门槛低，小朋友也能一起参与；丝瓜的爬架、小栅栏，是居民自己用树枝绑扎，有着质朴的美；心怡乐园的植物最初是统一种植的，但历经严寒酷暑，近两年来也补种了不少，有来自居民家里的花卉分株，有隔壁小区分享来的花籽，也有菜市场里买回的生姜、芋头等。以心怡乐园为起点，随着参与式社区规划日趋深入，东明街道初步形成社区花园系统，也培育了一支近千人的、涵盖全年龄段的社区规划师自治队伍。同时，孵化培育了全市第一个在地的社区规划师社会组织——东明聚明心社区规划与营造支持中心。专业力量和在地力量相互支持，充分激发居民的参与动力，居民的家园意识和共建意识逐步得到提升。

## 5.2 优秀案例

### 5.2.1 长宁区新泾镇乐颐生境花园

乐颐生境花园，总面积约732平方米，坐落于长宁区新泾镇绿八居民区协和家园小区，毗邻南渔浦，依水而建（图5-2-1）。基地以"保护城市生物多样性，为城市居民提供更好的生态服务"为目标，把原属于社区边角的荒废绿地打造成涵盖四季花园、生境驿站、蝶恋花溪、疗愈花园、自然保育区五大功能板块的生境花园。花园从开工建设到开门迎客，一共用了180天时间。它集宁静独特的地理位置、率先示范的生态功能、亲近自然的精巧设计、寓教于乐的科普设施于一体，很快成为吸引社区内外各年龄段居民的好去处。

**1. 链接生态网络、野化生物栖息地**

生境花园利用本土植物培植还原土地原有生态系统，并通过花园连接外环林带与南浦港水系廊道，从动物视角出发进行设计，重新链接生态网络、重建栖息地、重新野化，让生物多样性回归。重新链接生态网络方面，要先连通道路，为小动物创造畅通无阻的环境；并运用枯树枝、爬藤植物等为小动物搭桥修路，保障其行进安全。重建栖息地方面，为城市野生动物提供辅助食物、水源或庇护所，补充种植本土植物、滞留雨水，为小动物提供"四季自助餐厅"、可触及水源等。重新野化方面，将本地植物重新引进花园，采用籽播形式，为原有水杉林下补充阴生地被，设定不翻耕区域，鼓励自我演替尽可能减少人工干预。

**2. 应对气候危机、低碳方式建设**

花园设计初期提出以"低碳营造"的方式进行微更新。首先，原地回收场地内建材，把不符合小动物尺度的台阶、汀步重新组合成缝隙花园。其次，将花园大片面积划定为低介入区域，采用轻建造的方式保护原有的地被土壤不被破坏。然后，拯救"垃圾"变废为宝，如花园新增的大树均来自居民区内因加装电梯而急需移栽的树木。最后，从邻近的长宁垃圾分拣中心回收大量的树枝、树木，作为花园的建造材料，减少建筑材料的生产及运输的路程，减少碳排放（图5-2-2）。

图5-2-1 乐颐生境花园设计图 ©上海丕司景观设计有限公司

图5-2-2 乐颐生境花园实景 ©潘彦芹

### 3. "添砖加瓦"共建，塑造多彩生活

通过居民区的广泛宣传、深入发动、集思广益、全体参与，真正把生境花园的建设运营过程转变为听民意、汇民智、聚民力的过程，实践成为"众人的事情由众人商量"的全过程人民民主的重要实现载体。《乐颐生境花园居民公约》是在花园刚刚建成后，由全体居民代表共同参与制定并发布的（图5-2-3）。公约不仅告知居民游客开闭园时间、景点介绍、志愿团队，还特别提示居民宠物禁入、爱护花草等注意事项，把民主管理理念贯彻始终，让花园成为真正的百姓花园。开园后，点子多、活力强的党员和青年组成"第五空间乐活秀"，时常组织生境云课堂、家庭小牧场、小泾浜观鸟会等活动。现在，各年龄段的居民都能在这里找到适合自己的项目，开展丰富多彩的亲子教育、科普游学、爱心公益活动。

乐颐生境花园自2021年立项设计建成后，获首批市级"家门口好去处"称号，同年9月成功入选"生物多样性100+全球典型案例"。项目带来的不仅是沉睡空间的成功激活，生物多样性的有效守护，更是志愿理念和生态环保理念的深入人心。

### 5.2.2 普陀区曹杨街道百禧公园

百禧公园全长约880米，宽度10～20米，空间狭长，贯穿于新中国第一个工人新村——上海曹杨新村内（图5-2-4）。其前身为真如货运铁路支线，后改为曹杨铁路农贸综合市场。2019年市场关停后，成为典型的"被遗忘的角落"。2020年秋，上海曹杨新村一带迫切的城市更新需求，将百禧公园打造成为城市更新中承载记忆、讲述故事的"金角银边"。

#### 1. 多层叠合的立体空间，体验多元活动

设计以2.4米作为层高的基本单元，整体采用钢结构实现快速建造。通过三层的立体折叠3K长廊设计（半地下的K1艺术展廊，地面的K2休闲活动廊，架空的K3云上廊），最大限度地增加活动空间和体验感（图5-2-5），并在设计中刻意保留部分老墙面、老标识等，利用时尚设计手法让历史的肌理通过城市更新成为富有活力的一笔，成为"非典型性公园"的代表之作。

图5-2-3 《乐颐生境花园居民公约》
©上海丕司景观设计有限公司

图5-2-4 百禧公园夜景©刘宇扬建筑事务所

## 2. 或连或分的边界处理，营造多样的对话方式

百禧公园周边共有11个居民社区，还有若干公共机构（图5-2-6）。在考虑公园与周边社区、机构是否需要连解时，有的社区选择安静、不与公园发生联系，另一些则选择通透与连接，希望公园的绿色也能渗透到社区里来。在充分获知需求的情况下，设计方案量身定做了十余种墙与门的

图5-2-5　百禧公园三层竖向贯通高线ⓒ刘宇扬建筑事务所、朱润资

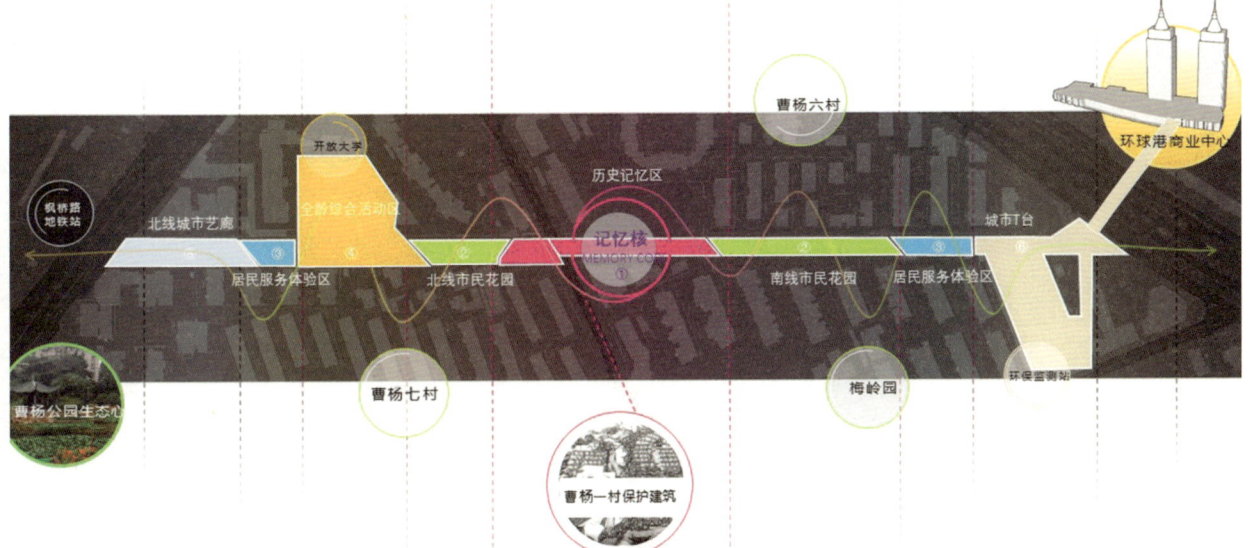

图5-2-6　百禧公园功能分区及所串联的周边区域

组合类型。其中有水洗石饰面的实墙,有在不同程度上允许视线交流的钢构围墙,也有两者的结合,以不同类型的墙与门形式尊重社区的意愿。顺着百禧公园一路走过,能清晰地观察到围墙和门这一虚实的不同变化。

**3. 植入艺术装置,举办艺术活动**

2021上海城市空间艺术季给百禧公园带来艺术展品。艺术季期间,艺术家在这里展示了作品Light Action。在半地下K1艺术展廊,陈列大大小小艺术作品近百件,形成"街头艺人""时尚工装秀""潮童音乐会"等多个艺术活动品牌,成为居民群众乐享艺术生活的时尚新地标。

### 5.2.3 长宁区北新泾街道北翟路中环桥下空间

桥下空间是时常被忽略的城市公共空间。其在城市更新中通常被划入旧区改造的类型,具有阴暗潮冷、空间局促、利用率低、缺乏活力等空间特点,扮演着一种被动、消极的空间角色,使周边居民无法正常使用。

中环北虹立交,南北横跨苏州河,与河道形成一个大大的"十"字;东西方向与北翟路地道连接,多层环道纵横交错在高空。庞大的"水泥森林"形成的桥下空间颇具规模。自启用以来,桥下一直都是半封闭状态,主要作为市政抢险车停靠处和临时停车场。受中环交通阻隔,东西两侧及北翟路南北两侧通达性不足,步行体验较差。同时,桥下空间利用消极,周边缺少体育活动空间,难以满足周边居民的生活需求(图5-2-7)。如何通过灵活运用"不利因素"让桥下空间重返生机,成为中环路桥下空间更新的重点。

**1. "野生动物"出没"水泥森林"**

中环桥下空间涉及苏州河、新泾港、哈密路围合的约3.5公顷范围,分别以猎豹、斑马、火烈鸟三种动物形象展现桥下空间的主题。主题塑造采用故事性的叙事手法,用独具趣味性的色彩、图案、铺装加强情境代入感,营造主题氛围。有礼仪小姐之称的火烈鸟,自带文化气质,让这里开展的艺术体操活动更富形象渊源;猎豹是动物界的长跑冠军,让喜欢运动的人无时无刻不动如脱兔,弹跳奔跑,投篮蹦极,不亦乐乎;而斑马身上的纹理

图5-2-7 北翟路中环桥下空间更新前 ⓒ翡世景观、山间影像

在某种程度上与高架的线条感有同工,给予人们很大的想象空间,这种想象无时不在吸引儿童的脚步走向这里。三种不同的动物形象配合不同的空间营造手法,在为三个区域创造主题联系的同时,让市民有完全不同的体验感和游玩感觉(图5-2-8 至图 5-2-11)。

**2. 多样设施丰富运动休闲**

改造前的调研显示,周边区域缺乏运动场地,而周边居民有迫切的健身运动需求。因此,在更新改造中,秉持充分利用促进社区互动的导向,以桥下篮球场为核心项目,配合足球场、亲子运动空间、老年健身场地等,引入社会资本洛克公园实现

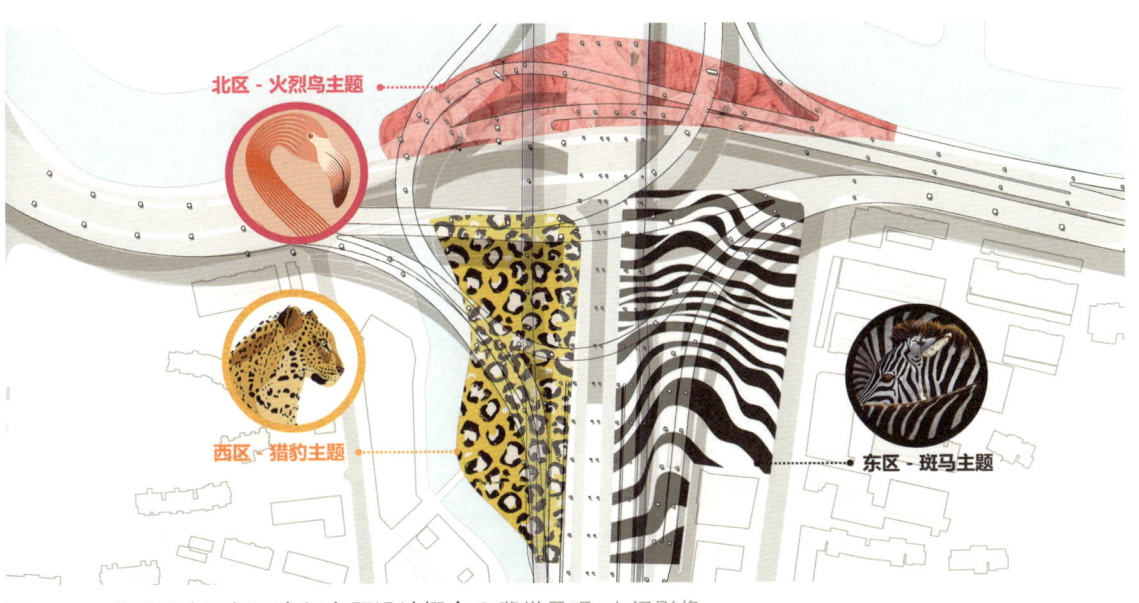

图 5-2-8　北翟路中环桥下空间主题设计概念 ⓒ 翡世景观、山间影像

图 5-2-9　北翟路中环桥下空间北区
火烈鸟主题 ⓒ 翡世景观、山间影像

图 5-2-10　北翟路中环桥下空间西区
猎豹主题 ⓒ 翡世景观、山间影像

图 5-2-11　北翟路中环桥下空间东区
斑马主题 ⓒ 翡世景观、山间影像

自主管理，增加面向多年龄层人群的趣味运动，提升场地的参与性、互动性与趣味性，将"健康城市"的理念贯彻到公共空间与社区，成功打造多功能复合、多样化使用、多主题特色的运动、休闲场地（图5-2-12，图5-2-13）。目前，北翟路桥下空间共有7片篮球场、4片五人制足球场、1片儿童轮滑区和1座儿童艺术体操馆。2021年7月开放至今，共计24万人次参与其中。

**3. 政企合作保障高效运维**

在中环桥下空间更新项目中，采用政府与市场合作的模式建设和运营相关设施，既创新了土地供应方式，又激发了市场主体的活力。政府负责实施绿化景观、慢行步道、灯光、市政配套、道班房、场地基础等项目建设和后续运维，同时通过竞争性磋商（邀请）方式引入专业体育公司，负责篮球场、足球场、棒球场、服务中心和苏河驿站等项目建设和运维，并通过引入智慧球场无人管理模式，通过微信扫码付费后即可入场，做到降低运营成本，提高使用效率。

图5-2-12 北翟路中环桥下空间节点平面图 ⓒ翡世景观、山间影像

图 5-2-13　北翟路中环桥下空间篮球场与足球场 © 翡世景观、山间影像

### 5.2.4 杨浦区五角场街道创智农园

创智农园位于杨浦区五角场街道创智坊居民区和创智天地园区之间，占地面积 2200 平方米，是城市开发中的一块"边角料"。由于地下有重要市政管线通过，这里一度成为临时工棚和闲置地。2016 年 7 月以来，为了积极发动社会组织参与社会治理，自下而上培育居民自治能力，五角场街道结合创智坊社区睦邻中心的建设，采取"请进来"的方式，让"创智农园"入驻并融入社区。通过公众参与公共空间营建和社区营造实验，运用参与性的景观营造方式构建充满互动性的都市农园空间，并结合驻地营造理念提出社区营造工作站、创智农园社区共建群等居民互动合作组织运营方式。创智农园是公共空间生产的社会力量主体性培育生发实验，在没有政府公共财政投入下完成自主改造，成为地区的社区营造策源地，直接带动邻近社区边界的突破——从实体围墙改变为通透的栏杆，两个社区之间打开了"睦邻门"，以参与式社区规划实现公共资源的开放共享。

#### 1. 契合地区特点、定制分区功能

创智地区属于高新技术复合型社区，社区公共空间和自然教育空间比较稀缺。因此，农园确定了公共活动区、设施服务区、朴门花园区、一米菜园区、园艺农事区等分区（图 5-2-14）。这些分区伴随逐渐加深的公众参与一直处于变换融合的状态。公共活动区是为满足社区公共交流活动的需要，设置室内、室外的社区客厅和社区广场，以及儿童沙坑和自建游戏场等；设施服务区内提供给专业者和志愿者参与农园日常养护所需的各类工具和设备，也包含垃圾分类箱、雨水收集、堆肥区；朴门花园区是利用永续农业的设计方法实践资源的循环利用，包括螺旋花园、锁孔花园、香蕉圈、厚土栽培实验区等具有科普教学的区域；一米菜园则是为了满足都市居民对种植的热情，通过组织市民自主投入物料、经费、时间和劳动力的形式创新公共空间管理模式；园艺农事区提供从基础认知和种植要点着手的自然教育的场地。

#### 2. 满足多样需求、丰富生活体验

创智农园为低龄儿童的活动开辟沙坑、树皮

软坑和蹦床等户外空间,俨然成为孩子们的天堂。为社区量身定做了亲子自然体验活动,平日里,小菜园主们在家长陪同下来到农园耕作自己的一米菜园(图5-2-15),相互探讨种子图书馆、DIY雨水收集系统、植物科普标识系统等,好不热闹。为呼应在周边创智天地园区上班白领的需求,几位妈妈志愿者在此发起生态农夫市集体验活动,最终成为"白领午餐休闲时光"。工作日的午休时段,有需求的白领提前在微信群里汇聚订餐,到"社区会客厅"开始线下活动,植物生染、植物标本水晶、香草盆栽种植、社区植物漂流等活动吸引了大量青年参与,白领交互空间就此形成。

**3. 拉近邻里情感、共同分享成长**

创智农园借鉴社区支持农业(Community Support Agriculture, CSA)的模式,即以农园为公共汇聚点,将蔬菜生产端的生态小农和消费端的社区家庭直接联结,搭建社区邻里之间沟通的平台,同住一个街区的阿姨妈妈们建成150多人的微信群,围绕蔬菜选购、美食烹饪、生活休闲开展线上交流、线下走动,拉近邻里感情,形成熟人社区。同时,还吸引邻近的复旦大学、同济大学、上海财经大学等高校学子、创智坊社区居民等百余位志愿者,大家纷纷根据专长承担摄影、绘画、助教、设计、调研等志愿岗位。复旦大学青年志愿者协会还与农园建立常规联动机制,招募多位复旦志愿者在此实践,志愿者社群不断壮大,并逐渐分流细化。

### 5.2.5 静安区苏河湾公共绿地

苏河湾公共绿地,紧邻上海母亲河苏州河,是苏河湾片区的核心区域,拥有历史资源、文化资源、景观资源和区位优势。项目围绕街区绿化空间,挖掘基地文化特质,面向街区内不同人群需求,营造具有场所精神和人文意境的绿化景观。

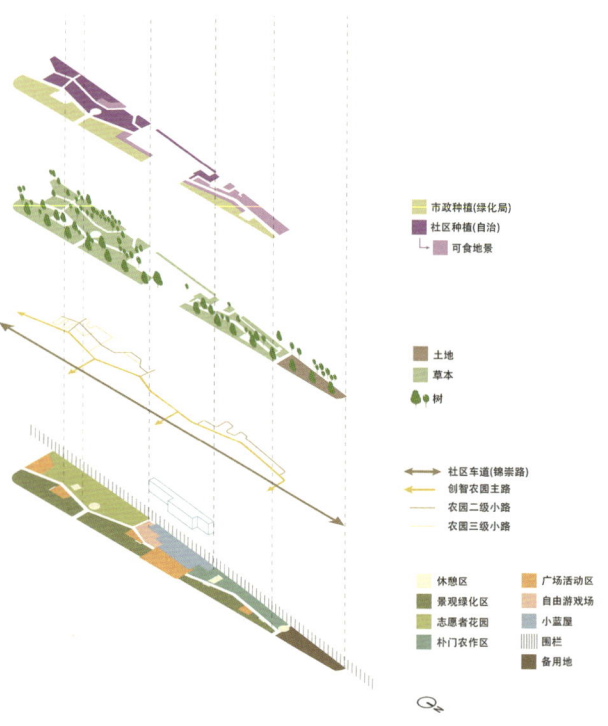

图5-2-14 创智农园2021年功能分层图 ©四叶草堂

图5-2-15 创智农园低龄儿童活动场与一米菜园种植活动 ©四叶草堂

## 1. 链接蓝绿，构筑活力场所

考虑到场地高差，景观设计以看台式的台阶与草坪绿化结合，面向苏州河形成滨水观景平台，为市民提供休憩和观河的场所。项目运用具有动感的天桥将人引向水边，连接公园与滨水空间。同时考虑到应对城市洪涝灾害的问题，在高差的基础上设置五个维度的步道，从浮岛码头到栈道、草阶看台、公园步道，最后衔接至公园的阳光草坪，层层递进，营造出具有层次感的空间体验（图5-2-16）。

## 2. 阶梯地景，融合空间界限

项目将两层地下商业空间嵌入绿地，强调地上、地下整装营造。地面出入口，通过层层退台的地景设计与地面绿地相连（图5-2-17），从而模糊

图5-2-16　苏河湾整体鸟瞰 © Kokaistudios 张虔希

了地上与地下的界限,使公共绿地与商业空间互为风景。

### 3. 精心修复,重塑人文风貌

针对场地内独特的天后宫和慎余里建筑文化遗址,项目充分尊重在地文化,以现代的设计手法在原址部分复原天后宫、慎余里建筑风貌,并以与草坪绿地融合的方式,打造具有历史感的节庆空间,重塑城市公共空间(图5-2-18)。

### 4. 艺术点亮,营造时尚氛围

以打造具有城市影响力的文化艺术生活聚集地为目标,项目在景观设计中引入大长腿小男孩、爱丽丝、小象等一批具有现代感、时尚感的雕塑,使人们步入时就能感受到艺术空间氛围,凝聚人气活力(图5-2-19,图5-2-20)。

图5-2-17 地下商业与空间融合 ©Kokaistudios 张虔希

图5-2-18 慎余里 © Kokaistudios 张虔希

图5-2-19 爱丽丝 © Kokaistudios 张虔希

图5-2-20 大长腿小男孩
© Kokaistudios 张虔希

# 第6章　慢行步道

绿色低碳和健康生活的理念日益深入人心，步行和骑行逐渐成为市民休闲出行的首选方式。慢行步道作为对城市慢行交通的支撑体系，承载步行、跑步与自行车交通，是城市交通中重要的"毛细血管"，不仅让市民的社区出行模式更加便捷、舒适，还通过与滨水区、绿带、公园等自然景观的有机融合，为市民提供丰富多元、拥抱自然的户外活动体验。从上海慢行步道的现状来看，主要存在三方面的短板：一是社区中步道尚未呈现网络化覆盖，未来有待加强；二是部分步道缺乏系统性的规划布局，未能有效串联周边公共服务设施，部分路段存在跨越城市主要干道等不连续的问题，使用不便；三是慢行步道在体验和品质方面有待提升，部分存在使用率低，内部功能单一、同质化，难以满足居民多样的使用需求，还有部分步道存在风格单一、特色不足等问题。

为营造安全舒适的慢行步道系统，上海"15分钟社区生活圈"行动重点关注构建慢行空间的系统性、网络化，通过建设漫步道、跑步道和自行车道等，将各类活动场所串联成网，实现公共空间由"有形覆盖"转向"有效链接"。同时重视慢行步道的高品质设计，塑造更具吸引力的慢行环境、提升居民慢行出行意愿，让居民获得更加舒适宜人的慢行体验。

## 6.1 设计策略

### 6.1.1 织密步道网络

识别社区周边的资源禀赋，挖掘绿化、水系、生活性街道、通道弄巷、特色风貌路径等资源，结合设置慢步道、跑步道和自行车道。通过梳理岸线、腾让通道、立体分设、增建桥梁、贯通桥下空间等手段，打通慢行网络断点，串联主要公共服务设施和活动节点，形成公共活动网络。在区位适中、交通便捷、人流相对集中处设置出入便捷、有吸引力的出入口，链接腹地，强化开放度、可达性、活力度，实现公共空间由"有形覆盖"转向"有效链接"，提供"处处可游"的休闲游憩体验。

如普陀区宜川路街道1690苏河两湾步道，原是苏州河中远两湾城小区范围内的一段滨水岸线，也是苏州河贯通的"最后一块拼图"。经过大量走访调研与协商，通过增设滨水步道、重塑桥下空间等手法贯通全线，并以花坛充当沿河台阶，对腹地的居住区进行"软隔离"，在保障居住区私密性和安全性的同时，打通了苏州河最后的"断点"。 6A

### 6.1.2 营造宜人环境

为了塑造安全便捷、宜人舒适的步道环境，空间设计应注重人性化、精细化、艺术化。在空间布局上，通过空间整理，设置蜿蜒曲折、富有变化的路线，实现丰富的步移景异、以小见大、曲径通幽的空间和多样的场所体验。适当植入景观小品、艺术作品，打造有意境、能互动的步道节点，巧妙运用对景、框景等方式增加景观的层次感和丰富度。因地制宜，适地种植，以本土与四化（绿化、彩化、珍贵化、效益化）植物为基调，打造自然生态植物群落，以低影响、低介入的改造手法，突出植物景观的地域特色，营造或开阔疏朗，或曲径通幽，或野趣自然的步道环境。

如徐汇区田林街道蒲汇塘二期岸线环境提升，串联生态景观岸线与公共空间节点，活用本土植物，打造了林水复合的生活型滨水岸线。 6B 又如，杨浦区四平路街道阜新路，通过后退小区围墙，析出部分小区绿化空间作为社区公共空间，拓宽人行道，并增设绿化带、盲道、口袋公园、休闲座椅等，将原本狭窄的道路改造成宽敞、舒适、宜人的慢行步道。 6C

### 6.1.3 容纳丰富活动

结合慢行步道的使用人群特点，开展人性化的场地设计、提供多样活动场地，植入多元活动。可开展慢步、跑步、骑行、健身、滑板、攀岩等运动健康类活动，也可以开展摄影、观鸟、赏花、绘画等艺术社交类活动，还可以容纳植物认知、动物赏析、生态观察等科普教育类活动；老年人可以聊天、锻炼，儿童可以游戏、运动，青少年可以参与极限探索；慢行步道成为老少皆宜、可游可赏的活力场所。

## 6A　1690苏河两湾步道

紫藤花瀑

两湾飞虹

利用亲水植物和花坛，与腹地居住区进行"软隔离"

1690苏河两湾步道，原指苏州河中远两湾城段总长约1690米的岸线，是苏州河两岸滨河贯通最后的"断点"。由于岸线穿过商品房小区内部，老百姓担心"私有岸线"对外开放会带来外人容易进入小区影响安全、自身利益受损等"新问题"，因而起初并不支持贯通工作。在经过大量座谈会、收集近两千条针对贯通工程的意见和建议后，终于取得近八成业主的同意。2021年7月，中远两湾城范围内的苏州河沿岸步道正式贯通。河岸改造大幅保留原有场地功能，滨水沿线采用石材铺装增设步道，在岸线蜿蜒变化处植入儿童乐园、花藤廊架等公共活动空间，并利用亲水植物、花坛充当沿河台阶，作为与腹地居住区之间的"软隔离"，满足居民对住区私密性和安全性的要求。贯通后的1690苏河两湾步演变成一条开放共享式滨河岸线，与魔都"古巴比伦空中花园"——天安千树与活水公园梦清园隔河相望，沿线拥有上海造币厂的百年建筑底蕴和"两湾一宅"旧改发展史，已成为居民可以闲庭信步，孩童追逐嬉戏的乐园。

如徐汇区徐家汇街道乐山绿地，在焕然重生后，不仅老少咸宜，还借助现代科技，融合阅读空间、儿童游乐、户外健身、社区舞台等众多景观与功能，满足居民对绿色、生态、健康与文化艺术的多元需求。 6D

### 6.1.4 植入多元设施

强调慢行步道设施的人性化、安全性和智慧化。在步道沿线合理布置休息座椅、凉亭、驿站、卫生间等休憩设施，并配置自动售卖机、饮水机、充电站、紧急救援等小型便民服务设施，改善人们的使用体验。充分考虑居民安全使用设施的需求，对主要节点进行功能性照明及智能控制，沿途设置动态投影灯进行路线指引，安装摄像头等安全设备，

## 6B 蒲汇塘二期

二期岸线环境提升，贯通长春变电站、光耀城、世家花园与桂林新苑四段，长达1088米。在整体空间布局上，通过滨水步道串联休闲观光、海绵科普、健康活力三个不同功能特色的空间，形成丰富的层次和多样的体验。在空间动线设计上，借鉴传统园林中的手法，移步景异，以一条蜿蜒流动的主园路为主要轴线，利用两级防汛墙的高差营造竖向变化，让自然与人工景观随着市民的步伐逐层展开，使得游览路径更具趣味性。在植物景观营造上，坚持因地制宜，适地种树，突出地域特色。在防汛墙以下区域以耐水湿的植物为主，以上区域则多选择开花乔木，营造春天赏樱、金秋闻香的四时美景，让市民在内河也能够"望得见水、触得到绿、品得到历史、享得到文化"。

富有变化的空间动线和竖向高差设计

引入本土植物，突出地域特色

不同功能特色的空间提供多元活动的可能

## 6C 阜新路

人行道改造前后

口袋公园

阜新路是杨浦区四平路街道的一条城市支路，部分路段的人行道宽度仅1米，除去被行道树、电线杆等设施侵占的空间，留给行人的通行宽度仅40厘米，被称为"最窄步行道"。为了改善社区步行环境，采取社区规划师团队"在地化"全过程协调、社区居民全过程深度参与、政府部门全过程积极推动的"协作式"更新。通过围墙重建、拓宽人行空间，打造"舒心"步道；植入微空间设施，塑

人行道改造方案

造"惠心"绿道；通过立面更新，创造"赏心"街道；成功将狭窄的步行道改造为绿色宜人、活力多元的慢行绿道，获得居民、周边企业的一致好评。

## 6D 乐山绿地

始建于1980年代，位于乐山社区中心区域，占地约5600平方米，是周边地区唯一的集中公共开放空间。更新改造后的乐山绿地，以全长80米的众乐之廊为主要空间线索，在廊下空间结合造景为市民提供遮阳避雨的趣味休闲空间和室内共享阅读空间；在众乐之廊内侧，以结合音乐旱喷的乐之源社区舞台为中心，将景观空间视作激发市民良性活动、促进公共生活的载体，环绕布置其他绿地功能空间。通过可坐、可玩的白色艺术混凝土坐凳与绿化景观融合，激发非限制性趣味活动；通过可发光的重力感应坐凳，为儿童趣乐空间提供惊喜；通过下凹5毫米的场地设计，为中心音乐旱喷提供丰富的延时体验，让喷泉落幕后的水镜成为孩子们的"自然玩具"。

众乐之廊

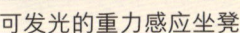

可发光的重力感应坐凳

白色艺术混凝土坐凳与绿化景观融合

为市民提供全天候、安全的漫步体验。通过设置智能互动大屏、智能多功能柱、体测站等设备，融合蓝牙定位、人脸识别等技术，实现对运动人群全覆盖服务，为居民提供智慧化的运动指导。

如虹口区嘉兴路街道和平公园的智慧跑道全长1.5公里，融合5G、人脸识别、大数据和物联网等智能技术，在市民运动健身时随时记录运动数据，还具备预约管理、科学健身指导、赛事模式等功能。"科技"的加持，让市民健身锻炼变得更科学、更贴心，也能更好地感受运动的快乐。 6E

### 6E　和平公园智慧跑道

改造完成的和平公园，为24小时对外开放的公园，并新增自然教育、生态科普、园艺市集、智慧健身、萌宠乐园等多项功能。园中的智慧跑道全长1.5公里，配有智慧大屏、智慧采集杆等多种智能设备，以"科技"加持，让市民健身锻炼体验更加智慧、省心、舒适。智慧跑道大屏集多种功能于一体，市民只需"刷脸"就可以进行慢走或跑步等运动，再次"刷脸"即可查看个人运动信息，获取身体健康检测、科学健身指导、天气情况、公益活动等便民信息。大屏还可显示实时排行榜，同时段跑道上的跑步者可以进行一场"云竞赛"。布置在跑道两旁的智慧采集杆，配合AI算法和智能识别设备，实时采集市民运动信息，精准统计客流、性别比例、年龄比例，以及日、周、月客流等动态数据，让运营和管理在数据的支持下更高效。定制开发的智慧服务小程序，不仅能与智慧跑道线上、线下数据互通，还能为新增的"萌宠狗乐园"提供预约进入的功能。

改造后的智慧跑道、智能健身苑中的智慧大屏与智慧采集杆 ⓒ上海虹口城发公园管理有限公司

1　1994—2016年，外环绿带先后经历四次规划和三项建设工程。四次规划即1994年的《上海市环城绿化系统规划》和《上海城市环城绿带规划》、1999年《城市外环线绿带实施性规划》、2006年《生态专项建设工程规划》；三项建设工程是指100米林带工程（1995—2002年）、400米绿带工程（2002—2003年）和生态专项建设工程（2006—2017年）。

2　刘颂,李春晖,赖思琪《上海市环城绿带的游憩转型潜力分析及策略》，《上海城市规划》2019（3），第77-83页。

3　杜安《上海城市绿带规划思想流变研究》，《中国国土资源经济》2022,35(9)，第37-44页。

4　2017年12月《上海市城市总体规划(2017—2035年)》获得国务院批复，规划首次将外环绿带纳入主城区，成为上海中心城区的组成部分。

5　以外环中心线向两侧各拓展1公里后所形成的环面为统计范围，沿线共计串联了105个"15分钟社区生活圈"，包括64个居住生活圈、25个产业圈、6个商务圈、8个乡村生活圈和2个其他生活圈。

## 6.2 优秀案例

### 6.2.1 上海外环绿带

20世纪90年代初，为遏制城市无序蔓延、缓解快速扩张带来的生态环境问题，上海提出建设全长98公里、宽度500米外环绿带的构想，将其作为锁定中心城边界的重要生态屏障。这项跨世纪的生态工程从1995年正式启动，经过多轮规划与数十年建设[1]，到"十三五"期末，百米林带基本建成、十多处大型公园绿地相继落地，基本形成"长藤结瓜"的空间格局[2-3]。与此同时，伴随上海持续的城市开发建设，"环"与"城"的消长关系也经历调整，外环绿带已经从城郊边缘地区的绿带变成主城区的内部绿带[4]，其功能也面临从城市生态服务到兼顾周边社区居民[5]休闲游憩需求的转型（图6-2-1）。在此背景下，近年来外环绿带开启了新一轮规划建设，以"生态、生产、生活"融合发展为导向，推动其从"环绕中心城的绿化带"到"环穿主城区的公园带"（图6-2-2）的转型[6]。通过保护生态基底、强化功能复合、贯通步道体系等措施，外环绿带正在逐步打开，成为就近服务社区居民的、高品质生态休闲空间。

图6-2-1 外环线内外各5公里范围内城市功能组团布局

图6-2-2 "十四五"期间上海环上生态公园规划图 ©上海市公共绿地建设事务中心

---

6 2021年5月上海市政府办公厅发布《关于加快推进环城生态公园带规划建设的实施意见》，提出"生态、生产、生活"融合发展的导向，强调注重功能复合，以满足人民群众多样化的需求。之后，陆续启动、发布了环城生态公园带（2021年至今）建设工程、《外环绿带及沿线地区慢行空间贯通专项规划》（2023年）。

## 1. 推进步道贯通，优化"长藤结瓜"格局

外环绿带在规划初期便提出环状绿带与块状绿地相结合的"长藤结瓜"布局形态。"十三五"后期，外环绿带实施率已达77%[1]，沿线建成的浦东滨江森林公园、沔青公园、宝山顾村公园、闵行体育公园等14座环上大型城市公园成为居民日常休闲娱乐、亲近自然的好去处（图6-2-3）。而且，环上公园数量还在持续增加，预计"十四五"期末将达到49座以上，实现全环平均每2公里有1座公园。与"走得进"的公园相比，百米宽的环状绿带则是"可望而不可及"。为此，近年来上海大力推进外环绿道建设，围绕外环绿带及沿线地区构建起大环—中环—小环三级慢行网络。其中，大环强调生态涵养与森林漫步，串联环上公园，实现就近、便利、无障碍贯通；中环强调链接功能与都市乐活，旨在激活城市功能；小环强调织补网络，旨在提升外环绿带的可达性[2]。目前，规划全长125公里的外环绿道（图6-2-4）已建65公里[3]，通过合理布局出入口，链接水绿空间、住宅小区、轨交站点、商业中心等节点，不仅让环状绿带变成"可步入"的游憩空间，也加强了绿带与沿线各城市功能板块的联系，促进激活区域的生态、人文与经济价值。

## 2. 植入多元设施，提供"生态+"融合服务

上海外环绿带与城市居民生活的融合发展，不仅体现在其与外部资源的联系增强，也体现在自身功能的丰富度提高。在保障核心的生态功能不受影响的前提下，外环绿带通过增加游憩、餐饮、公共服务等必要配套设施，融入体育、文化等高适配性功能，推动体绿一体、文绿相融，全面提升生态景观和服务能级，更好地满足居民多元化的生态休闲需求。

如环上的浦东新区曹路镇金海湿地公园，于2023年开放了上海首座城市湿地科普馆，设置主题展厅、文创展示、研学会议、儿童湿地工作坊等，为市民提供了一处近距离感受湿地之美、探索都市与自然共生之旅的场所（图6-2-5，图6-2-6）。又如长宁区利用道班房、防汛库房改造为绿道驿站，在保留管理用房功能的基础上，增加融合问讯、阅读、科普、社群等使用场景的公共休息室、公共卫生间，以及自动售卖机、共享雨伞、储物柜等便民设施[4]，促进自然空间与生活服务的有机融合（参见 4A ）。

## 3. 保护生态基底，营造自然和谐生境

经过近30年的持续建设，如今郁郁葱葱的外环绿带不仅是环抱高密度城区的天然屏障，更是串联城市分散生态岛屿的生态廊道，成为动物们在城市间穿行的生命走廊。持续优化生境、保护生物多样性，至今仍是外环绿带规划建设的重要原则。基于"尊重自然、顺应自然、保护自然"的

图6-2-3 位于外环绿带上的沔青公园

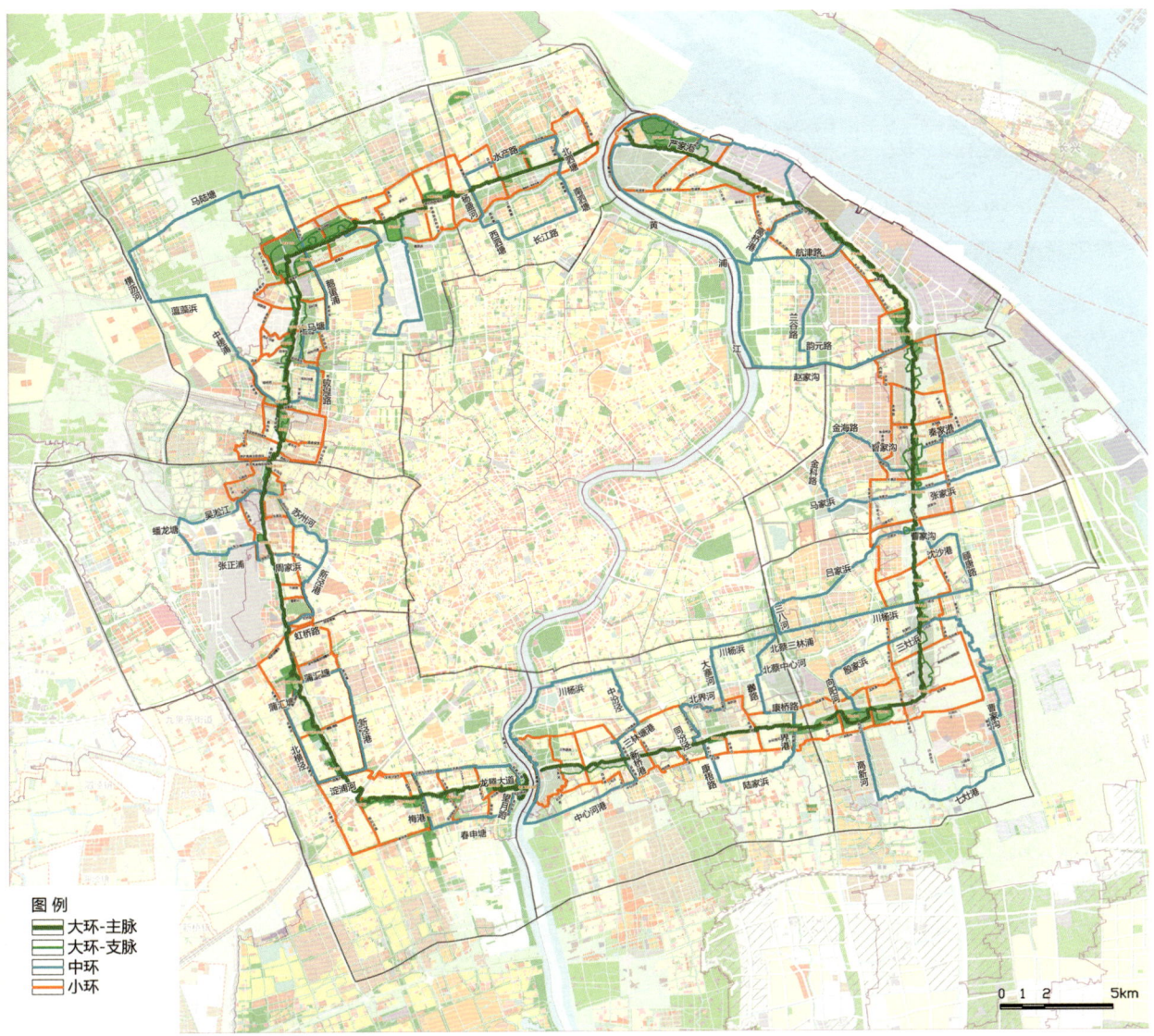

图 6-2-4 外环绿带及沿线地区慢行空间布局图

1　王彬《从"绿带"到"公园带"——上海市外环绿带转型升级研究》，引自中国城市规划学会《人民城市，规划赋能——2023中国城市规划年会论文集》，中国建筑工业出版社，2023年。

2　上海市绿化和市容管理局，上海市规划和自然资源局.外环绿带及沿线地区慢行空间贯通专项规划[Z].2023.

3　王彬，杨伊萌《外环绿带30年，而立再出发：超大城市绿带建设的执着与坚守》，《城市纵览》2023（5）。

4　张斌，周渐佳《自然的调适：长宁外环生态公园带市民服务驿站设计》，《建筑学报》2023(9)，第92-96页。

图6-2-5　金海湿地科普馆　　　　图6-2-6　儿童在金海湿地白沙滩玩耍　　　图6-2-7　金海湿地公园滩涂

理念，外环绿带尽可能保留原生态自然基底，并采用林地抚育更新、植物群落结构优化、土壤改良、水系连通、水质提升等生态措施进行适当人工干预，不断优化生境。

如金海湿地公园为吸引更多鸟类，在原有湖泊、洲岛、滩涂的基础上，通过增加浅石滩、丰富引鸟植物类型等措施，完善水生境系统，营造适合水鸟休憩、隐藏、觅食的空间（图6-2-7）。此外，在人工环境的建造上，外环绿带注重结合既有生态景观资源开展自然郊野式设计，营造人与自然和谐共生的野趣场景。

### 6.2.2 浦东新区陆家嘴焕彩水环

浦东新区陆家嘴焕彩水环，是衔接黄浦江环绕陆家嘴的城市内河，环绕上海市内环核心，穿越浦东新区四个重要街道（塘桥、潍坊、花木、洋泾），辐射人口达到66万（图6-2-8，图6-2-9）。优越的地理位置，开放的黄浦江东岸滨江，为陆家嘴焕彩水环带来得天独厚的贯通开放契机。

**1. 因地制宜，多模式打通断点**

由于陆家嘴焕彩水环位于城市交通、居住商业密集区，形成了16个复杂的桥下断点和总长度2.34公里的断带。规划通过梳理断点与断带类型，针对不同的堵点断带，提出水中桥、水上浮桥、贯通桥下空间等解决方案（图6-2-10，图6-2-11）。如"水舞桥"为一座双塔单索面斜拉桥，形成水环最大的贯通亮点；杨高中路桥、锦绣东路桥、羽山路桥等桥梁，采用清障贯通，打开桥下空间，设置缓坡步道，合理增加照明、监控、城市家具等设施，确保通行舒适性；罗山路桥、锦绣路桥、柳杉路桥等桥梁，因梁底标高不满足通行高度，采用"水中桥"的方式贯通。

**2. 环上结瓜，全线提升绿地品质**

陆家嘴焕彩水环上有7个口袋公园，犹如点缀在城市中的绿色宝石，为繁忙的陆家嘴增添了一抹宁静与活力。7个口袋公园各自结合所在地特色和规划定位，打造不同亮点。①位于北洋泾路与张杨路交叉口的绒绣园，以绒绣文化为主题，通过钢廊架和文化地刻，以及亲子广场和儿童活动设施，展现传统与现代的完美结合；②紧邻金羽名庭小区东侧的泾羽园，以带状形态和"美人梅"主题植物，为社区居民提供邻里交流的绿色空间；③张家浜开元曼居酒店南侧的拼图花园，以块状拼图设计和"阅读仓"，为市民提供安静舒适的休憩之地；④科技馆南侧的秘境花园（图6-2-12），呼应科技馆的功能，主题定位为生态科技科普特色，内部的"昆虫旅馆"，供儿童进行生态环境观察，还可以联合科技馆的科普活动形成室外延伸展区；⑤上海金融交易广场南侧的智慧花园，是陆家嘴焕彩水环中面积最大的口袋公园，约8000平方米，配置休憩设施和爱心驿站，以"玉兰"为主题植物，展现商务区的绿色风貌；⑥潍坊八村南侧的坊馨苑，经过改造增加儿童活动设施和休憩座椅，增补樱花、美人梅等植物，焕发社区新活力；⑦位于南泉路与峨山路交叉口的彩塘枫韵（图6-2-13），通过彩化提升和补植元宝槭、海棠，增加休憩设施和儿童游乐场地，成为市民喜爱的休闲角落。这些口袋公园的设计巧妙融合了社区需求、文化特色与自然美，美化地区环境，为居民提供了便利的休闲空间，增强社区的凝聚力。

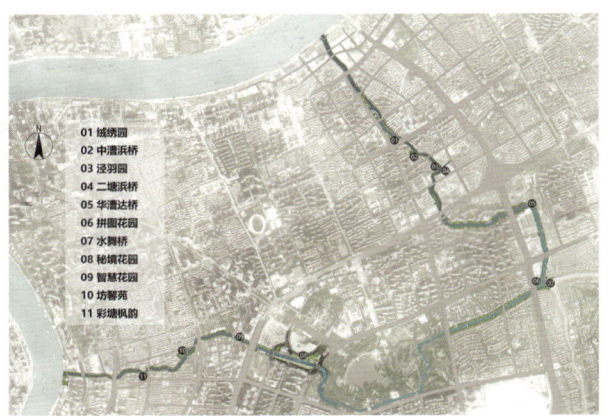

图6-2-8 陆家嘴焕彩水环平面图 ©上海市政工程设计研究（集团）有限公司

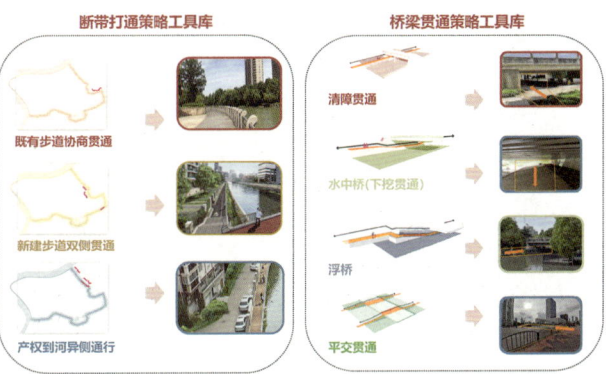

图6-2-10 贯通策略工具库
©上海市政工程设计研究（集团）有限公司

图6-2-9 陆家嘴焕彩水环贯通步道 ©上海市政工程设计研究（集团）有限公司

图6-2-11 桥下空间贯通 ©上海市政工程设计研究（集团）有限公司

### 3. 植入设施，全面提升休憩体验

焕彩水环注重不同使用人群的便捷性和舒适性，沿线布置驿亭，具有卫生间、饮水、售卖、借伞、急救等功能。规划全面提升32个桥下空间品质，并形成5个具有亮点的桥下空间。将便民利民的配套设施纳入水环设计，赋能驿亭、桥下空间和节点设施，在沿岸的驿站、码头、桥下空间等场所配置户外爱心接力站，增设户外工作者休息点，以及自动售卖机、饮水机、手机充电等人性化便民服务设施，形成42处爱心接力站，为居民和养护工人提供更加便捷的环境（图6-2-14）。

## 6.2.3 普陀区曹杨新村街道曹杨环浜

曹杨环浜，是曹杨新村内一条全长2.14公里的环状河道，于1951年曹杨新村建设时，利用原虬江及其支流，结合天然地形开挖而成。在规划初期，整个曹杨新村布局舒展、环境雅致，环浜如一条蓝色珠链般贯穿其中，与一排排工人住宅、树林和曲径相映成趣，共同构成如画风景。然而，随着后期"见缝插针"的开发，环浜原有开放空间被大量新增建设用地挤压，局部岸线也被纳入小区内部和单位内院，导致滨水空间的可达性、贯通性不足。为此，曹杨新村在推进"15分钟社区生活圈"提升建设行动中，将曹杨环浜的更新提升作为优化蓝绿空间结构、延续新村集体记忆的重要工作，通过贯通环浜步道、丰富沿线公共空间活动、提升环浜文化功能等措施，让环浜重获新生。

### 1. 贯通滨水步道，构筑"五叶连环浜"的共享网络

基于对沿线公共、私有化空间分布情况的分析，挖掘可提升的潜力点，因地制宜、分类施策地打通断点（图6-2-15）。针对单位占用的滨水空间，采用"退墙铺路"的方式，利用单位围墙退让的1.5～2米空间铺设步道；针对小区内河段，借助智能化门禁系统实现居民慢行无阻，目前已实现1.2公里滨水慢行系统的贯通。同时，聚焦环浜可达性提升，通过增加步行桥梁、连通"弯窄密"林荫道等方式，加强环浜与周边社区、街坊，

图6-2-12 秘境花园©上海市政工程设计研究（集团）有限公司

图6-2-13 陆家嘴水环水环彩塘枫韵©上海市政工程设计研究（集团）有限公司

图6-2-14 陆家嘴水环拼图花园休憩区©上海市政工程设计研究（集团）有限公司

第6章 慢行步道

图6-2-15 曹杨环浜步道贯通示意图

图6-2-16 "五叶连环浜"慢行网络示意图 ©胡努、徐馨阳、吴澳森

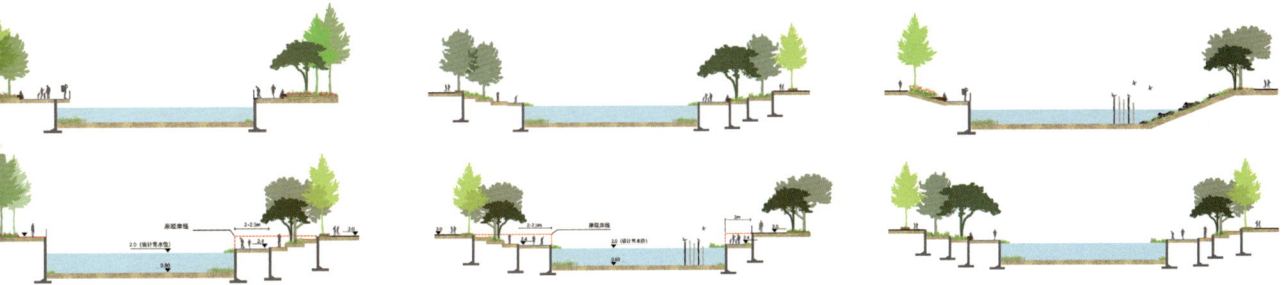

图6-2-17 曹杨环浜设计方案驳岸设计示意图 ©上海园林设计总院有限公司

以及公共活动节点的联系，构建"五叶连环浜"（图6-2-16）的共享格局，让居民都能便捷、安全地到达滨水空间，让生态底色和人文活力不断向街坊、社区渗透。

**2. 有机融合界面，打造可感可触的亲水岸线**

以"三边融合"[1]为手段，强化滨水界面与街道、公园的一体化设计，通过增加滨水绿地、塑造可亲近的水岸、美化绿化景观品质等方式柔化边界，让水岸与街区在空间上自然过渡、有机融合，

---

[1] 三边指水边、路边与围墙边。

同时也丰富了居民的活动场所，让环浜实现从自然边界到生态景观、再到共享生活空间的角色转变（图6-2-17，图6-2-18）。如毗邻环浜的桂巷坊商业步行街，利用局部拓宽的水岸植入口袋公园——桂巷绿地，通过改造防汛墙，降低局部岸线标高，打造可漫步、可休憩、可观景的亲水平台，从而加强街道室内外空间的连续感、步行体验的丰富感以及立体空间的互动感（图6-2-19）。

**3. 重筑环浜功能，再现活力焕发的水岸生活**

以沿环浜公园绿地为载体，植入休闲运动、睦邻交流、科普教育、儿童游乐、创意设计、文化展示

131

等功能，打造6个各具特色的"社区交往核"，沿线植入自然教室（图6-2-20）、服务驿站、艺术装置等形式多样、功能多元的设施，有效提升蓝绿空间的服务品质。根据环浜周边的景观特征、资源禀赋和街区氛围，因地制宜地打造主题各异的四段水岸——曹杨一村（先锋记忆）、桂巷坊（烟火街巷）、枣阳坊（睦邻友好）和花溪路（自然生态），并通过统筹周边美丽街道、公园绿地、街坊社区、公共艺术、历史文化等空间要素，形成新曹杨八景，让环浜再次成为展现曹杨生息活力、四季美景的"翡翠项链"（图6-2-21，图6-2-22）。

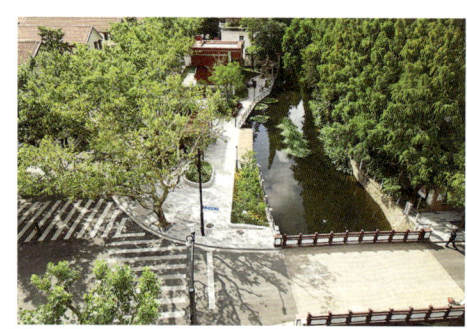

图6-2-19　更新后的桂巷坊滨水空间©上海园林设计总院有限公司

图6-2-20　曹杨环浜"自然课堂"

图6-2-18　活化后的曹杨环浜局部鸟瞰©上海园林设计总院有限公司

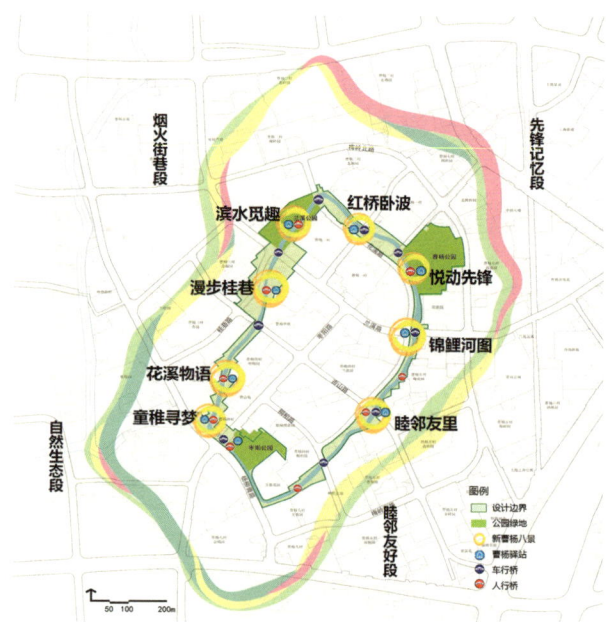

图6-2-21　曹杨环浜"交往六核"布局图

图6-2-22　环浜主题段与新曹杨八景布局图©上海园林设计总院有限公司

# 第 7 章　共享街区

上海是一个"地少人多"的城市，20世纪90年代初人均公园绿地面积仅1平方米。截至2022年底，全市人均公园绿地面积为9平方米[1]，已有较大规模的提升，但仍存在以下问题：一是中心城绿地空间仍存在总量不足、分布不均、与城市空间割裂等问题；二是现有大量风貌区、滨水区、商业商务区、产业园区等拥有良好的建筑景观风貌和内部绿化环境，但空间资源未得到有效释放和利用，与城市的融合性不足，市民无法进入和共享；三是大量老旧封闭的居住街区存在小区环境局促、品质不佳等问题。因此，需要打破公园绿地、单位附属空间、封闭居住街区与城市空间之间的藩篱，释放更多空间资源，实现设施、空间的开放共享，打造共享街区。

由于历史沿革或出于管理便利性的考虑，有些单位长期采用封闭式的管理，其附属场地不对公共开放，设置有形或无形的围墙，市民只能"可望不可及"。同时，单位对于向社会开放附属空间主要存在影响安全性与私密性、承担公共安全责任、增加管理成本等方面的顾虑。2022年，上海市规划资源局、发改委、绿容局等联合印发《关于机关、企事业等单位附属空间对社会开放工作的指导意见》（沪规划资源详〔2022〕461号），明确附属空间开放的专项行动计划，提出居住社区密集且公园绿地500米服务半径未覆盖区域、一江一河沿岸等生态景观良好区域、公共活动集聚区域、大型公共服务设施周边区域、具有历史风貌特色的单位附属绿地应优先开放。截至2023年底，共完成单位附属空间开放项目80个，开放绿地面积约56.7万平方米。其中，上海音乐学院、华东政法大学长宁校区、上海辞书出版社旧址等一批标杆性项目得到百姓广泛认可。

---

1　上海市绿化和市容管理局《上海市生态空间建设和市容环境优化"十四五"规划》中期评估报告（沪绿容〔2023〕375号），2023年10月。

## 7.1 设计策略

### 7.1.1 打开物理边界,实现场所可达

优先选择临街或与道路有连通路径、形状规整、地势平缓、生态景观条件好的区域开放。通过拆除围墙(围栏)和违章建筑、移除密植高大绿篱、退界、打开和增设出入口等多种方式,让原先封闭的生态绿景与城市公共空间无界融合,成为"走得进、坐得下、能观景、能交流"的街头会客厅。紧邻主要人流的城市界面采取多种方式进行灵活处理,通过设置铺装、台阶、水景、低矮绿化等,有效引导空间,并与相邻的街道、人行道保持视觉通透,产生良好的互动。

如静安区静安雕塑公园在拆除沿街绿篱围栏后,樱花林、七彩花带、白玉兰花瓣广场三段景观沿北京西路一侧"无界"展现,使公园景观、雕塑艺术场景街面化。 **7A**

### 7.1.2 场地环境改造,实现景观可赏

通过高品质设计,改造升级绿化景观,创造良好的空间环境。协调活动需求与生态景观,合理确定场地和绿化的面积比例。根据地块特点、现有植物景观资源等,确定绿化特色和形式,包括树木、草地、花坛、垂直绿化等多种形式的绿植。尊重原有植物特色,注重利用场地内原有植被和古树名木及其后续资源的保护。综合考虑场地条件、空间类型、景观特色,在保留原有布局特色的前提下,充分利用原有乔灌木资源,以改造下层植物为主,优选耐阴开花植物,淘汰长势不良植株,适当增加或替换色叶和彩叶乔灌木树种。结合绿化和人群活动,布局水景、艺术小品、照明设施等,利用绿化对不良景观进行遮挡,并巧妙安排停车空间。倡导绿色低碳,附属空间可设置雨水花园、雨水湿塘、生态树池等雨水控制利用设施和智能化、低能耗新型设施。

上海体育科学研究所保留场地内原有的高大乔木和喷泉,将法式风情的优秀历史建筑和1800平方米花园展现在公众面前。 **7B**

### 7.1.3 增设公共功能,实现活动可容

在空间打开的同时,完善服务设施,吸引人流,为市民提供休憩、艺术、文化、体育等多样化服务,满足不同人群的游憩需求。方法包括

## 7A 静安雕塑公园

位于北京西路、石门二路、山海关路和成都北路的合围之间,总占地面积约6.5万平方米。公园打开北京西路区域围墙,在保留公园大树、拆除沿街绿篱围栏的前提下,沿北京西路一侧自西向东展现樱花林、七彩花带、白玉兰花瓣广场三段景观,公园内的美景、雕塑与街道空间共享。西段樱花林,沿道路一侧由时令花卉和开花灌木等组合,以林下花带形式呈现,使园内的樱花林完整展现于街区。中段新增带状喷泉景观,结合七彩花带内的5座精品雕塑,与北部园内水景呼应,最大限度保留原有空间结构和景观特色,沿街增加休憩座椅,满足游客的停留观景需求。东部花瓣广场拆除绿篱围栏后,公园内的健身活动区域全部对外开放,游客可随时走进园内。改造后的公园北京西路区域,视野宽阔,视线通透,三段景观各具特色,与街区相融合,拓展了公园边界空间的通行、休憩、观赏等功能,打造城市空间展示界面,多方位引入人流,激发公园活力。

公园实景©静安区绿化管理中心

## 7B 上海体科所

位于吴兴路87号,始建于1928年。花园以衡复印象、波光潋滟、镜湖草坪、绿树成荫四大景观分区,体现"水漾"主题。南侧无障碍开放式入口广场作为"丽波·水漾"的第一形象展示面,利用坡道消除原围墙内外的高差,方便出行。保留场地原有的欧式水景雕塑,远观形成跃然于现代流线铺装的灵动画面。在花园北侧,建筑与景观相互呼应,采用墙垣花境和林缘花境两种花境设计手法,有机分隔出空间退界,与体育艺术造型的铁艺栏杆相结合,形成"软性"围挡。

开放实景©上海市园林科学规划研究院

## 7C 南桥书院

南桥书院前身是1914年天主教堂创建的"石瑟公学",后改名上海市奉贤中学附属南桥中学,是上海知名的百年老校。南桥书院释放约1万平方米的临河景观空间,设置儿童活动设施、健身步道等。学校运动场在满足学校体育活动需求的同时,在工作日晚上及双休日的白天,为周边居民提供约2万平方米的公共活动空间,满足休闲活动需求,提升城市公共服务设施水平,实现体育设施与社会共享;学校还设置社会停车位,并将学校和社会车辆分开管理,缓解老城停车压力。

附属空间开放改造前后

改造后夜间开放的运动场及篮球场　　改造后增设的运动场地下停车库

## 7D 德必宁享空间

德必宁享空间位于静安区中部的核心产业区,毗邻珠江创意中心、健康智谷等6个园区,以及新梅共和城、大宁金茂雅苑等3个居民区,服务37000余人。宁享空间作为园区服务阵地集群,占地面积4150平方米。服务设施分散嵌入在楼宇内,包括艺海拾贝大型书吧、托育宝宝屋、"Z播"共享直播间、白领餐厅、爱心妈咪小屋、宁·home职场加油站、科学咖啡馆、共享健身房、爱心喵喵俱乐部共享空间。利用园区绿地,打造"宁萌岛"萌宠乐园开放式、多功能、绿色氧吧与活力解压共享空间,不仅受到园内白领的欢迎,还成为周边群众遛娃休闲、打卡娱乐的新风景。

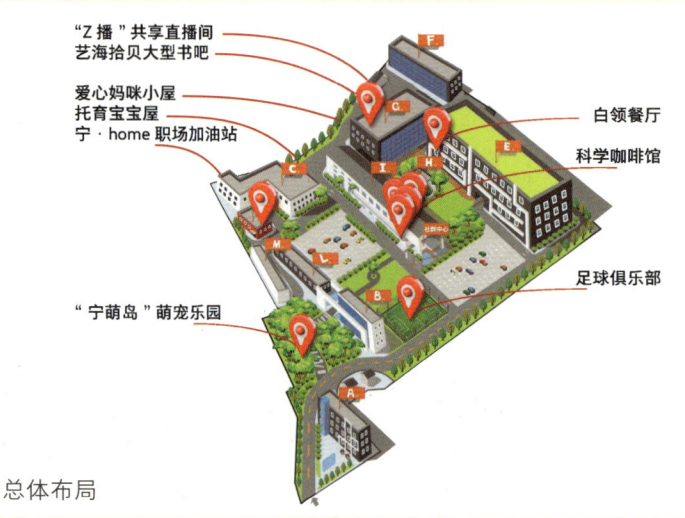

总体布局

开放式多功能绿色空间

利用单位现有设施,错时开放共享;或结合产业、人群特征等,利用单位多样化的建筑空间和户外空间,植入托育、医疗、健身、游憩等功能。除了大部分日常休闲活动外,鼓励短期展览、节日活动、户外表演、慈善活动等非商业活动,以及按需提供户外饮食等商业活动。附属空间设施设计兼顾不同人群的需求,根据不同年龄组人群的活动和心理、生理特征配置设施,包括有明显的开放标识,具有满足游憩、健身、交流等的日常休闲活动场地和座椅、照明、垃圾收集容器、应急避险、安防、无障碍等基本设施。大型附属空间建议提供提升型设施,如饮水机、Wi-Fi、手机充电点、露天咖啡馆、售货亭等。结合周边需求,鼓励与单位附属空间相邻的建筑首层嵌入零售、餐饮或其他服务等公共功能,提升空间活力及吸引力,提升地区文化品质。

奉贤区南桥镇南桥书院,释放临河景观空间,设置儿童活动设施、健身步道等;与周边居民共享学校运动场、停车位。 **7C**

静安区大宁路街道德必宁享空间,为园区、周边楼宇和居民区提供托育、健身、阅读、社交、餐饮等多元服务,各个服务点星罗棋布于园区各处,通过多功能聚力,全方位满足多元人群需求。 **7D**

### 7.1.4 展示特色风貌,实现文化可阅

单位附属空间往往有许多历史建筑和古树名木,通过深挖历史文化资源,保留历史风貌格局,保留具有较高历史保护价值的特色围墙(围栏);修缮历史建筑,协调新老建筑、内外界面,使历史建筑成为视觉焦点,体现场所精神,展现风貌特色。

如徐汇区上海音乐学院淮海路校区,对6幢优秀历史建筑进行修缮,并对淮海中路沿线和校园十处景观进行提升改造,向社会全面开放。 **7E**

奉贤区南桥镇沈家花园,遵循历史风貌特色,修缮历史建筑,保留十字轴线,优化花园景观,并植入图书馆、展览馆等多元功能,打造充满历史文化气息的公共活动空间。 **7F**

### 7.1.5 融入慢行网络,实现空间可联

为了激发街区活力,利用慢行道、滨水空间等加强公共服务设施和公共空间的联系,打造系统、连续的特色景观节点,形成公共空间网络。同时,整修慢行道,植入文化、艺术、街道家具等小微设施,丰富空间体验,强化空间品质。

如杨浦区四平路街道的艺术共享街区，以"走走坐坐"为主题，贯穿NICE 2035未来生活原型街、同济–麻省理工实验室、NICE COMMUE好公社、阜新路口袋公园等社区共享空间，让工人新村焕发新的活力。 7G

## 7E　上海音乐学院淮海路校区

位于衡复历史风貌保护区的核心区域。院方对6幢优秀历史建筑进行修缮，并向社会全面开放，实施绿化及室外总体改造8346平方米，打造"一线十景"（淮海中路沿线和上海音乐学院校园十处景观）城市新空间，成为展示历史风貌和红色音乐、江南音乐、海派音乐文化的特色街区。

## 7F　沈家花园

位于奉贤区南桥镇解放中路502号，始建于1920年。主楼修缮后植入展览展示功能；主楼西侧的6栋辅楼在保持整体风貌统一的前提下，充分考虑文化建筑的艺术性，外墙改造运用现代化机械臂智能建造技术，将古老的砖构材料塑造出具有张力的镂空曲面装饰墙体。园内设置蜿蜒小径，保留紫藤花架，重现莲花池，结合雅、静的暖色调景观照明，营造浓厚的历史文化氛围，打造舒适宜人的游园环境和城市开放空间。

主楼、附楼与夜景 ©上海奉贤南桥源建设发展有限公司

# 7G 四平艺术共享街区

四平艺术共享街区以"走走坐坐"为主题,将社区打造成公共客厅和城市展厅,以导览地图和城市家具串联社区公共服务设施点位,通过"一步一景"的沉浸式艺术体验,向公众传达"15分钟社区生活圈"、慢行社区、全龄友好、环境宜人等理念,让文化艺术走上街头、融入生活,融入社区微更新、微改造,实现街区公共空间的整体提升。艺术街区贯穿NICE2035未来生活原型街、同济–麻省理工实验室、同济–阿斯顿马丁实验室、NICE 2035社会创新实验室、NICE COMMUE好公社、阜新路口袋公园等社区共享空间。四平社区与同济大学多方通力合作,通过推进社区微更新,让居民有获得感,并提升满意度,让工人新村焕发新的活力。

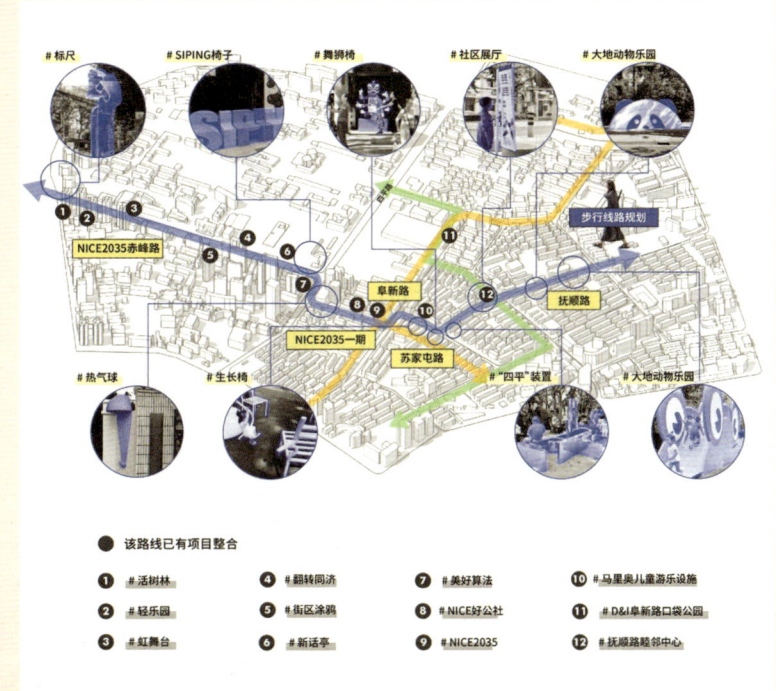

## 7.2 优秀案例

### 7.2.1 长宁区华政—中山公园

华政—中山公园地区是苏州河贯通的断点。2020年初,结合"一江一河"两岸公共空间贯通提升工作,华东政法大学贯彻落实市委、市政府的决策部署,打造开放共享型的校园。高校与长宁区共同协力,结合优秀历史建筑,建设苏州河华政段"思孟园、法剧场、獬豸园、桃李园、银杏院、华政桥"等一带共十个公共空间景观节点,推动与市民共享长宁校园优美滨水岸线和历史风貌(图7-2-1)。2022年,华政又全部拆除沿万航渡路的围墙,实现楼宇门禁管理,全面打造开放式校园;同时,中山公园也进行整体改造提升,打开围墙"破墙透绿"。

**1. 滨河贯通,漫步百年校园**

学校做到"能搬尽搬、能让尽让、能拆尽拆、能开尽开",即搬迁沿河住宿的所有学生,拆除滨河全部围墙和隔离栏,拆除建筑18处计3056平方米。滨河开放空间是原来的9倍,原来最宽4.5米,现在最窄4.5米,最宽达到98米,将最好的岸

图7-2-1　华东政法大学长宁校区鸟瞰 ⓒ 上海交大城市更新保护创新国际研究中心、上海安墨吉建筑规划设计有限公司

线空间资源留给市民（图7-2-2）。同期，实施校园整体功能调整、文保建筑修缮、滨河空间建设等，塑造"院中园""园中院"空间，升级改造校园景观，方便市民观赏优秀历史建筑。学校还发布最新的标识系统，进一步方便市民辨识及传播学校文化和形象。

**2. 打破围墙，释放盎然绿意**

打破万航渡路沿线两侧中山公园与华政校园的围墙，将隐藏的"绿意"释放出来，并提升整体景观品质。包括围绕百年古梧桐树打造"梧桐广场"；迁移公交20路始发站，打造新景观"种子池"等。打破围墙后，中山公园十二景中隐藏的"独木傲霜""旧园遗韵"以及著名的露天音乐台都实现了被打开，面貌一新（图7-2-3）。破开中山公园原有"门"的物理界限，重塑既具有标志性又拥有自由开放属性的入口（图7-2-4）。该地区打破园区、校区、道路、社区之间的界限，打破公园与公交车站、管理用房的界限，形成与城市无缝相融的新美景（图7-2-5）。"百年校园"与"百年公园"融合开放，"百年古树"与"百年建筑"交互掩映，"百年道路"与"百年公交"穿行其间，讲述遗产光阴的故事（图7-2-6）。

图7-2-3 中山公园开放——城市交通基础设施百年公交站、煤精亭与公共开放空间的功能新融合 ©翡世景观

图7-2-2 华东政法大学长宁校区苏州河沿岸 ©上海交大城市更新保护创新国际研究中心、上海安墨吉建筑规划设计有限公司

图7-2-4 中山公园开放——拆除三号门入口及围墙，L形廊架形成新的入口 ©翡世景观

图7-2-5 中山公园开放——公厕等基础设施进行外立面改造更新ⓒ翡世景观

图7-2-6 中山公园开放——围墙打开,百年梧桐"独木傲霜"露真容ⓒ翡世景观

**3. 楼宇管理,协调教学与开放**

华政构建"滨河区域＋公共空间＋楼宇楼群"分类管理模式,开展滨河区域联防联控,加强校园公共空间安全管理,实行楼宇开放分类管理。完善校园"一网通办"建设,提升楼宇管理智能化水平;建立信息安全管理体系,健全技防安保系统,探索校园全周期管理;加强区校联动,构建多方安全稳定工作体系;畅通沟通渠道,形成与市民良好互动的新模式。

### 7.2.2 上海展览中心

上海展览中心,位于静安区延安中路1000号,属于南京西路风貌区的核心区,前身是中苏友好大厦,建成于1955年,为上海市优秀历史建筑。这里举行过许多重大政务、外事活动,组织和举办过大量国内外展览会。建筑平面呈现轴对称布局,有中央大厅、友谊会堂,外部由环形柱廊连接,形成东花园、西花园等附属空间。如今,每日7—22时对社会公众开放。上海展览中心已经全方位打造了公共活动新区域,实现"南北贯通新格局"。开放区域按功能划分为景观区、休闲区、互动区、绿植区、停车区。

**1. 消隐围墙围栏,完整展示格局**

上海展览中心拆除延安中路和南京西路沿线主要出入口的围栏,安装电子伸缩门。通过降低围栏高度、围栏与绿化景观相结合的方式,将电子围栏设备隐藏于绿化中,保证最大限度展现中心的主体建筑正立面及南面喷水池广场整体风貌。

**2. 修缮建筑,文化赋能拓展**

建筑本体修缮,包括百米钢塔和红五星修缮,以及外立面修缮,本着修旧如旧、风格不变的原则,最大限度还原老建筑的历史风貌和文化底蕴。为进一步挖潜建筑历史、传承文化内涵、扩大品牌效益,推出文化服务,着力推进展览中心专属定制画报、特色文创产品、导览讲解服务等满足市民群众文化生活、品质生活需求的升级服务。

**3. 改造环境,增加驻留性**

绿化景观环境改造,以三花园、三广场、一环廊为重点,涵盖绿化环境、道路标识、服务指引等改造项目,引入多处园林小品、阶梯式水景及花境。为了让市民游客既能走进来,又能留下来,引入花园咖啡座,进一步构筑静谧便捷、高品质的休闲空间(图7-2-7)。

图 7-2-7　上海展览中心北花园与东花园

**4. 分类分时管理，兼顾政务保障**

为保障政务工作的安全性、保密性，展览中心与市委警卫局、静安区有关单位建立协调联动机制，可根据会务保障、展览需要随时对开放区域进行局部或全部封闭式管理。同时加大技防和安保、保洁、养护力量投入，新设39个安保岗位、23个保洁养护岗位，在醒目位置设置指示牌和温馨提示，引导市民、游客文明休闲。

### 7.2.3 上海辞书出版社旧址

上海辞书出版社旧址，陕西北路457号花园洋房是上海市优秀历史建筑，建于1928年，由著名匈牙利建筑师邬达克设计。上海辞书出版社曾在此办公，2021年迁出，现整体改造为艺术文化产业园区。出版社附属的花园绿地占地面积约3000平方米，有2棵珍贵的广玉兰古树，以及若干参天大树。多年来，一堵围墙让陕西北路457号的花园绿地与市民隔绝，花园内也缺少可休憩设施。市级相关部门、产权方、运营方、设计单位等多次召开会议协调推进，最终达成开放共识，于2023年12月正式完成花园改造，对外开放。

**1. 打破藩篱，分区开放**

通过拆除围墙，模糊绿地与街区之间的界限，形成消融、开放的空间格局。绿地更好地融入城市肌理，与周边的建筑、道路等成为更有机的整体。在开放方式上，绿地采取分区开放模式。其中，沿街的绿地花园向市民全天候开放；艺术文化产业园区运营的绿地,按园区活动需求,采取可开可闭的模式,既确保文化产业园区的特色,又实现了开放共享的社会价值。

**2. 都市书院,静谧绿洲**

花园改造以"都市书院"为设计主题。在功能布局上,以书为元素形成独特的水景,在微风吹拂下,潺潺的水声与树叶婆娑的声音叠加,温和地消减城市的噪声与喧嚣。设计巧妙地结合不同标高的树池,衔接场地原有的高差,形成丰富的空间体验;通过沿街步行道、座椅、廊架等设施的设置,为市民提供便捷和舒适的阅读场所。在植物设计中,充分保留花园中原有的高大乔木,舒展的乔木赋予花园独特的韵味,与绿色的草坪互相映衬,再运用自然式造景手法,结合花境增加开花色叶灌木(图7-2-8)。

**3. 百年建筑,交相辉映**

打开共享附属绿地的同时,对历史建筑进行修缮保护,让坐落于此的百年历史建筑与街边开放花园交相辉映,充分展现街区深厚文脉。阳光透过叶子的缝隙洒落,斑驳的影子在建筑上跳跃,为建筑带来动态的美感。这些影子仿佛在讲述一个个关于时间、历史和文化的故事。

### 7.2.4 黄浦区复兴中路美丽街区

复兴中路始建于1914年,已历经百余载春风秋雨,见证了上海城市发展,形成独特的街道记忆。2020年以来,黄浦区相关部门、街道等,围绕衡山路—复兴路历史文化风貌区保护更新以及营造,以全要素视角、全方位提升街区面貌,打造融合历史人文、艺术疗愈、居民关怀的复兴中路

图7-2-8 上海辞书出版社旧址附属空间开放后实景 ©水石设计

（陕西南路—西藏南路）美丽街区（图7-2-9）。

**1. 以点串线，徜徉百年风貌街区**

以无界融合理念，打开公园围墙和附属空间，让生态美景"走"上街头；灰色道路中隔带变为多彩"花岛"，以复兴公园为中心，2.2公里长的复兴中路串联起上海文化广场、民防苑、香山丽舍、文史馆口袋公园、思南公馆、复兴公园、追梦园、光音花园等多处各具特色的共享空间（图7-2-10至图7-2-12）。结合架空线入地、设施减量、立面整治等工作，大力提升街区景观面貌，促进街区空间的高效复合利用。

**2. 塑造亮点，营造各具特色的共享空间**

以游园、广场、建筑立面、围墙立面、城市家具作为亮点打造，结合设计理念，营造游玩、健身、憩等场地，形成各具特色的花园。民防苑巧妙地将民防科普知识和趣味游玩、展示结合，通过艺术视觉感官为城市人群提供愈疗和乐趣。光音花园借鉴庭院的设计手法，造型树、砂石、石景、石灯笼等元素在紫薇、红枫、灌木、宿根花卉等植物的映衬下，与园中三座历史建筑相辅相成，层次丰富。

**3. 举办活动，打造季季有特色的场所氛围**

打造以复兴公园为中心的"环复兴公园艺术季"品牌和系列艺术活动，为青年人、社区居民搭建参与街区规划建设的创意舞台，使街区获得持续发展的力量和资源，并依托市民园艺中心打造四季风物的"春天开放日""森林集市""秋日种球+""冬季花市"等艺术集市，呈现更开放融合、绿色宜人，更具活力魅力的美丽街区。

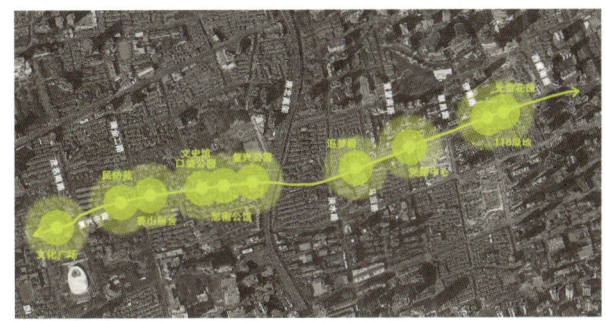

图7-2-9 复兴中路串联多处特色空间

图7-2-10 追梦园

图7-2-11 文史馆口袋公园

图7-2-12 光音花园

# 第 8 章　烟火集市

烟火集市，是社区内富有生活气息、供给日常消费与服务、承载社交活动的属地型商业服务空间，既包括菜场等贴近生活的便民商业网点，也包括提供各类特色商业和生活服务的生活性街道和小规模社区商业街区等。

以往的社区商业服务空间，从功能上来看，普遍存在功能单一、业态同质化的问题；从空间品质来看，普遍存在场所环境品质不高、街区开放性和慢行友好性不足，从而导致消费体验不佳；从管理运营来看，数字化建设较为滞后，管理效率与服务水平有待提升。

图 8-0-1　大学路限时步行街

## 8.1 设计策略

### 8.1.1 精准把控客群需求，融合多元服务业态

为居民日常生活提供便民、利民、惠民的商业和服务，是发展社区商业的核心目标。在居民消费需求日益多样化的趋势下，以菜场、杂货店等零售业态为主的传统社区商业，已无法适应从简单的"柴米油盐"到多元文化消费的需求转变。因此，发展集成多样化业态、多层次活动的社区商业，成为满足居民消费需求转型、营造活力烟火集市的重要策略。通过融合社区外溢的公共服务与社交娱乐需求，将功能单一的消费场所升级为综合性的社区商业休闲中心，可以为居民提供更加丰富的消费活动选择，包括餐饮、购物、娱乐、便民服务、公益活动、文化展示等，全面满足居民物质与文化需求，打造家门口的鲜活消费场景。

如杨浦区殷行街道"阳普邻里·振原"，经过菜场升级改造，在保留农贸摊位之外，新增餐饮店铺以及"社区工坊"，为居民提供就餐、理发、缝补、修理等一站式便民服务。 8A

## 8A 阳普邻里·振原

"阳普邻里·振原"位于开鲁路，周边是20世纪90年代典型的新村式居住区，有着相对熟识的邻里关系、生活氛围浓厚。更新改造后的菜场以尽可能保留"熟人社会"的人情味为目标，引入品牌餐饮、小修小补等商业服务，以及便民公益、儿童职业体验等社区服务。在室内外，植入更多公共休憩区促进邻里交流的驻留空间，以高品质社区邻里空间承接周边小区"溢出"的公共活动需求，成为满足居民日常生活消费需求和维系邻里交往情感的好去处。

长宁区江苏路街道老弄堂里诞生的愚园公共市集,不仅保留小修小补的老店,还引入社区公共艺术中心、文创工作室和各类艺术小店,成为兼具弄堂烟火与艺术氛围的生活体验空间。 8B

崇明区新村乡稻香生态市集,依托稻米文化中心,融合文化展示、美食体验、现场演出、社交娱乐等功能于一体,进一步活跃乡村烟火生活、丰富旅游产品供给、加快商业与文旅的融合。 8C

## 8B 愚园公共市集

位于愚园路历史文化风貌区一处百年石库门里弄内,也是愚园路城市更新项目的重要节点。2019年开业初期,一楼布局菜场、便民超市、手艺人店铺、弄堂老面馆等社区商业,保留"柴米油盐"的市井气息;二楼引入艺术空间——粟上海·社区美术馆,不定期更换展览内容,让居民在家门口也能感受到"诗和远方"。近年来,公共市集的业态也在根据居民和游客的消费习惯不断自我更新,轻餐饮、文创零售、品牌服装等业态,成为公共市集打卡的新亮点。

二楼的粟上海·社区美术馆渐变彩虹廊道与首展©章勇

## 8C 稻香生态市集

位于上海北端远郊地区崇明岛上,围绕建设15分钟乡村生活圈的目标,以稻米产业及现代农业为基础,创建了稻米文化中心,旨在打造集文化展示、稻米加工、智慧农业、稻香生态市集等功能于一体的稻米文化小镇。项目建成后,成功举办了多次活力盛会,成为展示乡村新业态、新场景、新活力的崭新平台。

稻米文化中心广场举办的稻香生态市集现场　　稻米文化中心内的文化展示连廊

### 8.1.2 挖掘独特地域元素，营造特色商业氛围

伴随线下商业从实物消费向体验消费转型升级，营造高品质的空间环境、构建融合文化的新场域，逐渐成为丰富居民消费体验、打造多元消费场景的重要手段。通过对建筑形体、空间形态、界面形象、陈设造型、色彩光影等多方面的设计与营造，为消费者提供立体的感官享受和丰富的心理体验，构建愉悦的购物消费场景，商业空间环境成为一种具有符号价值的隐形服务。[1]在此背景下，社区商业也开始重视高品质空间环境的营造。

如徐汇区湖南街道乌中市集，通过拱形玻璃门窗、马赛克瓷砖、清新明亮的配色等设计语言，营造洁净、时尚、活泼的空间氛围，一改人们对传统菜场的"脏乱差"印象，蜕变为兼具艺术感与烟火气的"网绿菜场"。在社区商业中融入文化要素，尤其是独特的地域文化，更是营造特色商业氛围的关键密码。通过严格保护与利用既有的社区文化、景观资源，同时用抽象化、艺术化的手法提炼社区文化基因，融入建筑立面、室内装饰、橱窗布置、街道家具、导视系统、景观小品等设计，可以为居民提供别致的消费体验并增强属地商业的社区归属感。 8D

青浦区徐泾镇蟠龙天地，在更新改造中尽可能沿袭市河两岸的传统民居风貌，保留古镇"十"字街格局与3公里水系，并对7栋传统古宅进行严谨的保护性修复和推测性复原，重现小桥流水、白墙黛瓦的江南古韵。 8E

### 8.1.3 增强街道空间开放性，营造慢行友好环境

社区内的生活性街道，既是日常连接不同目的地的空间线索，也是承载社区商业、邻里交往、休闲漫步等日常活动的重要容器。街道的强连接性与强开放性，是社区商业街道（街区）长期保持人气与活力的重要基础。强连接性，即通过慢行网络尽量多地连接不同类型的功能节点，既包括便利店、菜场、餐厅、理发店等不同类型的商业服务设施，也包括文化、体育、养老等各类社区服务设施，让居民在步行可达的范围内就能满足日常生活的各类需求。强开放性，即尽量多地创造或结合开放空间，优化慢行体验，让街道和街区可以容纳更多的公共活动。

---

1 宋晓东《消费文化影响下的体验型商业空间环境的营造》，《艺术与设计（理论）》2012,2(6)，第77-79页。

通过增加口袋公园与广场、增设公共通道、拓宽人行空间、完善无障碍设计等手段,营造慢行友好的街道(街区)环境,导入更多人流与活动。同时,通过美化橱窗与店招等展示空间,充分利用檐下、廊下、屋面、

## 8D 乌中市集

位于衡山路-复兴路历史文化风貌区内,建筑面积约2000平方米。其前身为乌鲁木齐中路与五原路交叉口、东至常熟路、西至永福路一带的马路菜场。1990年初,上海市委、市政府从改善城市道路交通和城市环境面貌考虑,提出马路菜场、集市入室的要求,1991年《关于加快本市市区马路菜场和集市改造工作的意见》提出花5年时间,建设市内菜场和集贸市场160个。这里的马路菜场被集中到乌鲁木齐中路318号一幢小楼的一、二层。2019年乌中市集迎来全面升级,极具艺术感的设计带来别致的购物体验,备受社区居民喜爱。此外,乌中市集通过融合美食、社群、时尚潮流等不同文化元素吸引了大量年轻人,如美食课堂、手作市集、与知名时尚品牌联名快闪活动等,成为广受周边居民、年轻潮人与网红喜爱的"网绿菜场"。

沿街立面、内景、联名快闪活动ⓒ上海新徐汇菜篮子企业发展有限公司

## 8E 蟠龙天地

上海首个以古镇为对象的城中村改造项目,除保护修缮历史文物外,项目深入梳理与挖掘蟠龙历史文化,作为恢复古韵风貌的依据。如按照旧制修缮、增设、改建跨河石桥,再现"九龙一凤"的历史场景;根据《蟠龙镇志》记载的蟠龙"八景",创造了蟠龙"新十景";通过控制街巷宽度与沿街建筑高度的街墙比(0.46~0.7),延续尺度宜人的街巷空间,再现窄街密路的空间格局等。更新改造后的蟠龙城中村,如今已变身成为融合江南文化与现代商业的开放街区。

蟠龙天地实景ⓒ上海蟠龙天地有限公司

架空底层等灰空间，增加商业外摆、休憩座椅、观景平台等驻留场所，实现室内外的自然联系与过渡，强化商业界面的开放性与互动性，从而打造可驻留、可闲逛、可交往的社区消费新场景。

如徐汇区徐家汇街道乐山社区，巧妙利用沿街围墙局部退让，扩大街道转角空间，综合设置导视、绿化、座椅、照明、雨棚等功能，形成口袋公园和慢跑驿站，让消极的围墙转变成充满活力的交往空间。 8F

黄浦区半淞园路街道西凌家宅路，通过更新商铺立面店招、整治廊下管线、隐蔽空调外机、增设景观花池、植入口袋公园与休憩座椅、平整人行道路等，优化慢行环境，营造"家人闲坐、烟火可亲"的社区商业氛围。巧用骑楼空间特色，美化骑楼外观，利用台阶高差处置入不同高度组合的人性化座椅；利用序列感的廊柱，形成社区人文历史的展示框；沿线口袋花园的景观设施嵌入社区文化符号，将健身器械、座椅、花箱与花园介绍、街区IP标志等要素一体化设计，强化空间的整体性，展现出浓浓的生活气息。 8G

### 8.1.4 培育特色集市品牌，举办缤纷节事活动

基于人们喜爱新奇的大众心理，在街区开展形式多样、内容多元、定期更新的主题活动，作为社区商业持续输出新鲜感、回应居民消费需求迭代的有效手段，为居民提供在家门口集中感受多元文化、享受惠

## 8F  乐山社区

作为紧邻徐家汇中心的一处高密度老小区，由于缺少公共开放空间，道路成为居民最典型的户外交往场所。改造后的围墙为居民提供了更多可停留与交流的空间、为行人提供了庇护场所。同时，前区丰富的景观、照明等设计也增加了街道的层次和魅力。此外，人行道的局部抬高实现了商铺的无障碍设计。对慢行环境、基础设施和营商界面的更新，增强了乐山街区的服务水平，并且带动沿街业态更新，让街区逐渐具备成为徐家汇服务性后街的能力。

利用退后的围墙形成多处口袋花园 ©水石设计

民服务的机会。相较于日常的消费体验,结合不同客群需求,举办各类开放式、限时活动,如美食市集、文创市集、公益市集、文化演出、艺术展览等,往往具备更强的互动体验性、更高的内容丰富度,以及更强大的引流推广能力,有助于吸引更多的社区居民与游客参与互动,是

## 8G 西凌家宅路

西凌家宅路东起西藏南路,西至制造局路,全长300多米,两侧分布1.3万居民的社区,沿街有80多家餐饮、菜场、便利店等生活小店,是一条烟火气十足的小路。道路南侧是建于20世纪80年代的公房小区,底层骑楼改造后保留充满生活气息的菜场、小吃店、熟食店等业态,让烟火气继续在居民区袅袅升起。道路北侧嵌入多处口袋公园,通过"减绿加座"的方式促进人的聚集,激活街道角落活力,为老人和小孩提供活动场地与儿童乐园。

西凌家宅路骑楼

口袋公园植入IP"家"的设计元素

地面、墙面彩饰趣味插画

## 8H 安义夜巷

全长264米的安义路,位于上海旅游休闲文化氛围最为浓厚的街区之一——南京西路商圈。在上海大力发展夜间经济的背景下,2019年安义路由市政道路改为在周末限时开放的步行街——"安义夜巷"。艺术花市、创意市集、汉堡烤肉、啤酒咖啡等商户有条不紊地分布在道路两侧,其间穿插休息区、游戏区以及舞台区,让消费者可以有节奏地"逛、吃、玩、乐",也让老上海重拾昔日逛市场的乐趣。

街景 ©静安嘉里中心

## 8J 广富林文化遗址市集

广富林文化遗址市集，位于展示"上海历史文化之根"广富林遗址公园内，融合时令美景和传统文化是其特色。以每年3月的樱花市集为例，除了提供趣味游戏、美食轻饮等内容，还融合汉服展示体验、皮影戏、手工簪花等非遗文化，配合汉服巡游、民乐演奏、古风歌舞表演、快闪等游园活动，让市民在樱花烂漫的春天与千年遗址浪漫邂逅，沉浸式体验传统文化的魅力。

扩大社区商业知名度与品牌影响力、提升社区商业空间人气的有效途径。尤其是融合文化元素的主题活动，更易与消费者形成较强的情感链接[1]，有助于增强消费黏性以及培育熟识的邻里关系。

2019年4月，上海市九部门联合出台《关于本市推动夜间经济发展的指导意见》，为建设具有"国际范""上海味""时尚潮"的夜生活集聚区定规矩。9月20日，上海市商务委发布首批地标性夜生活集聚区。包括滨江夜间经济活力带与都市夜间经济活力圈两类，前者如黄浦滨江外滩地区、浦东滨江富都—船厂地区；后者如新天地-FOUND158地区、豫园地区、吴江路张园—丰盛里地区、静安寺地区、徐家汇衡山路地区、五角场—大学路地区、吴中路商圈地区。基于此上海开始探索"分时段步行街"，也就是现在所说的"限时步行街"。

如静安区南京西路街道安义夜巷，通过不定期举办时装秀、文创市集、艺术表演、健身休闲等各类限时开放活动，联动上海静安世界咖啡文化节、上海环球美食节等大型活动，为市民游客带来丰富的文旅消费新体验，成为上海超人气市集品牌。 8H

松江区广富林街道广富林文化遗址市集，以广富林文化为背景，开发了一系列融合历史元素与景区建筑特色风貌的活动，有冬季梅花市集、春季樱花市集、夏季夜市等时节性市集，有富林雅集、亲子市集、周末大学生文创市集等应对不同客群的活动。 8J

---

1 冯昱洁《实体零售业态中的文化商业融合创新趋势——基于中国一线城市实证研究》，《现代商业》2023(15)，第19-22页。

宝山区大场镇"数惠大场 幸福一刻"夜市，利用聚丰园路校区、商区、街区、社区合一的地理优势，结合老中青幼四代的需求，围绕亲子快乐时光、科技赋能生活、健康营养饮食、露营放松时刻四大主题举办系列市集活动，点亮社区"夜生活"。 8K

### 8.1.5 促进数字化转型升级，提升消费服务体验

伴随物联网、云计算、大数据、人工智能、5G等数字技术的出现，社区商业迎来数字赋能的发展机遇，融合数字经济与服务经济的数字化转型成为当下主流的发展趋势。社区商业数字化转型的核心，是通过智慧赋能打通社区商业中不同区域、不同业态之间的数据壁垒，形成精

## 8K "数惠大场 幸福一刻"夜市

宝山区"数惠大场 幸福一刻"夜市系列活动主题各异、内容丰富。其中，亲子市集"一起'趣'丰呀"引入民俗文化、游戏闯关、非遗手作等摊位，以及露天电影活动；科技市集"聚梦向未来"携手上海大学与数字科技公司，向居民展示了智能穿戴设备、仿真机器人、机械臂等科技产品；"缘来食这里"用传统非遗美食与智慧农场的有机生鲜打开居民味蕾；"趣露营 乐活聚丰园"举办音乐、动漫舞蹈等精彩演出以及各类社群活动，配合时下流行的"露营风"，为居民带来沉浸式集视听、休闲于一体的家门口露营地。

第 8 章 烟火集市

## 8L 嘉保集贸市场

嘉保集贸市场的硬件设施进行了智慧升级，全覆盖配置了具备精准识别、统计及结算功能的智能秤，既可以将相关交易数据实时同步至数据库，便于市场监管，又可以发布菜价、商户经营信息、食品安全信息等，方便居民安心消费。此外，市场主入口还设置了智能电子大屏，通过秤、屏联网一体化，同步展示当日菜价、促销活动、热销菜统计排名、商铺满意度排名等信息，方便居民选购满意的菜品。

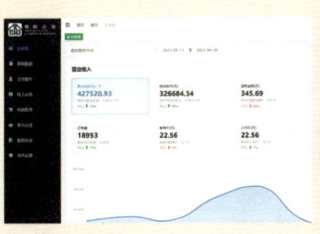
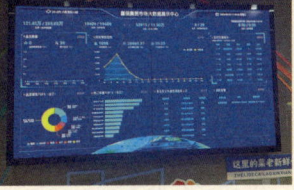

智能展示屏　　　　　　　　　　　　　　智能秤

准高效、智能决策、协同共享、整合集约的服务体系。[1]通过从基础设施"硬件"到治理体系"软件"的全面升级，数字化转型增强社区商业在优化资源配置、精准匹配供需以及拓展发展空间等方面的能力。通过整合、完善并优化要素市场配置，促进社区商业资源共享、高效运行；利用大数据挖掘，为商户提供更加精准的市场供需匹配分析；融合移动互联网拓展辐射空间，为消费者提供"线上下单、线下配送"的及时购物服务，最终实现市场管理提效、商户降本增收、消费体验升级，不断提升居民消费满意度。

如嘉定区菊园新区嘉保集贸市场，引入智慧菜场管理系统，实现客流统计与查询、摊位信息公示与评价、智慧巡查、智慧溯源、线上运营、市场交易分析等功能，既能够高品质精准保障民生需求，又能够科学指导商家经营管理，保障市场有序运维。 8L

1　王春娟,王成荣《数字经济背景下社区商业智慧化转型:理论体系与机制模型》,《商业经济研究》2021(10),5-9页。

## 8.2 优秀案例

### 8.2.1 普陀区真如镇街道高陵集市

高陵集市的前身是传统菜市场，为响应上海市对于数字化菜市场改造计划，于2019年进行全面改造。通过综合集成的服务、海派风格的设计与智慧化的服务，高陵集市将"寻真味、人情味、烟火味、好滋味"集于一体，成为便捷的一站式社区服务中心（图8-2-1）。

**1. 集成多元业态，建设便民惠民邻里**

改造后的高陵集市在保留核心的菜场功能外，还集成了餐饮食堂、党群服务、便民服务等各类服务设施。一楼菜场使用面积近3600平方米，设置铺位130个左右，为居民的菜篮子提供基础支撑和保障。二楼建筑面积近2700平方米，设置党群服务中心、日间照料中心、儿童成长中心、社区食堂、社区百姓大舞台、共享健身房、便民服务站等设施，既关注"一老一小"照料需求，也为广大居民提供文化娱乐、体育健身和休闲交流场所，打造一个空间共享、老幼共融、各取所需、美美与共的社区生活场景（图8-2-2）。

**2. 复刻海派元素，再现旧时市井生活**

高陵集市在设计上融入老上海的城市记忆元素，包括复古的青砖墙白窗套、旧式的店铺招牌、风格各异的石库门门头，以及里弄牌坊等（图8-2-3）。集市引入多家上海老字号品牌的杂货与特色小吃，复现老上海的市井文化，让访客在体验海派风格的建筑空间的同时享受传统美食，开启视觉与味蕾的双重盛宴。

**3. 引入数字系统，打造智慧应用场景**

针对消费者、入驻商户与市场管理者三类服务对象，高陵集市提供消费端小程序、商户端小程序和管理平台三种操作界面，分别聚焦线上购物与社区服务预约、销售数据记录，以及市场运营信息管理。借助先进的管理系统，高陵集市为消费者带来便利的购物体验，也提升了经营者和监管者的效率。

图8-2-1 高陵集市外景

图8-2-2 高陵集市二楼内景

## 8.2.2 杨浦区五角场街道大学路街区

大学路是一条长约700米市政道路,一头连着创智天地园区和江湾体育场,一头连着复旦大学、上海财经大学等知名高校,汇聚了周边的年轻白领、高校学子和小区居民(图8-2-4)。经过十多年的发展,大学路形成"沿街＋垂直"的立体商业模式,并从2023年起焕新开启限时步行街(图8-2-5,图8-2-6)的商业模式,打造既有文艺范,又有烟火气的多元融合消费场景,也激发了社区的创新创业活力。

图8-2-3　高陵集市一楼内景

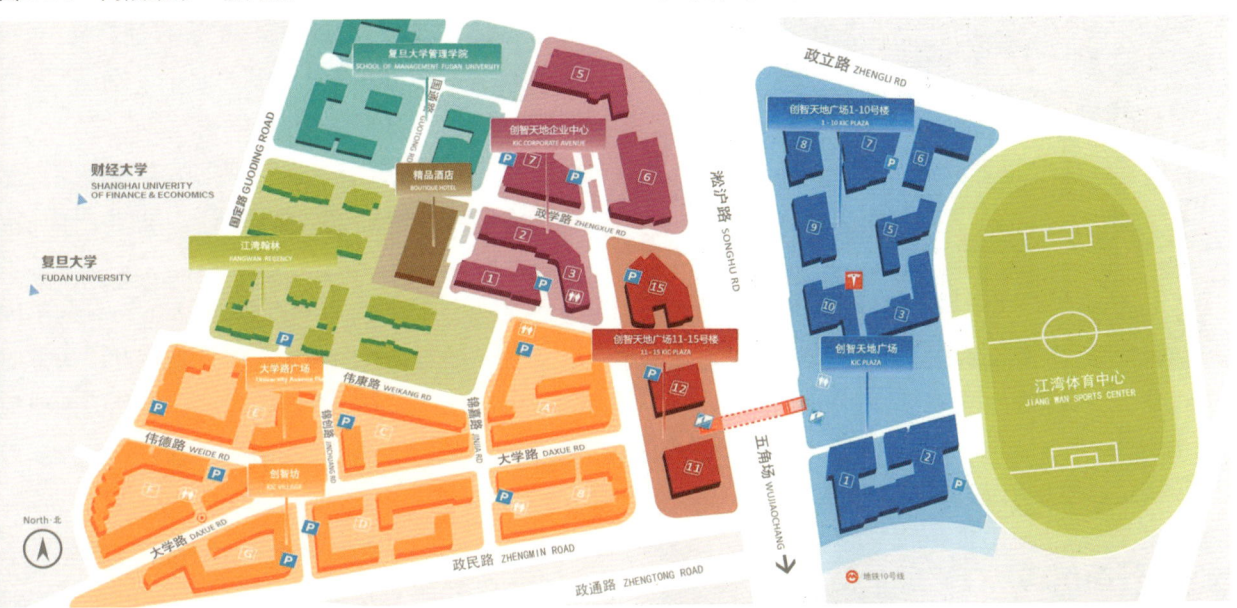

图8-2-4　大学路街区区位示意图

图8-2-5　大学路限时步行街设计方案

图8-2-6　大学路限时步行活动

**1. 混合多元功能，发展立体复合商业形态**

混合的城市功能、宜人的街区尺度和开放的沿街界面，是大学路商业街区长期保持人气的关键。在功能布局上，大学路沿街建筑主要采用下商上SOHO（工作或居住）的垂直混合模式，形成底层完整、连续的商业界面，为社区商业带来稳定的客流；在街道设计上，所处街区采取"小街区、密路网"的开放式设计，8米宽的人行道兼顾交通与餐饮外摆的需求。建筑前的露天餐饮空间、供行人通行的步行区及设施摆放区（行道树池和自行车停放空间）、点缀分布的绿地广场，为行人提供休憩空间，进一步提升街区的步行适宜性。[1]

**2. 开启限时步行，促进"数字+文创"融合发展**

借助五角场地区打造"首批国家级夜间文旅消费集聚区"的契机，大学路开启限时步行街，定期举办舞台表演、市集、互动游戏、艺术空间等不同主题的线下活动，迎合居民、学生、白领的不同消费和体验需求（图8-2-7至图8-2-9）。基于对夜经济、数字经济、直播带货等消费趋势的研究与预判，大学路锚定"数字+文创"的融合发展理念，加强线上推广与流量导入。通过对接在线新经济企业，为入驻商户免费开通企业账号，联动多方打造商圈的"夜间流动直播间"，吸引流量达人、网红UP主前来探店，进一步提升步行街的影响力与吸引力。

图8-2-7　大学路"后备箱"集市

图8-2-8　大学路夜市

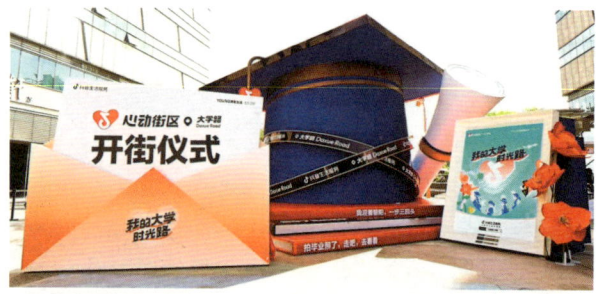

图8-2-9　大学路联动抖音在毕业季举办"心动街区"活动

---

1　汪留成，汪珊珊，黄淑娟《功能混合型社区户外公共空间的设计策略——以上海杨浦区大学路创智SOHO为例》，《规划师》2023,39(10)，第105-112页。

2　自我管理委员会由街道牵头组织，居民区、街区商会、创智天地（大学路运营方）、街道各部门参与进来，通过协商达成一系列公约规范，形成社区治理管理合力。

### 3. 强化资源整合，促进多元主体协同治理

大学路周边环绕大学校区、居住社区与科技园区，兼具商业、办公和居住属性。为能及时回应居民、企业、商户等主体的多元诉求，街道组建专班、现场驻点，充分依托大学路自我管理委员会[2]等平台的作用，采用"政府搭台、企业唱戏、社区支持"的模式，推动相关部门、居民区"三驾马车"（业委会、居委会、物业）、承办企业、商户协调联动，让各方充分交流表达，最终使得步行街的启动、管理和运维方案顺利落地，以精细化的管理措施有效平衡了街区的秩序与活力。

### 8.2.3 徐汇区田林街道田林路街区

田林路街区，作为上海中心城区典型的存量社区，面临建筑密度高、老龄程度高、开放空间与高品质的休闲空间不足的问题。其中，田林路与田林东路沿线集中了各类商铺和多所学校，是承载田林街道居民日常活动的重要生活性道路。为改善社区公共空间品质，田林路街区围绕"以道路作为居民日常户外活动的载体"的设计理念，对田林路与田林东路进行一体化设计与更新，通过焕新街道形象、优化漫游环境、深耕街区文化，为这条平凡的商业街增添了烟火气，为居民们打造了一条温馨的回家路。

#### 1. 整治商业界面，焕新生动灵活的街道形象

从街道视觉秩序出发，田林路街区对建筑立面材质、色彩以及店招的秩序进行因地制宜的调整，在保持建筑风貌的同时，为街道的烟火气刻画出一个个得体大方的立体表情（图8-2-10）。以田林路田林新村段为例，经过几十年的业态更替，参差不齐、层层堆叠的店招框架不仅打破了街道立面的秩序感，也增加人行道的安全隐患。此次更新拆除了累赘的店招外装饰，重新强调檐口元素在街道形象上的重要性，为街道整体形象铺垫完整的基底；通过美化店招设计、创新"插接"式更换方式，满足沿街店铺业态多元且不断更替的宣传需求，让店招的个性化设计与街道的统一基底相得益彰（图8-2-11，图8-2-12）。

#### 2. 优化慢行环境，打造舒适宜人的漫游街区

让街道回归人行空间以及让街道口袋空间承载街区生活，是田林路街区更新的核心目标。通过收集整理居民对街道角落空间的使用情况与建议，分析大数据人流密度作为口袋空间落位的依据，利用多处街区的灰色角落打造一系列户外活动空间，如口袋公园、口袋广场、小区"门亭"、公交站台等，为邻近的居民与商户完善服务功能和交流场所，也为街区带来更多充满活力的公共生活场景。

图8-2-10 体育公寓底商立面改造前后 ©水石设计

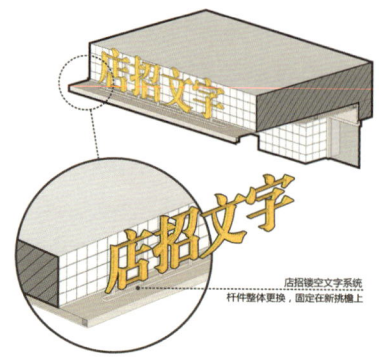

图 8-2-11　田林路田林新村段存在安全隐患的店招与店招"插接"式节点设计,店招作为装饰构件灵活插接在檐口下的插接槽内,最大限度地减小店招更换对建筑基础与形象的影响 ©水石设计

如田林新苑底层商铺门前原本是空间局促的大台阶,加之台阶下的空地停满车辆,导致行人难以接近店铺、业态品质也难以提升。通过拓展商铺前区、增加慢行坡道、布设与台阶结合的座椅、利用保留大树打造口袋公园等措施,有效改善了田林新苑商铺的可达性与经营环境,推动生鲜店、花店、糕点铺等社区业态陆续入驻,也为居民提供了更加便利的购物环境与舒适的交流空间(图 8-2-13 至图 8-2-17)。

**3. 塑造社区符号,构建文化共鸣的邻里氛围**

通过视觉设计与文化植入等柔性手法,激发居民认同感、培育社区凝聚力,使得小区环境可以获得由内而外的持续改观。如加强小区出入口的形象设计,用当代美学的方式强化"田林 logo",既完善了标识导引,又增强了居民归属感;将田林记忆植入沿街的景观设计中,用场景化的方式展示街区历史;将学校兴趣教室外墙和社区艺术教室的外墙改造为社区文化展廊,为学生和居民提供展示与交流的舞台(图 8-2-18 至图 8-2-20)。

图 8-2-12　田林路田林新村段整治后的商铺檐口及立面 ©水石设计

图 8-2-13　田林新苑商铺前的口袋公园改造前后 ©水石设计

第 8 章 烟火集市

图 8-2-14　田林新苑商铺新增坡道与扩大的平台保障轮椅通行 ©水石设计

图 8-2-15　田林新苑商铺台阶上的休憩座椅 ©水石设计

图 8-2-16　田林路桂林路街角的口袋花园 ©水石设计

图 8-2-17　田林路街区广场"呼吸庭院" ©水石设计

图 8-2-18　田林路街区标识系统 ©水石设计

图 8-2-19　田林记忆庭院 ©水石设计

图 8-2-20　社区文化展廊改造前后 ©水石设计

161

### 8.2.4 长宁区华阳路街道武夷路MIX320

武夷路是上海64条"永不拓宽马路"之一，新式里弄、花园洋房、现代建筑在这条百年马路上交织错落，为街区积淀了丰富的历史文化底蕴。在快速城市化的推进中，沿街界面因不断改造、加建、搭建而变得混杂无序，公共空间极其缺乏，街道业态发展滞后。2017年，长宁区启动武夷路城市更新工作，MIX320项目作为重点更新地块之一，通过改造建筑风貌、营造公共空间以及复合功能业态，让老厂房和老洋房重获新生，成为有文化、有温度、有品位的"邻里中心"（图8-2-21）。

**1. 以历史叠合为前提的建筑风貌再生**

更新改造前，多个时期、类型和形制的建筑交错生长，带来历史层叠感和空间丰富度，也是武夷路MIX320项目基地最鲜明的特征。为了延续片区的城市记忆，项目对不同年代和风格的建筑进行甄别与分级，分别采取拆除重建、修缮、再生性改造与既有建筑更新四类保护改造策略（图8-2-22），不仅保留大尺度厂房、小肌理花园洋房以及部分空间体验丰富的后期搭建建筑，还保留南北向通道、植有香樟树的方形庭院等街区格局，让街区整体肌理得以存续。此外，新增建筑在体量、材料和立面色彩等方面与既有建筑相协调，共同塑造特色鲜明、风貌和谐的整体形象。

图8-2-21 武夷路MIX320鸟瞰 ©原作设计工作室、章勇

第 8 章 烟火集市

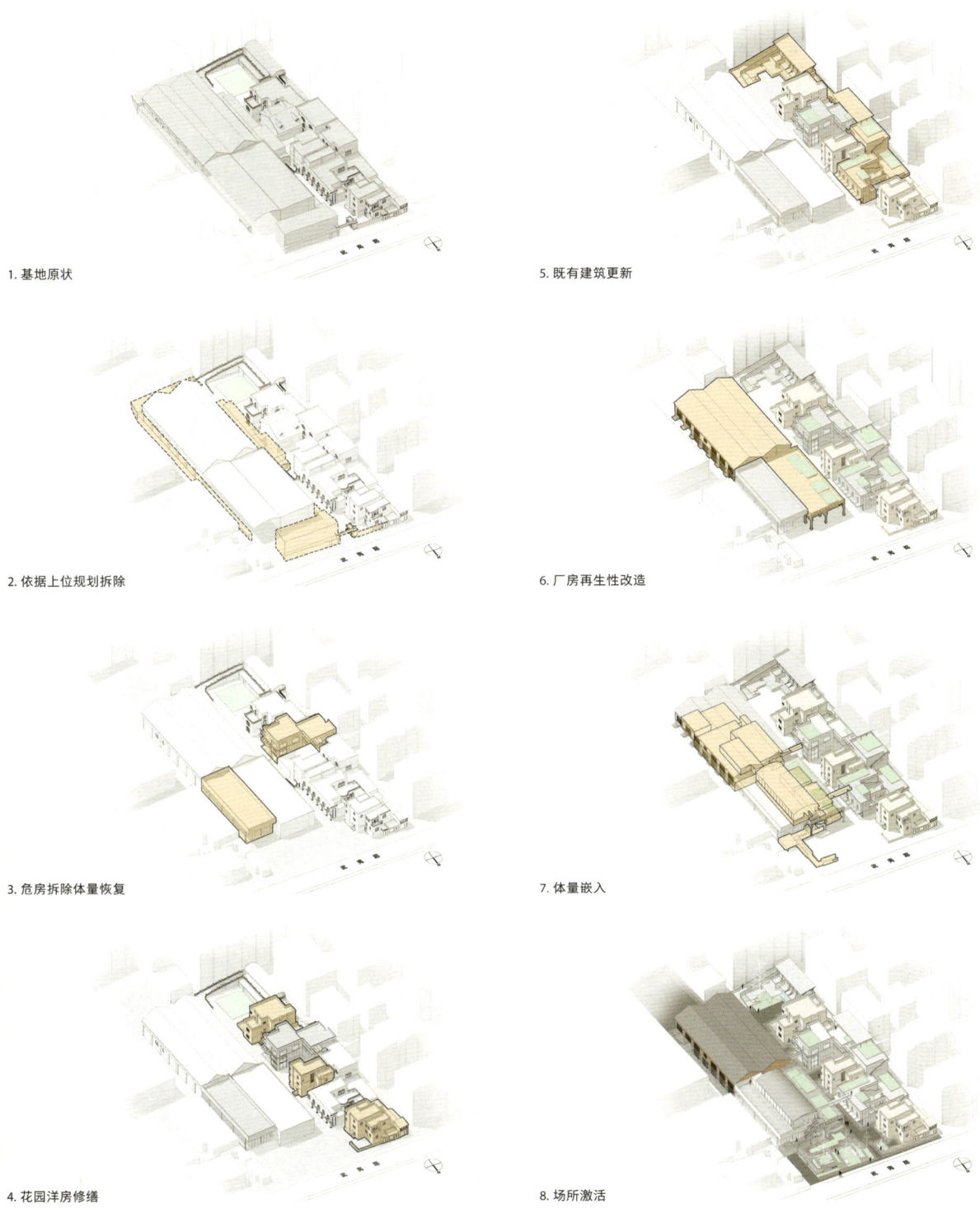

图 8-2-22　武夷路MIX320建筑分级保护改造策略示意图 © 原作设计工作室

## 2. 以社区共享为出发点的公共空间营造

更新改造前，武夷路的交通功能更为突显，社会交往属性因缺乏街道公共空间而孱弱。项目采用慢行成网、节点塑造以及立体串联的设计手法，成功激活街道生机：以三条南北向公共动线为主轴、数条东西向联络道连接而成鱼骨状慢行网络，极大优化了片区的慢行体验（图8-2-23）；其间的路径交汇处包裹进室外广场、庭院与灰空间，成为居民驻足停留、交往互动的节点空间（图8-2-24）；屋面经清理与整合，释放出大量开放露台，并通过水平连廊与竖向楼梯连接成一条高低起伏的空中漫游路径，为居民提供感知社区风貌的不同视角（图8-2-25）。

## 3. 以多元共荣为目标的复合功能引导

更新改造前，由上海第一泵厂老厂房改建而成的农贸市场是基地内的主要商业空间。作为武夷路唯一的菜场，它承载了社区居民深刻的日常记忆。武夷路MIX320从设计之初就十分重视社区功能的回归及其品质保障，因此对菜场功能与空间环境都进行了优化提升（图8-2-26）。改造后的菜场在基础硬件和视觉风格上都焕然一新，还增设了裁缝铺、锁匠店等便民服务设施，并且菜场的大多老商户留下来，继续维系原有社区的关系。此外，为匹配周边社区居民和风貌街区游客的多元化需求，武夷路MIX320植入文创、餐饮及创新型业态，进一步提升社区商业能级（图8-2-27）。市井烟火与时尚潮流的碰撞，不仅留住了社区的老客户，也吸引了大量新的外来客群前来体验参观，使武夷路MIX320迅速成为必到的"打卡点"，成功带动片区服务消费与就业岗位的增长。

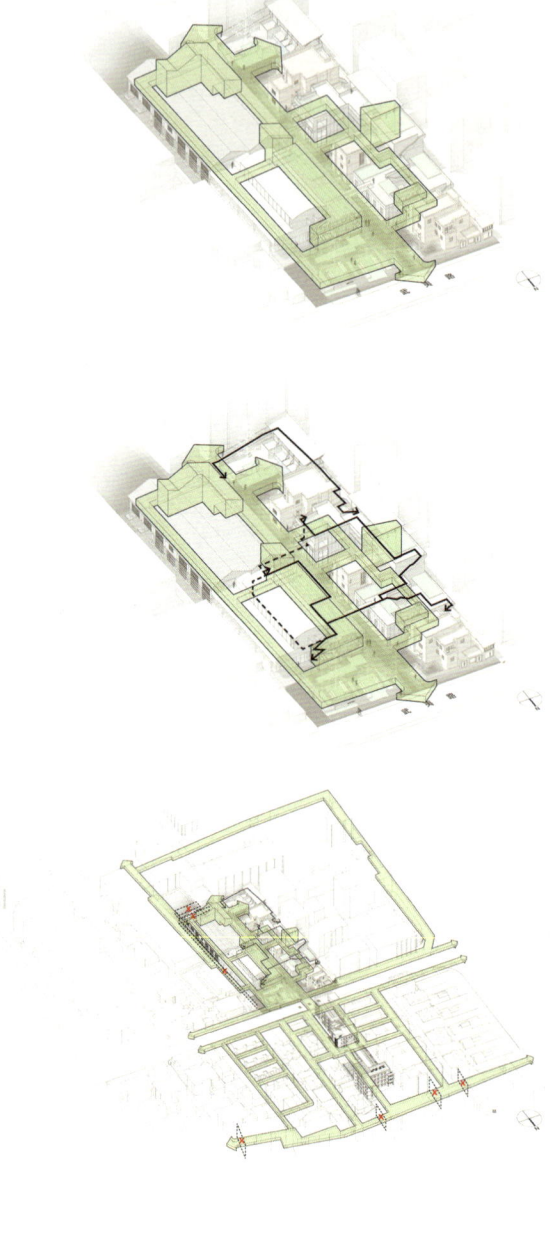

图8-2-23 武夷路MIX320公共空间营造策略示意图
© 原作设计工作室

第 8 章 烟火集市

图 8-2-24　厂房内灰空间 ⓒ 原作设计工作室、章勇

图 8-2-25　屋顶露台 ⓒ 原作设计工作室、章勇

图 8-2-26　菜场 ⓒ 原作设计工作室、章勇

图 8-2-27　庭院与公共通道的商业外摆 ⓒ 原作设计工作室、章勇

# 第 9 章　艺术角落

　　艺术角落，主要指在社区中富有特色的公共空间场所，植入雕塑作品、互动装置、墙绘浮雕等艺术作品，烘托生活氛围、提升美学素养、精修艺术气质、展现独特品位、点亮生活场景。目前的社区公共空间节点，缺少地域文化特色，千篇一律；通过艺术介入提升社区品质的做法尚未得到推广；在艺术设计方面，所用手法与作品形式较为单一，缺乏整体性的艺术策划和视觉设计；在人文氛围方面，艺术作品的主题与社区文化联系不够紧密，作品创作缺少社区居民的互动参与和情感共鸣。

图 9-0-1　"为爱上色"行动墙绘作品《同舟共济》©立邦"为爱上色"公益计划

## 9.1 设计策略

### 9.1.1 发现空间,植入艺术

社区艺术作为公共艺术的一部分,其概念和内涵随着时代的发展而扩展,逐步从街区公共空间进入社区日常生活空间。公共艺术以其公共性、参与性、互动性等特点,成为一种形式多元、柔性介入,且易于实施的社区提质手段。在不打扰公众生活的前提下,将公共艺术作品植入社区居民日常所及的各类场所,形成共生状态,潜移默化地释放美感和善意。这种共生依赖于选取适合的空间场所,沟通协调周边居民的意见,斟酌恰当的表达形式,以及展现与社区文化相关、维系社区情感连接的内容。融入社区的艺术根植于社区文化,既微小质朴、润物无声,又能让人在社区中不经意发现亮色、心有感动。

**1. 线形空间系统性布置主题化作品**

在构成社区公共空间骨架的线形空间中,如连贯的滨水空间,烟火气浓郁的生活性街道等,选取重要空间节点,以契合场地为原则,用独树一帜的艺术思维进行主题化的系列作品布局,恰如其分地植入具有艺术主题、视觉突出的艺术作品。

如杨浦区四平路街道的"四平空间创生行动",选取苏家屯路、阜新路、抚顺路等生活性道路,利用沿线建筑后退面积较大的空间,如社区睦邻中心、社区文化活动中心的前广场等关键节点,嵌入墙绘、互动装置、趣味儿童设施等,展现社区全龄友好的交往氛围。 `9A`

**2. 优质空间艺术加持、塑造特色**

在原本环境品质优越的空间,如大型生态绿地、公园绿地、口袋花园、开放广场、滨水空间等关键区域,选取一些重要区域,如开放空间视线焦点、室内外空间衔接点、人流集散热点等关键节点,植入具有标志性、引领性的艺术作品,塑造社区的场所文化精神,彰显社区独特魅力。如黄浦区苏州河畔的"万家灯盏"是两款位于滨水空间的社区艺术灯装置,其中《生态之光》通过3D打印的咖啡渣拓片,印上象征可持续的化学符号,通过抽象叠加的艺术处理,照亮可持续的未来;《传承》位于半淞公园滨江驿站,以非遗技艺——海派绒线的编结方式含苞待放的白玉兰灯盏,展现一江一河的水波纹风貌。 `9B`

金山区廊下镇廊下郊野公园的艺术作品《下腰女孩》,以金色稻田

## 9A  四平空间创生行动

四平路街道主要以20世纪50年代至80年代的工人新村为主，路网密集，步行环境友好，配套设施完善，生活氛围浓郁。在杨浦区"三区联动、三城融合"[1]发展理念的指引下，四平路街道与辖区内的同济大学开展紧密合作，共同举办了5届空间创生行动。学校专家以社区规划师和设计师的身份，深度参与抚顺路、阜新路、赤峰路等美丽街区的改造以及四平路1028弄、鞍山三村中心花园等微更新项目，使社区公共空间有了更多艺术化的表达，也让四平社区成为"老而美、小而美"社区的典型代表。

NICE 2035街道艺术展

街区墙绘

街道上放置的互动装置
©上海听介科技有限公司

街道上放置的趣味儿童设施

## 9B  万家灯盏

2023上海城市空间艺术季的两款公共艺术装置，呼吁利用废旧物品做物质转换，倡导可持续与能量传递理念，点亮大众对可持续生活的关注。位于苏州河畔的《生态之光》，其灯柱由建筑回收金属材料焊接而成，灯罩由3D打印咖啡渣拓片构成，表面肌理叠加象征可持续的化学符号——$CO_2$、$O_2$、$H_2O$，照亮循环相生的可持续未来。位于半淞公园滨江驿站处的《传承》，以回收钢材为材料，以海派绒线编结的图案，制成一朵含苞待放的白玉兰，融入"一江一河"的水波纹和外白渡桥的结构形体，象征着文化和生态的可持续发展。

《生态之光》与《传承》©周洪涛

## 9C  下腰女孩

位于廊下郊野公园，2023上海城市空间艺术季"共栖"的展品之一。小女孩躺在金黄的稻田里，张开双臂恣意享受风与光照，伸展的姿态投射出无限向上生长的生命力，寓意"不知疲倦的丰收季节"，传达出与万物共栖、共生的理念。

## 9D 一平米计划

"一平米行动"诞生于2021上海城市空间艺术季的"人人街区计划",从"每个人都可以通过改变身边的一平米,从而让社区更美好"的立意出发,围绕社区居民发现的身边议题,居民与青年设计师、艺术家通过工作坊的方式共学共创,最终将富有创意和人文关怀的好点子以公共艺术的形式落地社区。这种"人人可创作""人人可参与"的微公共艺术形式,通过讨论社区、街区的公共价值,并以艺术为媒介,建构或重塑了街区生活中人与人、人与其所居住环境的关系。

家长和孩子们在新华路345弄公共通道尽端共同搭建儿童游戏场

社区公共通道嵌入社区盒子 ⓒ大鱼营造

为基底,结合在地文化,植入大型艺术雕塑,透过小女孩打开双臂拥抱自然的形象,向当地居民和城市游客传递乡村鲜活的生命力。 9C

### 3. 角角落落渗透艺术、融入生活

社区公共艺术也可以深入到社区生活的角角落落,另辟蹊径选取寻常不为人注意的空间,像社区的细胞一样,与每一位可能经过的陌生人悄然相会。如长宁区新华路街道发起的"一平米计划",希望社区中人人都可以为附近带来美好的改变。活动倡导所有行动的发起必须基于在地社区成员对社区议题的主动发现,以小型化、轻介入的方式在"友好性、可持续性、创新性"等宗旨下,与专业支持人士组队共创,推动落地。提案行动包括亲子共建自由游戏场、玩具交换屋、残疾人友好的无障碍地图、为社区商业造点烟火气的橱窗展示活动、跨代际沟通的长者脱口秀表演,等等。 9D

---

1 三区指大学校区、科技园区、公共社区;三城指学城、产城、创城。

**4. 衰败空间艺术焕彩、激发活力**

在桥下空间、背街小巷、邻避设施等冷寂、消极的空间或环境较为平淡的场所，要整体考虑空间设计的艺术性，一体化设计便民服务设施、城市家具、地面铺装、绿化植被、照明、标识等要素，综合提升空间品质，激发场所活力。如杨浦区控江路街道"蘑幻森林"桥下空间，通过对桥体结构、桥下空间和街角绿地的整体设计，植入与主题呼应的城市家具、游戏场地、体育设施，让消极的桥下空间成为可驻足、可休憩、可交往的公共空间。 9E

徐汇区漕河泾街道康健路周边小区密集、生活氛围浓郁，但道路沿线有众多"边角料"空间未能充分利用。设计从老幼居民交往、活动休憩等习惯出发，通过打开街角、增容休憩空间、丰富绿植、美化街角、安全标识、规范停车等手段，量身打造融合本地特色街角花园、充满活力的公共生活场景。 9F

杨浦区四平路街道彰武路彩虹公园，改造前是封闭的街角绿地，秉持"老龄友好，儿童友好；微改造、精提升；多方参与，共同缔造"的理念，打开边界，结合日照分析，重新布局绿化与活动场地，设置彩虹主题的弧形座椅、塑胶铺地等艺术化设施，成为一处可供老人休憩、儿童玩耍的安全场所，邻里街坊的人气打卡地。 9G

## 9E　蘑幻森林桥下空间

位于杨浦区中山北二路四平路至政本路段，北侧紧邻走马塘，总长约700米，总面积约1.2公顷。这里原本是内环高架桥下的一片密闭防护林，由于功能单一、采光不足，又缺乏管理，长期以来都是被人们忽略的消极空间。改造以"生态共融、水岸联动、活力共建、文化共创"为目标，打造"魔力森林""魅力闲庭""活力乐园"三个主题段，以绿化、彩绘美化城市高架，并引入丰富的活动、游戏功能和健身设施，让人们在忙碌的都市生活中，拥有一片可以驻足停留、休闲交往、轻松游憩的森林秘境。

## 9F 康健路街心花园

康健路紧邻蒲汇塘、漕河泾港,沿路分布密集的住宅小区和便民底层商业,是自然条件优越的典型生活性街道。但是,道路人行空间中有不少开放区域未能合理有效的使用,空间绿化品质有待提升。康健路以"睦邻街角、惬意时光"为主题,启动对沿线"边角料"空间的微更新,因地制宜地为每一个"街道角落"量身定制街角花园,提供"小、多、匀""精、优、美"的街角绿地和广场,让更多的消极空间变成居民可以频繁使用的共享空间。

## 9G 彰武路彩虹公园

位于两条社区交通要道(彰武路、鞍山支路)的交叉口街角,连接地铁站、主要社区与菜市场,是居民日常采购、出行的必经之地。这里原是一处封闭的景观绿地,缺少停留、休憩的空间与设施,居民对于增加座椅的呼声较高。在综合考虑场地区位、绿化、交通、光照、安全、管理等多重因素后,最终决定打开封闭绿地,将街角拓宽为一处30平方米的微型广场,嵌入具有雕塑感的、一体成形的景观座椅,曲线的蜿蜒围合出灵动活泼的交往空间,成为广受居民喜爱的社区角落。

公园实景©上海同济城市规划设计研究院有限公司冯高尚

景观座椅©上海同济城市规划设计研究院有限公司李林

### 9.1.2 丰富艺术表现手法

基于社区文化和空间视觉的总体要求，根植于社区空间、在地文化、生活方式、历史元素等，因地制宜地运用多元艺术手法进行作品创作。

装饰类艺术，如墙绘地绘、雕塑小品等，可承载美化空间、信息传播、主题表达等功能，增强社区空间的独特性、识别性。静安区临汾路街道利用一组加装电梯的住宅楼组，创作大型墙绘画作品《美好临汾》，一条丝带连接起两个家庭，一座桥梁连接社区工作和家庭生活，展现美好的生活场景。加装电梯上装饰以老物件为题材的插画作品《年代置物架》，展现老物件与新生活的碰撞，再现社区居民的年代记忆。装置艺术可通过声、光、电、影等技术，吸引与引导公众，拉近与居民的关系。如临汾路街道在安业路、临汾路、阳曲路沿线，以雕塑、插画、摄影、艺术装置等多种形式的艺术作品生动展示社区生活圈建设的成果，作品的互动性大大提高了居民的参与度。 9H

城市家具的艺术化，在提供功能性服务是同时，也用创意灵感激发空间活力，提升艺术氛围。如黄浦区半淞园街道西凌家宅路，街道空间更新以"家"为主题，发挥骑楼建筑和口袋花园的场所特点，嵌入一体化设计的城市家具——两排"握手椅"，为居民、店主提供闲聊的小憩之地。一边感受骑楼内的热闹商业氛围，一边观望熙熙攘攘的马路与精致怡人的口袋花园，成为社区居民的"生活观察"空间，也成为过往行人眼中新的骑楼烟火，营造出一条兼具艺术感与烟火气的社区魅力街道。参见 8G

### 9.1.3 搭建艺术互动平台

以公共艺术活动为媒介搭建互动平台，如手绘、影像、艺术教育、表演等营造活动，居民不仅参与公共艺术创作，更是艺术表达的主体，从而使艺术成果更具社区认同感，培育社区在地共建力量。通过整合社区的存量空间资源，推进艺术文化业态相关的共享空间，成为社区居民自由、开放、包容的社交平台；通过社区绿地构建在地同好的社群，促进邻里交流；通过参与展览、演出、观影、集市等文化活动，新老居民可更为深入的产生情感链接和归属感。

在浦东新区陆家嘴街道"为爱上色"行动的支持下，紧邻陆家嘴商务区的东昌新村近年来在小区外墙先后落地两幅大型墙绘作品。创作形式也由艺术家独立绘制发展为居民、志愿者共同参与绘制,不仅创造了独特的人文艺术风景,也提升了居民的艺术素养,培养了居民参与社区规划和治理的意识。 9J

静安区曹家渡街道曹家渡市民园艺中心,以打造市民家门口的园艺与艺术生活场景式空间为理念,提供公益宣传、园艺课堂、养花咨询、绿植零售、周末市集、艺术展览等服务,让公众从打造窗台、阳台开始,参与社区共建。 9K

## 9H 临汾社区

临汾路街道作为2021年上海城市城市空间艺术季的样板社区之一,以"此一刻,美好临汾"为主题,通过艺术家驻地创作、社区居民共创等方式,在社区公共空间布置17组公共艺术作品,将艺术融入生活空间,让居民在家门口就能与艺术相遇。其间,社区为公众带来"社区美术馆影像创作计划""放松玩艺术——社区美育参与项目""美好临汾地书大赛""美育系列讲座"等系列活动,进一步活跃艺术氛围、促进社区交往。

大型墙绘作品《美丽楼组》与电梯插画作品《年代置物架》©上海市公共艺术协同创新中心张承龙

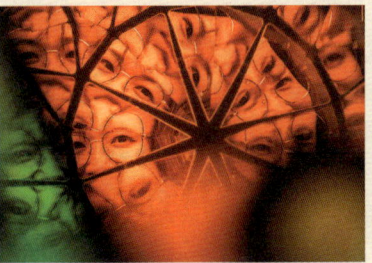

光影互动作品《一动一临汾》与公共艺术作品《风的颜色》©上海市公共艺术协同创新中心

## 9J  "为爱上色"行动

由艺术家独立绘制的东昌新村墙绘作品《晨日摘花》
©吴清山

由陆家嘴社区公益基金会与立邦共同发起的一项公共艺术活动。项目结合浦东新区缤纷社区计划要求,在陆家嘴区域选择点位,邀请艺术家以"儿童关怀及动物保护"为主题开展墙绘创作,以期唤醒城市对儿童与自然的人文关怀,并借助"参与式"墙绘创作,引导居民积极参与社区规划与治理。在东昌新村百米墙绘《糖果花》(candy flower)的实施过程中,居民区党总支牵头开展需求调研,通过征询会收集居民意见,选取达成共识的审美"最大公约数",最后由艺术家团队、社区居民小朋友以及企业志愿者共同完成绘制,社区老旧空间由此焕发出新的生机活力。

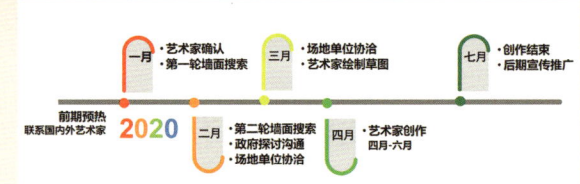

东昌新村"参与式"墙绘《糖果花》工作流程

东昌新村"参与式"墙绘《糖果花》共创成员合影

## 9K  曹家渡市民园艺中心

曹家渡市民园艺中心位于静安区余姚路801号,总建筑面积约120平方米,为居民提供园艺主题相关的多元服务。包括:不定期在各个街道及居委会开展园艺相关课程;提供免费的植物问诊、植物寄养等服务,为没有经验或出远门的居民排忧解难;开展"以旧换绿集市活动",以旧书、旧玩具等闲置物品兑换生态绿植,从而鼓励居民清理闲置物品和楼道堆物;举办小型音乐会、露天电影、电影放映等文化艺术活动,丰富居民的闲暇时光。开业以来,曹家渡市民园艺中心吸引了许多常客,成为居民们长期落脚与聚会聊天的好去处。

## 9.2 优秀案例

### 9.2.1 普陀区曹杨新村公共艺术介入

普陀区曹杨新村既是劳动模范、先进工作者的温馨新家,又是引领居住区规划、居住建筑设计的先进案例,充分体现了"邻里单位"规划理论的要点,对我国居住区建设产生了深远影响,也是"十五分钟生活圈"建设理论的雏形。作为"2021上海城市空间艺术季"艺术板块的重点样本社区,通过对新村的数次调研,挖掘社区故事,结合曹杨环浜沿线、桂巷坊、曹杨一村核心区及百禧公园等空间注入数组艺术作品,让艺术作品融入社区环境,提升公共空间品质,连接社区情感。

**1. 艺术点亮蓝色珠链,演绎跨越时代的幸福**

曹杨环浜是曹杨新村的重要地景,它像一条蓝色珠链,串联各个小区,兼具生态功能与景观、休闲功能。"点亮环浜"公共艺术项目以社区中的实地场域或社区故事为创作动机,与曹杨人的生活有极高的契合度,也让社区变得更加有温度。作品《莲说》落位于环浜沿线的曹杨公园茶室东侧绿地,以现代工业技术和材料复制的巨大莲蓬结合,饱含对曹杨人幸福生活的祝福(图9-2-1)。作品《舞动生活》位于曹杨公园茶室二楼平台,取材于市民在公园舞蹈的日常生活场景,雕塑形象与公园中真实的舞蹈人群交相呼应,传递出对美好生活的歌颂(图9-2-2)。作品《廊下母子》位于枫桥路、梅岭北路路口的花架下,以写实的手法表现恬静美好的生活场景(图9-2-3)。还有作品《红桥故事》源自摄于

图9-2-1 曾成钢《莲说》©上海城市空间艺术季、是然建筑摄影
图9-2-2 闫坤《舞动生活》©上海城市空间艺术季、是然建筑摄影
图9-2-3 高珊《廊下母子》©上海城市空间艺术季、是然建筑摄影

20世纪50年代的历史照片,在同一地点以雕塑方式复制,富有年代感的人物和服装道具与周围场景形成既熟悉又陌生的感受,追溯曹杨的故事,也传递曹杨人对美好生活的憧憬;作品《跷跷板》位于兰溪青年公园,以最为常见的童年游戏工具让市民在游戏中感受惊喜和互动体验。

**2. 艺术表现另辟蹊径,增添别开生面的趣味**

作品《管道小品Ⅰ》位于枫桥南侧的市政管线上,以一组在管道上"溜达"的小动物为灵感,赋予冷冰冰的工业管道以俏皮的温情(图9-2-4)。作品《管道小品Ⅱ》选择一棵横跨环浜的树干,以生动、俏皮的手法塑造微缩版的儿童与小动物共同玩耍的场景,充满儿时记忆。作品《戏影Ⅰ》位于曹杨公园花溪路步行桥下方,以灯光编程方式复制动态的儿童涂鸦作品,为公园入口增添童趣和活力(图9-2-5)。作品《戏影Ⅱ》展出于红桥下方,以程控灯光的形式表现彩色肥皂泡吹出的重叠景象,以充满童趣的视角和方式表达对多彩生活的感受和情感(图9-2-6)。可供观众参与的光反射装置《浮光戏莺》位于桂巷坊兰溪路入口广场,作品在白天反射日光、夜晚反射LED,"光"一闪而过,由光敏发声器模拟鸟鸣,与树上真实的鸟语相映成趣(图9-2-7)。位于曹杨一村小区围墙的新媒体艺术展"曹杨的微笑",是一次参与式影像艺术实践,征集了15个不同年龄段、不同性别、不同社会角色生活或工作在曹杨的人,通过影像记录社区中的人们,围绕他们各自的故事展开一段述说,展现他们"生活在曹杨""幸福在曹杨"的精神面貌。

图9-2-4　上海美院集体创作《管道小品Ⅰ》©上海城市空间艺术季、是然建筑摄影
图9-2-5　肖敏、肖然《戏影Ⅰ》©上海城市空间艺术季、是然建筑摄影
图9-2-6　上海美院集体创作《戏影Ⅱ》©上海城市空间艺术季、是然建筑摄影
图9-2-7　郑靖《浮光戏莺》©上海城市空间艺术季

**3. 菜场美术馆,透过曹杨故事体验人间百味**

桂巷坊作为曹杨社区居民集中的生活场域,展示风土人情,蕴藏人间百味。"菜场美术馆"通过艺术家的空间艺术介入、在地创作与展示以及开展属地性的美育活动等,叙述曹杨故事、丰富居民文化生活,赋予空间新的文化含义,让艺术融入生活。菜场内举办展览"影画曹杨:陆元敏李树德作品展""城市考古:非典型看曹杨"(图9-2-8)。前者用摄影和速写记录曹杨社区街头一个个无名瞬间,连接曹杨的过去和现在、个人和集体的共同生命经验;后者通过实地探访、采集梳理富有曹杨特色的建筑装饰纹理,以视频、动画、地图等多样化的图文手段,让观众了解这一地区的历史和社会生活。在菜场室外的桂巷坊中布置三组空间介入作品,用雕塑、视觉系统设计和空间绘画呈现社区特点。展期中开展四场工作坊,在日常消费活动连接人与人的社区空间,叠加文化艺术层面的内容,通过创造与运用各种表征和符号,加深和扩展人与人的联系,深化彼此之间以及对于社区的认同。

**4. 百禧公园,动态视角品味曹杨生活**

基于全新打造的上海首座"高线公园"——百禧公园,巧妙利用多层级、复合型的步行系统以及半地下空间,布置社区艺术展览,让公园两边的社区居民在家门口就能观展。展览展出插画、装置与影像作品,反映艺术家们眼中的曹杨。插画作品以记录生活日常为主题,选取曹杨新村的四个标志性地点(曹杨公园、曹杨影城、曹杨二中和兰溪青年公园),在绘画作品的基础上叠加生动的立体装置,以温馨的色彩与梦幻般的感觉,营造沉浸式疗愈性景观。影像作品《曹杨人的一天》围绕曹杨地区居民生活的场景,把插画的创作过程、创作感受、居民互动的元素融合在一起,动态呈现曹杨人的社区生活(图9-2-9)。在百禧公园南展场的一面墙上,是《今日曹杨——百禧公园墙绘》,以曹杨新村代表性建筑为创作元素,如少年城、新曹杨影院、红桥、长城大厦、曹杨社区文化中心、曹杨环浜、普陀区中心医院、曹杨新村大门、村史馆等,展现曹杨人的美好生活画卷(图9-2-10)。

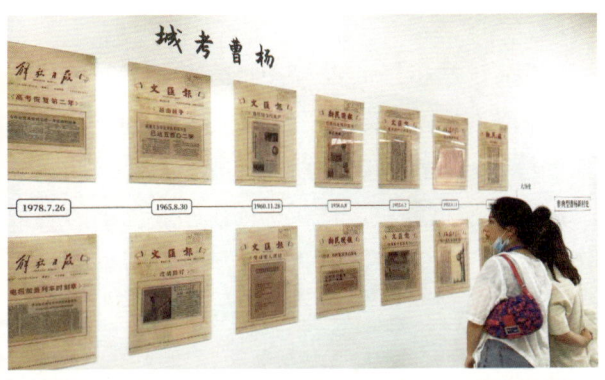

图 9-2-8　桂巷菜场美术馆展览现场 ⓒ 上海城市空间艺术季
图 9-2-9　"曹杨人的一天"艺术社区展现场 ⓒ 上海城市空间艺术季、是然建筑摄影
图 9-2-10　《今日曹杨——百禧公园墙绘》现场 ⓒ 上海城市空间艺术季、是然建筑摄影

## 9.2.2 长宁区新华路街道"细胞计划"

长宁区新华路街道作为2021上海城市空间艺术季重点样本社区,开展由数十位艺术家参与公共艺术创作的"细胞计划",着力将艺术置于街道广场、公共绿地、沿街商铺、社区文化中心、市民活动中心等市民日常所及的各个角落。"细胞计划"不仅是对最终艺术作品的呈现,也是对艺术创作过程的记录,让市民参与共创的故事成为新的社区共同记忆。这些作品正像细胞那样,一点点地融入到这片社区、这座城市。

**1. 生活间隙计划,以不打扰公众的方式安置作品**

在社区相对开放的空间——上生·新所,选择关键节点、特定场域,"见缝插针"地植入互相关联的9组艺术作品(图9-2-11至图9-2-14)。

**2. 在地创作计划,让艺术介入生活的方方面面**

以"艺术相伴生活"为理念,由5组在地创作小组,深入社区生活,感受当地氛围,创作符合实地环境和气质的作品和项目,并在整个展期中分批呈现、慢慢释放。在新华社区序厅门前的装置作品《跷跷板》(图9-2-15),一座看似普通的跷

---

1 "第三空间"是由爱德华·索亚(Edward W. Sawyer)最早提出的概念。"第一空间"是将空间作为物质化的"实践性空间";"第二空间"是将空间视为精神意义上的"构想性空间";"第三空间"则兼具真实性与想象性,不仅是地理意义上的实体,也是思想的容器。此后的学者据此将城市空间进一步划分为三个具有不同空间感受的场所:作为第一空间的居住场所、作为第二空间的工作场所和作为第三空间的公共场所。"第三空间"概念自此得到更广泛的运用。

图9-2-11 苏畅《社石》©上海城市空间艺术季、是然建筑摄影

图9-2-12 蔡磊《剩下的黄色》©上海城市空间艺术季、是然建筑摄影
图9-2-13 (法国)瓦莱丽·古塔德《行走》
图9-2-14 林书传与卖力工坊、24小时美术馆合作《24小时独处计划上海》©上海城市空间艺术季、是然建筑摄影

跷板，当中设置一片"磨砂"玻璃挡板，当跷跷板的一头被高高翘起时，触发电子机关，"磨砂"变得透明。通过媒介和材质的变化，艺术作品带来多维度的交流体验，同时也给游戏赋予更多的社会立意——人与人之间应当更多地沟通与交往。位于香花桥路、新华路转角的墙绘作品《日常风景》，以黑白漫画的创作风格，勾勒出社区里喂猫、维修、小憩等生活瞬间，让随时经过的人发现这些生活中往往被忽略掉的日常时刻。新华路沿线放置一些可互动参与的作品，如黄包车改造的《寻找新华路》（图9-2-16）、可休息的小亭子《在时间里相遇》，让人在短暂停留的时间里参与故事收集和创作、感受时光荏苒、回味生活趣事。

### 3. 沟通与磨合，释放"第三空间"更多可能性

公共艺术是协商互动、共同创作的艺术，在社区空间中放置作品，既要寻找契合场域的创作形式和艺术家，也要与场地周边的居民、其他管理部门进行沟通与讨论。从项目初期到落地之后，"细胞计划"的选址与作品形式一直处于调整和变动之中，最后经过不断磨合逐渐达成共识。这一过程不仅释放了更多的"第三空间"[1]，为人们在居家、工作之余提供公共的活动交往场所，同时也促成人与人之间的连接、让更多人产生交集，从而形成良好的沟通关系。艺术家庞海龙发起的大型艺术项目《宅生记》（图9-2-17），通过与番禺路、新华路沿街的多家商铺沟通，尝试创作与日常

图9-2-15　沈烈毅《跷跷板》©上海城市空间艺术季、是然建筑摄影

图9-2-16　《寻找新华路》©上海城市空间艺术季、是然建筑摄影

图9-2-17　庞海龙《宅生记》©上海城市空间艺术季

生活相结合的艺术作品嵌入店中，面包店橱窗里放一个面包雕塑、裁缝店里挂一件艺术家设计的衣服……让人们路过时会不经意地解锁一场艺术探访之旅。位于又一村小区的"一米集市"岗亭里，艺术共创项目《要精神，不要乌苏！》以发型设计为切入点，聚焦不同造型背后的时代理念，激发不同群体的对话和交流。在青年志愿者的介绍与引导下，"一米集市"成为多彩社区生活的窗口、代际沟通交流的媒介，迎来许多访客的驻足与绘画，在"安放"居民的个性与创意的同时，见证了更有温度的人际交往。位于红庄居委会的艺术共创项目《情绪记录馆》，通过驻地拍摄和人们进行深刻互动，记录时代与群体之间的情绪链接，组成一组抚慰上海公众情绪的肖像作品（图9-2-18）。

### 9.2.3 松江区叶榭镇井凌桥村

上海市松江区叶榭镇井凌桥村，位于黄浦江中上游、松江浦南地区（图9-2-19）。以2023上海城市空间艺术季为契机，以公共艺术为载体展现丰富的乡村风貌及民俗文化，作品选取井凌桥村的特色花卉产业及水稻产业作为创作的主题，结合井凌桥村优美的自然环境，物景结合为美丽乡村带来更多的乡愁和生机。

**1. 巧选点位与生活方式、空间特点相适应**

2020年，井凌桥村启动美丽村庄试点建设，在水田相依的聚落肌理上，村庄容貌逐步发生变化，自然田园与河网交织，广阔绿林与金色作物媲美。试点建设沿村内最主要的水系，分布村口中心绿地、光大绿地、餐厅，以及"方糖小学"改造成的文旅服务中心，新建桥梁、亲水平台、滨河步道等设施。艺术作品布点选址充分考虑与村民的生活方式相关，以井凌桥的公共绿地为中心展开，将村口、河岸作为实体装置布置的重点（图9-2-20，图9-2-21）。

**2. 以"物""展""演"多元形式传递乡村生态之美**

"物"以空间装置介入井凌桥村的田野中，以新颖的形态和大胆的色彩激活公共空间的活力，丰富村民茶余饭后的休闲生活；"展"以版画、数字艺术等多样化的艺术表现形式呈现丰富的乡

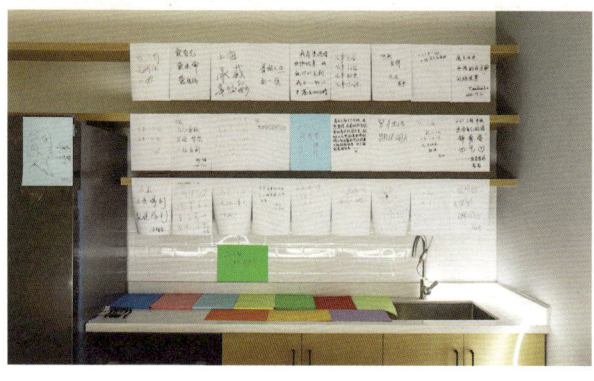

图9-2-18 《情绪记录馆》©上海城市空间艺术季、是然建筑摄影

村风貌与民俗文化，以"外来者"的身份表达对于井凌桥村及乡村文化的理解和感受，并借此传递和唤起对乡村生态的关注与保护；"演"则将当地最具特色的文化如国家级非遗舞草龙、丰收民族舞等通过舞台演出的形式呈现，展现叶榭独有的农耕文化和生活仪式，给当地村民重温先辈们的智慧和文化财富，也给外来游客呈现一场乡村特色的演出，让乡村文化得到更有效的传播。

### 3. 以自然元素唤起村民乡愁记忆

乡愁记忆源于传统的稻田和鲜花，并被赋予更丰富的内涵。作品《稻珠》将一粒饱满的、如珠宝般晶莹剔透的稻谷雕塑立于井凌桥村草坪之上，主体由多个彩色玻璃折面组成，在不同角度散发出多彩的光芒，不仅是对稻谷的赞美，更是对农民辛勤劳作和自然界循环往复的敬意，在现代与传统、工艺与自然之间建立一座美学与意义的桥梁。作品《花落几何》以花瓣的抽象形态为母体，在河面上设置一系列灯光装置，纤细的杆件既与环境相融，又为河面增加了一抹活泼的色彩。夜间灯光亮起，河面上仿佛洒满了五彩花瓣。作品《许愿泉》由回收的一次性杯子构成的以可持续性、生态和环保意识为核心的艺术装置，提醒人们一次性消费文化对环境的影响，激发着人们反思所做的选择对地球环境的长远影响。村文化馆展览《花香纸韵》呈现了一系列以稻草、鲜花、昆虫、非遗技艺为主题的版画作品，不仅是自然界的象征，也是人类与自然和谐相处的寄托，在细腻捕捉自然美景的同时，也倡导可持续发展和生态保护的理念（图9-2-22）。

图9-2-19　井凌桥村

图9-2-20 现有自然环境和公共空间基础条件
©上海交通大学设计学院

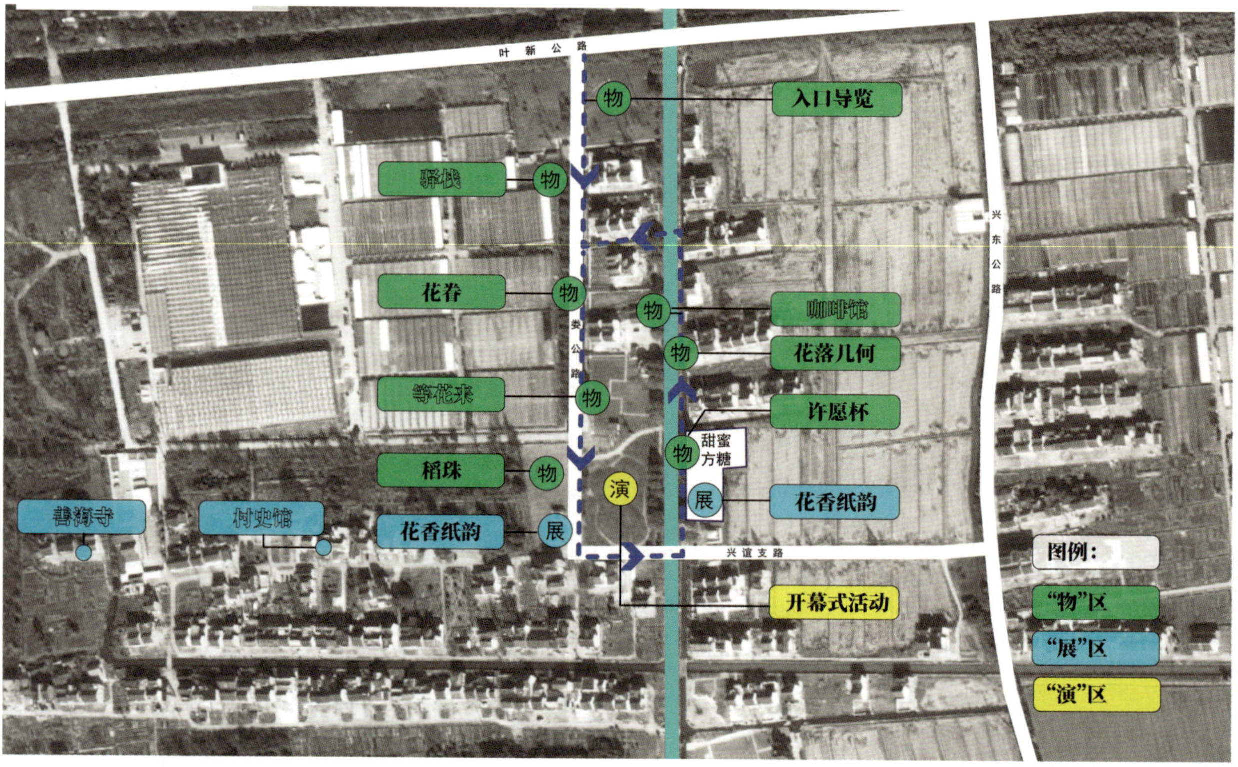

图9-2-21 艺术作品选址与总体布局 ©上海交通大学设计学院

第 9 章 艺术角落

稻田作品《稻珠》

河边作品《花落几何》

儿童设施场地作品《等花来》

环保艺术装置《许愿泉》

《花香纸韵》展览

图 9-2-22　空间艺术作品ⓒ刘小凯

# 第 10 章 人文风貌

保护和传承社区人文风貌，旨在挖掘、保护和展示社区内的历史文化资源和脉络，营造具有辨识度的空间环境，让人能够回溯社区记忆，感知底蕴浓厚、新旧协调的历史人文魅力。上海众多社区都拥有丰富的历史文化和特色风貌要素，然而在保护和彰显人文风貌方面仍有不足：社区历史风貌整体性的感知力不强，存在断裂、碎片化的情况，新旧建筑空间存在冲突，影响整体风貌协调；社区历史文化资源挖掘不足，历史建筑开放性欠佳，常被掩隐于高墙之中，周边缺少开放空间，不能充分展现社区文化脉络与人文故事；部分历史建筑的功能与时代需求不匹配，空间资源未得到有效活化利用。

1　童明《城市肌理如何激发城市活力》，《城市规划学刊》2014(03)，第85-96页。

图 10-0-1　杨树浦电厂遗址公园

## 10.1 设计策略

### 10.1.1 保留传承风貌肌理,促进新旧融合协调

空间肌理是社区在渐进发展过程中,累积形成的一种基础性结构。它既是一种外显的物质性结构,包括街坊尺度、街巷格局、建筑密度、建筑组合形式等空间要素,也是一种网络化的关联系统,连接多元社会行为,承载社区历史、文脉、韵味与生命力。[1]在社区建设发展中,既不能随意抹去历史留下来的空间结构,也不能忽视现代城市对空间秩序的偏好,以及对新生活方式的追求。因此,传承风貌肌理需要通过修复、织补等多种方式,保留历史空间格局的完整性,协调好新建筑与老建筑的风貌关系,运用留"白"增"空"的方式优化格局,营造更适合现代生活需求和社会生活情态的公共空间。

通过对社区历史风貌价值的挖掘和梳理,传承地方风貌特色和文化价值,明确"面—线—点"的保护对象,即街区整体空间结构与形态、特色街道弄巷、标志性建筑与节点空间。通过织补修复历史肌理,延续街巷空间的骨架与宜人尺度,传承演绎建筑与街道空间所构成的图底关系;梳理特色弄巷空间具有历史风貌特色的各式界面,协调新旧建筑的风格与体量。如普陀区长寿路街道鸿寿坊,在商业空间开发的同时,保留历史街区鱼骨状肌理与"行列式+围合式"的建筑格局,在延续建筑立面和街巷的风貌特征的基础上,为满足商业功能的开放需求对保留建筑和公共空间进行改造,植入渗透式公共界面、增加小型广场、嵌入透明屋顶,实现从传统里弄向烟火商业街区的转身(图10-1-1)。

图10-1-1　鸿寿坊©瑞安新天地(上海)商业管理有限公司

系统梳理空间资源,整合消极空间。结合肌理修复,因地制宜地在转角、路边、街坊内部,以及历史建筑周边挖掘中小型开放空间,并通过街巷串联成网络,为人们提供近距离观赏街区风貌的公共空间,同时也提供更多休闲、交往活动的公共空间,激发地区活力。如虹口区四川北路街道今潮8弄,整体保护各类历史要素和空间肌理,让人可以穿梭于"时光蒙太奇"的弄堂中,观赏镌刻着时光故事的石库门头、旧瓦;在街区主入口设置开阔的转角广场,结合地铁上盖廊架、景观树池、艺术装置等,打造衔接新旧风貌的过渡景观带和承载文艺活动的活力聚集区;街区内部引入慢行步道,串联起多个小广场和庭院,有机缝合新旧两片建筑群。 10A

### 10.1.2 完善风貌阐释体系,展示地域文化魅力

历史风貌作为一座城市最显性、最独特、最悠久的特色,也是影响城市文化竞争力、特色吸引力的重要因子。社区历史风貌的保护与传承,不仅要注重对城市肌理要素、建筑要素、环境要素,以及非物质要素的整体性保护,也要重视对其文化价值的阐释与展示。通过梳理挖掘文化发展脉络,层层解读价值特征,形成内容全面、通俗易懂的阐释框架,确定展示载体,完善展示空间布局与流线设计、布置展示节点与设施。借助集中展览、空间环境设计、标识系统建设、信息交互技术应用等多样手段,构建传统文化场所,让市民可以沉浸式地品味历史的变迁、感知文化脉络的传承。

## 10A 今潮8弄

今潮8弄位于四川北路和海宁路转角,其主体部分前身是"公益坊",于2017年9月公布为上海市风貌保护街坊,面积约1.5公顷,包括8条里弄、多幢石库门房子和历史建筑。通过风貌细化甄别及实施方案研究,确定保留公益坊、颍川寄庐等12幢保护建筑,采取完整保留建筑、巷弄的方式,维持里弄原有肌理和空间尺度,并继承原石库门门头上的旧瓦、老瓦、汰石子门套等建筑元素,留住历史的痕迹。改造后的今潮8弄引入展现海派特色的人文体验、戏剧演出、时尚服饰、人气餐饮等创新业态,以文化赋能新商业的模式,成为活力新地标。

夜景鸟瞰©大美房地产开发(上海)有限公司

融合历史功能及现代功能需求,打造彰显地域特色的文化展示场所。加强对历史空间形态和地域文化特色的保护,对于历史功能衰退或已经消失的场所,可通过展览展示、情景模拟,再现传统生活、生产场景,再现历史感与场景感;对于历史功能与当代发展不再适配的场所,通过植入与场所文化氛围相协调的功能,在适应更新利用需求的同时延续场所精神。如松江区中山街道云间粮仓文创园,遵循修旧如旧理念,保留独特的粮仓建筑和壮观的筒仓,筒仓内植入粮食文化廊道,连同外壁上的艺术涂鸦、公共空间里的滨江历史长廊、中外历史中轴线,共同组成展示松江历史与粮食文化的博物馆空间,人们在行走之间与历史对话。 **10B**

提炼社区文脉底色,融入城市空间、建筑与景观环境设计,突显地域文化内涵与特征,形成可阅读的风貌展示界面。利用慢行网络串联街区内分散的文化展示载体,并将特色文化元素融入沿线公共界面的空间环境设计,包括建筑立面、景观绿化、街道家具、路面铺装、街区围墙等,营造充满辨识度、连续性和协调感的空间环境,形成独具魅力的文化探访路径。在历史建筑、古树、古桥等文化地标与公共活动节点周边,结合视线布局开放空间,便于居民驻足观赏、感受景观文化。在小

## 10B 云间粮仓文创园

位于松江府南门,占地面积136亩(9.07公顷),共60余栋建筑,原为20世纪50年代至90年代陆续建造的粮食仓库及工厂,见证了1949年以来粮食产业的发展演变。2019年4月云间粮仓项目启动,在修旧如旧的外观之下,汇聚艺术空间、演艺剧场、体育场馆、零售购物、时尚餐饮、酒店民宿等多元业态,荒废的老粮仓由此开启新生之路,成为活力迸发的文化地标。

微空间里，嵌入融合地域文化要素的艺术作品和设施，提升空间品质、彰显人文魅力。如衡山路-复兴路历史文化风貌区（简称"衡复风貌区"）对多条风貌道路沿线进行轻介入式改造，针对小商业空间密集的路段，优化建筑立面，实现风貌与"烟火气"的平衡；针对特色巷弄空间，梳理不同界面的历史风貌并如实展现；针对沿街市政设施，以风貌延续性和完整性为原则，推动与景观元素的有机融合与一体设计。10C

虹口区欧阳路街道欧阳路文化活动街，融合历史资源与文化艺术氛围，沿街植入口袋绿地、主题雕塑、墙绘故事、实体博物集等，将百年老街打造成为"城市文化实景艺术空间"。10D

标识系统是直接、有效的风貌阐释方式。形式统一、整体协调、特色鲜明、指引性强的标识系统，有利于组织整合片区要素信息；在历史街区、历史道路、历史建筑中，强化标识系统与展示区域的文化关联、与周边风貌的视觉协调、与景观环境的设计一体，有助于彰显地区文化内涵、提升人们对地区文化风貌的认知。

如徐汇区湖南路街道武康大楼以"标识景观化，景观功能化"为原则，对周边的城市家具和城市标识进行整体提升和塑造，融合文化内涵与公共艺术，打造全域旅游地面标识系统，包括结合树池铺装增设文化旅游景观化地面标识，给市民游客前往附近的名人故居、文旅景点、

## 10C 衡复风貌区风貌道路

衡复风貌区是上海中心城区内规模最大、优秀历史建筑最多、历史风貌格局最完整的历史文化风貌区，总占地面积7.75平方公里，汇集了20世纪二三十年代以来各国风格建筑。除了特色的保护建筑外，衡复风貌区的弄巷空间里也分散着许多与民生息息相关、但对风貌影响较大的空间，如店面杂乱的街边小铺以及垃圾房、公共厕所等环卫设施。为了平衡风貌与"烟火气"，衡复风貌区在坚持风貌延续性、整体性原则的前提下，通过嵌入协调的景观元素、美化店铺立面、消融围墙边界感以及更新功能等方式，打造风貌和谐、生活便利的历史街区。

结合垃圾房设计的小弄口花园

还原立面开洞的原貌与装饰艺术主义设计语言的商铺立面

地铁交通作指引和提示；在地面窨井盖增设武康大楼logo、在地面嵌入历史地图等。**10E**

信息交互技术的迭代发展为历史文化风貌展示提供了更加丰富的形式。如增强现实技术（AR）通过数字采集、复原再现、传播展示等手段，将历史场景转化为可视化、情景化的三维动画，并投射叠加至现实空间，以虚实融合的方式带来趣味互动体验；虚拟现实技术（VR）利用计算机生成真切的视听感受，带来沉浸式体验；声、光、影像等传统多媒体技术与当代艺术的巧妙结合，也能带来别致的文化体验。2023静安国际光影节以苏州河沿岸的上海总商会旧址墙面、慎余里墙面、天后宫

## 10D 欧阳路文化活动街

欧阳路是虹口区中部一条百年历史道路。这条全长不到2公里的道路集聚了丰富的人文历史资源，红色文化、工业文明和生活历史，犹如三条穿越时空的旋律，共同演奏不断向前进的城市发展乐章。为改善街区生活品质、强化身份认同、提升社区归属感，欧阳路以三重历史为线索，挖掘街区故事，结合空间改造与实物展示，重现街区记忆。街道工厂退休员工、欧阳路居民翻找出的珍藏老物件，如今成为欧阳露天博物集、"欧阳光晕"工业主题墙中的展品，如《成昆铁路》展示了一位铁路职工修路用的铜锤与获得的勋章。曾经在这里的工厂和居民也为文化街设计带来灵感，向来往的人们讲述着街区往昔时光，如"欧阳爷爷的时空花园"咖啡店外墙用红褐色搭配银白色，灵感来自出资建路者欧阳星南所住寓所的红砖，以及万峰玻璃厂的玻璃制品；"时空走廊"以华德灯泡厂的电灯为设计灵感；位于上海无线电七厂旧址的欧邑小站·虹仪，则是以半导体收音机为设计灵感，将二极管、元器件等工业元素融入室内设计。

《成昆铁路》展

"欧阳爷爷的时空花园"

欧阳光晕

欧邑小站·虹仪

《时空走廊》

街景 ⓒ 上海希珥文化发展有限公司

## 10E 武康大楼周边环境

此楼是衡复风貌区内优秀历史保护建筑，周边街坊以居住功能为主，沿街布局底商。2019年修缮一新后，迅速受到人民群众的广泛欢迎，大量人流随即给交通安全、景观品质、游览体验等带来挑战，武康大楼节点精细化城市设计就此展开。通过完善标识系统、提升街角景观、优化沿街业态等措施，武康大楼节点成为全域旅游空间全景化、主客共享化的标杆性景观，既是安全舒适的生活街区，也是风貌展示的文旅节点。

大楼周边地面嵌入了地图标识，带有武康大楼logo的窨井盖

大楼周边具有导引功能的树池铺装

## 10F 2023静安国际光影节

"闪亮·上海"(Shining Shanghai) 2023静安国际光影节以"点亮城市之光、赋能城市更新"为主题，将苏州河沿岸的历史建筑与地标建筑作为投影大屏，演绎多场沉浸式互动建筑光影秀，以光影艺术为载体，探索建筑可阅读、历史可触摸、文化浸润人心的视听表达方式，助力推动历史建筑修缮保护与城市更新的有机融合，让老建筑焕发新活力。

上海总商会旧址光影秀　　天后宫光影秀　　《星空》

光影秀实景 © 上海广播电视台、上海幻维数码创意科技有限公司

等历史遗迹为载体,邀请国内外灯光师与艺术团队打造主题各异的光影秀,用光影艺术焕新了历史建筑,为居民、游客带来一场穿越历史长河、沉浸体验上海故事的数字艺术互动展。 10F

### 10.1.3 巧用历史资源,植入社区公共服务

历史资源的保护与活化利用,需始终以人的使用和感受为中心,满足多层次的服务需求。更新后的历史建筑,不仅是满足市民生活、社会服务、交往活动等需求的重要载体,更可以成为加强美学教育、形成共同价值观、强化文化自信的重要场所。

历史建筑与历史空间的更新利用应基于地区历史发展脉络和资源禀赋,对历史上重要的公共活动中心区域,应优先引导其恢复为公共活动功能;在街坊和地块层面应结合其历史上的功能布局,优先恢复曾作为公共活动的界面或街坊内部活动节点。如杨浦区长白新村街道228街坊,基于历史上公共空间的结构特点,恢复中心大草坪活动空间,并定期在草坪上组织露天观影、体育运动等公众活动,草坪周边的建筑底层也以商业、休闲等社区生活服务功能为主,在沿袭开放大草坪的历史空间格局之余,更为社区注入新的生机与活力(图10-1-2)。

历史建筑与历史空间作为片区活力体系的重要组成部分,需结合对周边公共设施服务缺口的评估,嵌入适合的服务功能,弥补服务盲区,促进设施均衡布局,或植入与风貌相得益彰的特色功能,让历史风貌与时代文化交相辉映。如位于黄浦区瑞金二路街道皋兰路16号的思南书局诗歌店,在不改变建筑现状立面、结构体系、基本平面布局和内部装饰的要求下,用45吨钢铁打造旧教堂里的新书店——思南书局诗歌店,将曾经的宗教性庇护所转变成现代人的精神庇护所。 10G

图10-1-2 长白228街坊更新前后 © 日清设计

## 10G 思南书局诗歌店

位于皋兰路16号的东正教教堂旧址是上海第二批优秀历史保护建筑，建成于1932年，在此后数十年里，经历了从教堂到工厂、仓库、食堂，再到会所、餐厅的变迁，直到闲置下来。更新改造后，560平方米的狭小空间内同时兼容阅读购书、文创购物、艺术展示、文化活动、咖啡餐饮等五大功能，通高的穹顶空间与大型金属置书架，共同打造了一座书的诗意殿堂——思南书局诗歌店，为社区居民、各地游客和城市爱书人带来别致的文化体验。

外景与内景 ©俞挺

## 10H 衡复风貌馆

衡复风貌馆（即衡复旅游咨询中心）建于1930年，南北两栋楼由拱廊相连，曾经是著名的修道院公寓。更新改造后的建筑集历史文化展示与旅游咨询服务等功能于一体，成为衡复风貌区内"最美公共空间"。市民游客可以便捷地获得文化旅游资讯服务，了解掌握"食、住、行、游、购、娱"全方位的文化旅游信息；参与"灯塔书房"的阅读体验、老房子故事会、旅行分享会等各种阅读推广、文化演艺、非遗展示活动；还可以在漫步城市的过程中，看建筑、品人文、享美食、买文创。

## 10J 我嘉书房·名士居

名士居坐落于嘉定区南翔老街，毗邻明代诗人、书画家、"嘉定四先生"之一李流芳（1575—1629）的宅邸檀园，整体为明清时期建筑风格。2018年，名士居文化空间正式运营，面积约900平方米，植入"书、食、物、学"四大核心功能。其中，我嘉书房·名士居面积150平方米，现有图书6500多册，是上海首家连环画主题的公共阅读空间，也是最具古雅韵味的百姓书房。其古典优雅的人文环境与文化沙龙、传统手作、曲艺演出等服务内容相得益彰，深受居民喜爱。

第 10 章 人文风貌

位于徐汇区湖南路街道衡复风貌馆，曾是西班牙建筑风格的修道院公寓，如今修缮后成为文化展馆，通过VR等多媒体设备让人们感受到衡复风貌区内的历史变迁和多元文化。 10H

嘉定区南翔镇的我嘉书房·名士居，结合古镇和南翔老街的"三画"（年画、连环画、宣传画）基地资源与特色，将一处古香古色的建筑打造为公益图书馆，为周边居民提供具有人文魅力的社区书房。 10J

历史建筑与历史空间的更新利用还可以通过引入多元创意功能，打造地区文化创意地标。结合地标性历史建筑和街区的更新，更好地发挥综合带动效应，融入城市发展，培育功能活力源点，激发城市经济活力和活力引擎。如长宁区新华路街道上生·新所在更新利用中充分考虑发展定位和社区特点，向老建筑注入文化功能，原孙科住宅变为文化展览空间，哥伦比亚乡村俱乐部变为最具人气的茑屋书店，海军俱乐部则成为时尚及文化艺术活动的秀场，从而让整个街区成为集商业商务、文化创意、社区服务等多种功能于一体的活力新地标。 10K

## 10K 上生·新所

上生·新所毗邻三个历史文化风貌区，改建前原为上海生物制品研究所，地块内有1处市级文物保护单位（孙科住宅）、1处市级优秀历史建筑（哥伦比亚乡村俱乐部）以及2处保留历史建筑（海军俱乐部体育馆和游泳池），地块北部有众多工业遗产。经过对基地建筑的全面梳理与评估，以分类施策的方式进行精心修缮与保护性利用，通过新增若干公共通道与公共开放空间，注入特色文化时尚、文化展览和文化传播功能，原本神秘封闭的生物制品研究所更新为了活力开放的商业商务园区。

更新后的哥伦比亚乡村俱乐部©新华路街道

更新后的海军俱乐部体育馆©上海城市空间艺术季、是然建筑摄影

更新后的海军俱乐部游泳池©上海城市空间艺术季、是然建筑摄影

更新后的孙科住宅©上海城市空间艺术季、是然建筑摄影

## 10.2 优秀案例

### 10.2.1 杨浦区长白新村街道228街坊

长白228街坊是上海市首批12个城市更新示范项目之一（图10-2-1）。作为20世纪50年代建造的"工人新村"，这里既承载着上海现存唯一成套"两万户"[1]的深厚历史底蕴，又被赋予重现风貌、重塑功能、重赋价值的崭新使命。228街坊以"15分钟社区生活圈"建设为抓手，探索政府引导、市场运作、公众参与的城市更新可持续模式，整体提升为一个历史风貌与功能配套兼具的新时代人民城市幸福社区。

历史共生，展示工人新村活样板。长白228街坊完整保留了街区与历史共生的特色风貌环境，不同时期、不同风貌的住宅建筑，呈现出70多年来工人新村的风貌迭代与生活变迁。这里既有1950年代的历史工人新村，也有1990年代的多层工人新村，还新增21世纪保障性租赁公寓。作为1949年后工人新村的活样板，228街坊承载了中国工人集体生活记忆中共享邻里关系，传承了"两万户"劳动精神内涵，是工人集体居住的历史范本（图10-2-2）。

---

[1] 两万户：1952—1953年，上海市人民政府以"坚固、适用、经济、迅速"为原则，在全市范围内以沪东、沪西两个工业区为重点，建成17个工人新村，共60万平方米，2000幢两层住宅，每幢10户，可供两万户职工家庭居住，世称"两万户"。

图10-2-1 更新后的长白新村228街坊©上海交大城市更新保护创新国际研究中心、上海安墨吉建筑规划设计有限公司

**1. 塑造特色品牌,强化区域独特性**

基于1950年代、1990年代与21世纪工人新村"三世同堂"的独特视角,设计塑造了228街坊特色标识logo,以此强化地域标识性(图10-2-3)。在工人新村入口置入标识牌坊与地面文化标识,极具特色的文化符号传递出一种强烈的空间标识记忆,唤醒社区居民的集体记忆,成为228街坊里传承历史文化的精神堡垒。

**2. 感知历史氛围,共享活力空间**

228街坊恢复了社区曾经的公共活动空间——中心大草坪。这处被历史建筑围合的大型开放空间(图10-2-4),为人们提供了一览无余观赏建筑轮廓与细部、360°感知历史氛围的绝佳场所,重塑社区空间肌理与人文风貌。同时,草坪内置入露天电影放映、户外儿童足球场、中心舞台等功能,成为功能复合、活动丰富的社区共享空间。此外,依据外围建筑功能和空间特征,草坪四周分散布置数处外摆空间,通过组合木质围栏与绿化景观、植入景观廊架等,使之成为景致优美的花园庭院,为居民提供更多休憩、交流的场所。

**3. 协调整体风貌,打造精细外部环境**

在街区整体精细化设计的理念下,228街坊对街区外围环境提出整体提升策略,促进区域空间环境协调统一。结合街区精细化景观提升,对

图10-2-2 长白新村228街坊传承"两万户"劳动精神内涵 ©上海交大城市更新保护创新国际研究中心、上海安墨吉建筑规划设计有限公司

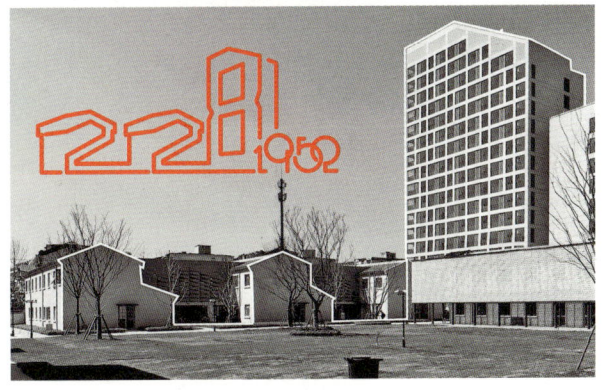

图10-2-3 长白新村228特色品牌符号 ©上海交大城市更新保护创新国际研究中心、上海安墨吉建筑规划设计有限公司

周边住区建筑、沿街建筑立面、围墙、街道平面、公共空间绿化、城市家具、店招店牌等提出针对性的优化设计策略，大幅提升沿街立面品质，将原本消极空间转换成为可休憩、可欣赏、可互动的高品质城市公共空间，实现228街坊的品牌外延。

**4. 活化历史建筑，提供贴心服务**

228街坊原汁原味地保留了一栋"两万户"住宅建筑，作为上海工人新村展示馆，不仅图文展示工人新村的历史变迁，还营造了室内实景，让人们可以身临其境地感受过往的日常生活（图10-2-5）。历史建筑经过修缮、复建或加建组合后，嵌入契合现代生活需求的便民服务，改造成觉群服务中心、运动健康中心、阳普邻里、社区工坊、儿童艺术中心等社区服务设施，成为家门口"五宜"好去处，推动228街坊实现从工人新村到新时代人民城市幸福社区的蝶变重生。

### 10.2.2 普陀区长寿路街道鸿寿坊

鸿寿坊位于长寿路"大自鸣钟"商圈，是一片始建于1933年的两层砖木结构石库门里弄住宅区，主弄与次弄呈鱼骨状肌理。从20世纪二三十年代开始，这里便逐渐汇聚商肆作坊，成为沪西重要商业中心。2016年鸿寿坊启动旧城区改建，这片石库门里弄由此重生为融合现代商业与历史风貌的鸿寿坊，成为市民家门口的"理想的附近"。

**1. 徜徉里弄，品味沪派传统空间肌理**

在延续历史街区肌理的同时，为当地注入新活力，给不同消费人群带来多元生活体验。更新后的鸿寿坊保留"行列式+围合式"建筑布局以及鱼骨状肌理。在原有里弄建筑群落间植入贯穿历史街区的商业活力空间，并通过特色市集巷弄、市民活动中心商业广场将长寿路的商业活力辐射至街坊以外的地区。历史建筑与旁边的高层现代建筑则通过裙房衔接，形成良好的空间过渡，从而减少压抑感（图10-2-6，图10-2-7）。

**2. 古今相融，精细推敲建筑风貌特色**

基地南侧留有7栋一般历史建筑，对历史保护、改造复建有较高要求。其中4栋在传承历史风貌、保护原有空间肌理和建筑原立面等方面有要求，采用局部改造、整体改建、复建等措施，将核心风貌元素完整呈现出来。以三号楼市集"FOODIE SOCIAL 3.0——鸿寿坊食集"为例，采用玻璃天窗将原有支弄转换为半室外空间，在完整保留原有建筑第五立面体量、外部交流空间的前提下，兼顾商业功能空间的完善。将精心挑选的老红砖用镂空的手法装点三号楼外立面，增强视觉通透性，加强商业气氛的内外联系。同时，

图10-2-4　长白新村228街坊内部花园
图10-2-5　保留建筑改造为上海工人新村展示馆
©上海交大城市更新保护创新国际研究中心、上海安墨吉建筑规划设计有限公司

图 10-2-6　历史照片与改造后鸟瞰 ©瑞安新天地(上海)商业管理有限公司

图 10-2-7　保留改建建筑沿街立面，延续历史风貌
图 10-2-8　三号楼保留建筑改建利用
图 10-2-9　玻璃天窗覆盖下的半室外空间
©瑞安新天地(上海)商业管理有限公司

图 10-2-10　建筑外墙上的红砖装饰

在室内重现外墙面肌理，也为商业氛围增添独特的活力（图10-2-8至图10-2-10）。

### 3. 运营有道，历史街区塑造"精致烟火气"

鸿寿坊通过融合多元业态，成为兼具亲民化与品质感的商业集市。首批引入的60余个品牌中，包括51个上海或区域首店，这些富有日常生活气质且以美食为主的商户组合在一起，形成一处小而美的日常消费场所。鸿寿坊食集汇聚惠民生鲜店、各地街头老号、好口碑名店等30多个美食品牌，邀请了18位个体经营者布局各式摊位，精品咖啡店旁是葱油饼摊头、美食档口旁是园艺植物，形成多元的市集场景（图10-2-11）。室外街区打造成"日咖夜酒"24小时活力社区，引入精品咖啡馆、小众酒店品牌等符合年轻人喜好的业态，并与更多艺术家、主理人共同创造新颖活力的体验（图10-2-12）。

图 10-2-11　设置在食集一楼的生鲜超市与设置在食集二楼的老字号餐饮 © 瑞安新天地（上海）商业管理有限公司

图 10-2-12　室外露天餐座与日咖夜酒的市集街

### 10.2.3　黄浦区瑞金二路街道南昌路街区

2018年以来，黄浦区持续打造南昌路"美丽街区"，在南昌路街区综合改造中，精雕细琢历史建筑，增加"小而精"的公共空间、公共设施以及公共艺术作品，推动街区风貌换新和功能提升。细微之处尽显精致，宁静、浪漫、艺术成为这条路的特质，呈现出别样"海派烟火"（图10-2-13）。

**1. 保护修缮人文精典，再现历史场景**

南昌路有众多红色记忆和人文印迹。由于历史久远、居民众多，历史建筑存在违建、多户合用、内部杂乱、白蚁蛀蚀建筑等问题，面貌较原始状态变化很大，因此保护修缮历史建筑成为恢复街区风貌的一项紧急工作。以《新青年》编辑部

图 10-2-13　南昌路街景 © 张正道

旧址为例，2018年6月启动保护利用工作，通过房屋置换腾退居民，对房屋本体开展"修旧如故"整修加固工作，拆除违章搭建，逐一修缮复原清水砖墙和门头，并还原内外饰。同时，尽可能提升周边民宅品质，恢复空间格局，让历史街区焕发百年光彩。

### 2. 嵌入精美微花园，重拾海派韵味

通过"因地制宜，治微激活"的嵌入式街区微更新，增补墙面绿化和半开放式公共活动空间，打造步移景异的精美景观。2021年完成的泰戈尔花园，沿用建筑立面红砖元素，塑造不同高度的矮墙树池供市民停驻，场地内立有泰戈尔半身像雕塑和法式造型铁艺的朗读亭，亭下嵌有书架的琉璃景墙，在咫尺间创造一抹人文色彩的阅读空间（图10-2-14）。位于百年建筑南昌大楼对面的寻芳园，顺应场地条件，设计小型椭圆广场（图10-2-15）。广场中放置造型现代简约的花香亭，保留现状大乔木，增加球类植物和开花小乔木，搭配不同季节绽放的花径，局部植入嵌草砖，以增加设计细节。南昌路168号里弄的薇花园，在建筑墙体的转角处嵌入花架，放置盆栽耐阴植物，并将局部绿化变成木平台和坐凳，增加休憩空间。翻新的人行道采用精心设计的印有"南昌路"标识字体的地砖（图10-2-16）。富有海派艺术美感的地砖散落在树池铺装中，引发民众开启一场寻找街道美学印记的旅程。

### 3. 空间与艺术刚柔并济，打造向往之地。

持续开展转角遇到音乐、走读瑞金、街区共运计划等品牌项目，以缤纷多彩的群众性文化活动，把南昌路街区变为市民、游客心生向往的魅力人文驿站。此外，在烟火气与艺术范的争相辉映中，街道帮扶引领了68人成功开启创业之路，南昌路上出现越来越多各具特色又风貌协调的小店。

图10-2-14　泰戈尔花园©上海市政工程设计研究总院（集团）有限公司

图10-2-15　寻芳园©上海市政工程设计研究总院（集团）有限公司

图10-2-16　"南昌路"logo字体的地砖
©上海市政工程设计研究总院（集团）有限公司

### 10.2.4 长宁区江苏路街道愚园路街区

20世纪20年代，愚园路街区发展成为沪西高级住宅区，其中不乏欧式古典主义建筑典范。作为上海永不拓宽的64条马路之一，愚园路两侧洋楼错落、弄堂毗连，保留着30余处风格各异的上海市优秀历史保护建筑。自2014年起，愚园路历史文化风貌区开展环境整治和城市更新的一系列工作，改善居住环境，保留原住民的童年记忆和社区业态，更吸引了科技企业、文创企业。弄堂旧宅、名人故居、网红小店、美术馆、创新公司，让愚园路收获了"活力、生动"的标签，成为历史街区更新的典范（图10-2-17）。

图10-2-17 愚园路街区鸟瞰 © 中国城市规划设计研究院上海分院

**1. 界面至腹地整体谋划，激发活力**

在长宁区政府主导下，愚园路艺术生活街区基于"文化兴市、艺术建城"理念，开展整体街区风貌提升、社区商业优化、公共文化空间建设、公益艺文活动等综合性城市更新工作，通过绿化、步道、广场建立公共空间体系，对历史建筑及沿街商铺进行业态和景观改造，增加文化艺术演艺空间，激发场所活力，多维度建设文、商、旅相融合的创新型历史风貌保护街区。如位于愚园路1107号的创邑SPACE·弘基，将约400平方米的封闭停车场改造为开放式公共草坪，并不定期举办音乐会、创意集市、展览等活动，为拥挤的老街增添一处活力公共空间。2019年，愚园路城市更新工作开始向街巷里弄延伸，愚园路1088弄宏业花园等弄堂空间陆续启动微更新改造，更多的文化内容、空间载体开始进入社区，突显了愚园路独特的历史风貌，吸引了大量市民和游客（图10-2-18）。

图10-2-18 创邑SPACE·弘基草坪

**2. 百年建筑精心修缮，焕发新生**

愚园路聚集着108幢老洋房、60幢优秀历史建筑和不可移动文物、11处文保单位，这些历史建筑在更新中焕发出新的生机。依托街区内的

图10-2-19 愚园路历史名人墙

名人故居、历史建筑等开辟8处社区文化空间,如愚园雅集、粟上海社区美术馆、钱学森旧居、愚园路历史名人墙等(图10-2-19至图10-2-21)。原江苏路邮局物流中心是1930年落成的保护建筑,也是现代文坛"三剑客"之一施蛰存(1905—2003)的旧居,经升级改造为"愚园百货公司"。路易·艾黎(Rewi Alley,1897—1987)故居经过建筑修缮、史料征集、实物布展和环境提升,与路易·艾微微展厅共同承担起红色文化教育党建阵地、便民服务流动窗口的功能,还吸纳当地居民成为"艾黎故事"的志愿讲解员。

**3. 密集植入服务设施,丰富生活**

基于社区居民现代生活需求的变化,愚园路地区持续挖掘潜力空间和既有服务设施,密集植入服务设施。如将长宁区医药职工大学改建成社区邻里中心"愚园公共市集",提供菜场、超市、老修理店、老裁缝铺等日常生活服务类功能,引入艺术画廊、健身瑜伽、早教等文教体机构;结合愚园路小学、市西中学、少年文化宫等区级公共服务设施的更新,植入文化艺术展览,强化愚园路独特的文化风情(图10-2-22,图10-2-23)。越来越多的文化空间让市民有更多机会感受"百年愚园"的深厚历史底蕴和独特人文魅力。

图10-2-22 长宁区医药职工大学改建为愚园公共市集

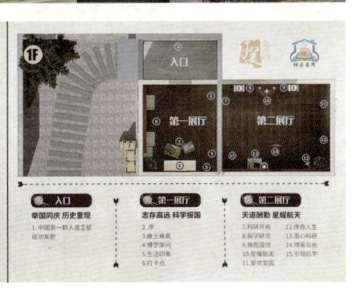

图10-2-20 钱学森旧居　　图10-2-21 长宁区少年宫　　图10-2-23 饺子店更新成为快闪故事商店

**4. 政府与企业联手，提质运营**

区属国企九华集团在愚园路拥有近40%的商铺产权，引入运营主体创邑实业有限公司，成立合资公司上海愚园文化创意发展有限公司，以"艺术生活化、生活艺术化"的发展理念，通过租赁商铺改造，引入时尚创意产业、建设自营品牌、提供优质环境等方式，构建新型上海购物体验；开发以愚园路为IP的创意产品，逐步推出跨界联名时尚产品，做高品质、艺术化的文创产品；带动沿线业主的自发业态升级，让传统业态与文化创意碰撞出火花，获得多元化生活体验；在道路沿线利用率不高的区域，通过公共艺术装置展示、主题快闪商店、文艺活动等，形成具有愚园路区域特色的旅游线路。如原长征制药厂厂房更新为创邑SPACE·弘基，打造集文创、娱乐、零售等全业态的创意园区，为街区带来越来越多的年轻创意人群。

## 10.2.5 静安区南京西路街道张家花园

张家花园（张园）始建于1882年，是晚清上海重要的地标性公共场所，被誉为"海上第一名园"。1918年张园停办后，原土地分割出售给不同地产商，逐步演变为各式民用建筑，有170余幢建筑石库门里弄及花园住宅，汇聚了28种不同建筑风格。2018年起，静安区启动张园地块保护性征收、土地出让、保护性改造等工作。2022年12月，张园西区正式对外开放（图10-2-24）。作为上海石库门建筑群中规模最大、保存最完整的代表，张园更新在"留改拆"导向下，注重成片保护，完整保存街坊和里弄肌理，关注新旧空间关系协调，将丰厚精美的历史遗存融入城市发展，强化公共性和开放性，兼顾地上和地下空间融合，探索面向实施的精细化历史风貌保护理念与保护技术。

图10-2-24 张园鸟瞰 ©上海静安置业（集团）有限公司

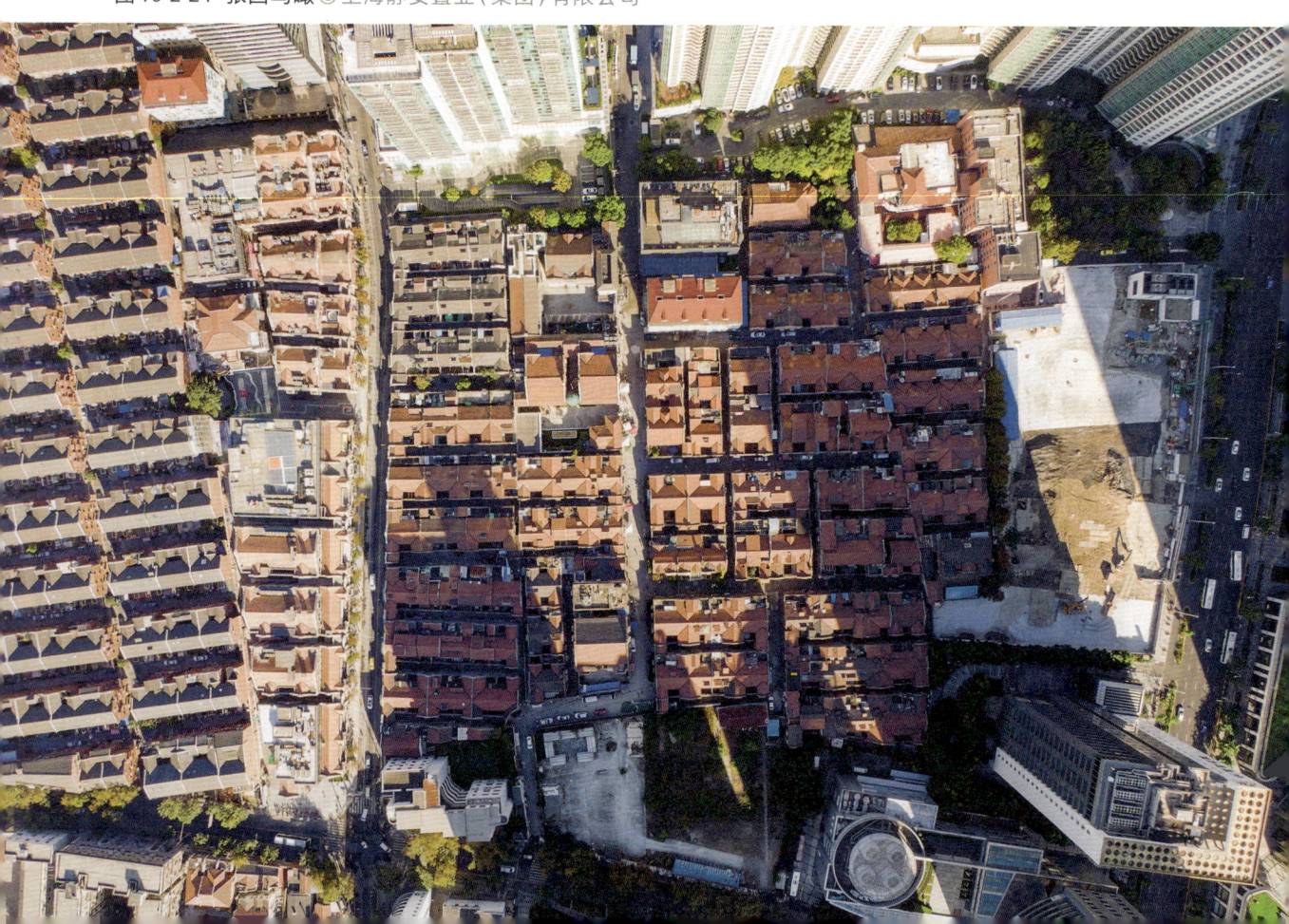

### 1. 传承和演绎空间格局、街巷肌理

张园是上海中心城区按照"留改拆"原则进行保护实践的先行试点,最大限度地保留、保存城市历史风貌及历史建筑。自2009年起,张园地区历经保护性改造的可行性论证及规划研究、更新及发展策略研究等相关工作,将风貌特色明显的区域划定为肌理保护范围,并将保护相关的管控要素落实于控规法定图则。2019年向全球征集保护性开发方案,对历史建筑的活化利用、文脉传承等方面展开研究,明确以保护与传承上海传统石库门里弄风貌为核心目标,活化利用历史建筑,提升区域经济能级,完善区域交通规划,适度开发既有建筑地下空间,打造重视历史文化、强化沉浸体验的上海城市更新品质案例。改造后的张园,在保留"行列式+围合式"建筑组合形式、"南北主弄+东西支弄"鱼骨状结构的基础上,通过增加连通巷弄、置入合院空间,延续疏密有致、宽窄错落的肌理脉络,成为新旧融合、活力共享的开放式街区。

### 2. "一幢一档",精细化保护历史建筑

张园按照整体性与真实性原则,最大限度地保护石库门里弄的巷弄肌理和建筑,开展建筑细化甄别,调研里弄和建筑的历史文脉、肌理格局、建筑特色、现状等,逐一测绘、建档。重点针对建筑保护价值、建筑质量开展全面评估,以对照图表的形式明确每栋建筑的保护要求,分别进行保护修缮(图10-2-25)。至2018年,张园历史建筑资料库房屋档案做到"一幢一档"全覆盖完成,形成上海市地方标准《历史风貌区保护性征收基地保护管理指南》,成为全市旧区改造、城市更新征收保护工作的标杆。为最大限度地提升历史建筑的整体价值,针对张园的13栋市级优秀历史

● 装饰艺术风格

主要特征:表现出明显的装饰艺术风格特征,多使用简单、抽象化的几何线条组合成为装饰,其他的装饰图案还包括重叠箭头、星星等。

● 古典主义风格

主要特征:体现出较为纯正的西方古典建筑风格,装饰细腻,比例均衡。

● 中西杂糅风格

主要特征:表现为西式风格与中国传统的结合。包括中国建筑中的圆额、檐联的表现,徽式建筑中的马头墙、砖雕的表现。

● 新古典主义风格

主要特征:基本延续了西方古典主义的比例与构图,但摒弃了过于复杂的肌理和装饰,简化了线条。局部出现了先装饰艺术风格和现代风格过渡的痕迹。

图10-2-25  张园现存的里弄住宅建筑风貌图 ⓒ 上海静安置业(集团)有限公司

建筑、24栋区级文物保护点、5栋保留历史建筑，《张园历史建筑保护性修缮导则》提出规划保留、落架复建等精细化的改造措施。不仅对优秀历史建筑的立面、结构体系、平面布局、特色内饰等提出保护要求，还强调新建建筑的体量、高度、空间形态等要素与周边历史建筑、整体区域相协调（图10-2-26）。此外，为满足区域功能转型、交通和经济发展的需求，张园采用先进的步履式平移技术对老建筑进行"组团式平移"，以便更新建筑原址的地下空间，待建设完成后，再将历史建筑回迁原位，进行修旧如旧的修缮。

**3. 优化公共空间，提升区域环境品质**

张园地区在更新规划研究之时就优先考虑了公共空间的设置，形成虽小而密、有序布局、张弛有度的空间格局。一方面，适当梳理建筑空间，降低建筑密度，嵌入小型公共空间提供休憩和观赏优秀历史建筑的展示面，并与外围的绿地广场体系相衔接（图10-2-27，图10-2-28）；另一方面，着重为与市民密切相关的文化、体育等服务设施预留空间，切实提升公共服务水平。更新后的张园，通过多条公共通道服务区域内的公共服务设施、地铁站点、新建地标和历史记忆空间，完善慢行网络，促进新旧融合；区域内结合历史建筑、地铁出入口等节点设置多个300～2000平方米的小型公共空间，可容纳休憩、交流活动，大大增强区域环境特色性及体验度。

**4. 深化海派文化，导入体验式时尚业态**

张园以"东静西闹、沉浸无界"为布局原则，导入体验式、引领性的时尚消费，深化海派文化主题，为历史风貌保护区赋予全新的商业功能和业态，成为中心城区最具影响力和美誉度的商圈商街。西区入驻顶尖品牌，发挥首店、首秀、首发效应，与茂名路西侧的丰盛里形成完整的商业界面。东区将引入精品酒店、精品公寓及创意办公等业态；南、北区将分别设置文化演艺中心、潮流中心及美术馆、国家非物质文化遗产展示基地、中国石库门建筑博物馆等文化场馆。随着张园西区率先亮相，开放了16幢历史建筑，包括石库门里弄、里弄公馆、花园洋房等多种类型，堪称一座"里弄建筑博物馆"（图10-2-29至图10-2-31）。西区8号楼的"安垲第-张园海派文化交流中心"积极打造全球海派文化交流的新载体。

图10-2-26 改造后张园西区沿茂名北路的建筑立面
© 上海静安置业（集团）有限公司

图10-2-27 结合历史建筑嵌入小型公共空间
© 上海静安置业（集团）有限公司

图10-2-28　弄巷空间和庭院空间植入绿化◎上海静安置业（集团）有限公司

图10-2-29　连接张园与丰盛里的茂名北路限时步行街◎上海静安置业（集团）有限公司

图10-2-30　威海路588弄30号独立花园洋房改为商业门店◎上海静安置业（集团）有限公司

图10-2-31　张园西区最高的建筑改为品牌旗舰店，举办首发活动◎上海静安置业（集团）有限公司

# 第 11 章　美丽乡村

乡村一直承载着人类的生存以及与自然的联系。乡村地区与城镇地区在人群需求、产业发展、空间特征、社会治理等方面都存在较大差异。因此，乡村社区生活圈的打造应紧密围绕生态宜居与美丽乡村建设，通过改善居住条件、配置公共服务、优化出行条件、支持创新生产、修复生态环境等各类社区行动项目，提升与彰显乡村经济、生态、美学综合价值，打造乡村社区生活圈共同体，实现让老年人在乡村快乐生活、让年轻人回乡发展和生活、让儿童回归大自然与本真、让都市人实现美好田园梦。

纵观上海郊野地区，其风貌品质差异较大，空间体验有待提高。乡村地区人口密度较低，仅为城区的十分之一，但老龄化问题较为突出，且有进一步加剧的趋势。从现有的设施配置来看，公共服务设施以行政村为基本单元，围绕村委设置，现已实现"三室两点"（即村委会办公室、医疗室、老年活动室和便利店、健身点）全覆盖，但各村间人均设施面积差距较大，部分乡村设施供不应求，而部分乡村则存在设施资源浪费、空间使用效率低的现象；更为普遍的问题是设施独立设置、布局分散、设计品质欠佳等，有待加强统筹利用。

图 11-0-1　岑卜村桨板活动

## 11.1 设计策略

### 11.1.1 尊重水乡自然肌理

乡村生活圈的建设应尊重自然、保护自然、顺应自然，在保育修复、挖掘"山、水、林、田、湖"等自然要素的基础上，对各类要素的规模、形态及生态效益进行拓展和有机组合，构筑大都市郊区广袤丰富的生态基底，突显上海郊野的原生态自然风貌和原乡土景观特色。

以水为脉，延续格局特色、延续河道走向、优化湖泊形态，鼓励退塘还湿、构筑生态驳岸、修复生态群落、加强水质净化、水岸贯通开放；以田为底，严守底线规模、优化农田肌理、构建农田林网、鼓励特色种植、保持田园洁净；以林为肌，优化林地布局、改善林地景观，构建生态群落、适度开放共享，尊重平原地区的历史地形，通过高低不同的树种搭配，营造乡村起伏的林际线、渗透的林缘线、错落的层次感和缤纷的季相变化。

青浦区朱家角镇林家村自然环境佳，具有典型的江南水乡风貌。林家村的生活圈建设，尊重水乡村内河道纵横、村庄沿河布局、百亩绿林、千亩稻田、连片鱼塘的自然肌理，整体提升公共绿地、滨水景观、稻田景观等，营造近处赏花海、远观望稻田的田园风光。 11A

### 11.1.2 彰显沪派江南特征

从上海现存的民居来看，它们既具有典型的江南民居的特点，也孕育了独特的风貌特色与建筑肌理，即"内溯太湖、外联江海"的独特性，自西向东顺应成陆、建制的时空顺序，近现代以后渐具中西融合的特点，展现出"缘江汇海，工笔江南"的特征。在空间肌理、色彩材质、屋面立面、构造工法、匠作装饰等五大层面提炼出枕水而居、错落排列；院宅相生、紧凑实用；粉墙黛瓦、质朴天然；穿斗抬梁、延绵缓起；古韵仪门、雅致雕镂等特征。乡村生活圈的建设离不开乡村建筑的风貌提升，在充分考虑传统村居特色和村民意愿的基础上，挖掘以江南水乡民居为代表的传统建筑元素，以建筑视觉元素为引导，实现延续与创新，建成既有传统意向又满足现代功能与审美需求的上海乡村民居。

崇明区港沿镇合兴村以"锦绣合兴·花漾邻里"为主题，打造宜居空间，呈现出"白墙青瓦坡屋顶，临水相依满庭芳"的"花漾小镇"。 11B

金山区吕巷镇白漾村为民服务中心,其建筑色彩清新素雅,粉墙黛瓦,与周边自然环境相呼应,营造江南水乡意境。 11C

### 11.1.3 激活乡村产业动能

稳固农业生产功能、突显生态功能、丰富生活文化功能,积极推进乡村一、二、三产业融合发展。坚持"人文无干扰、生态无破坏"的原则,积极培育农业发展的地域特色,优化产业结构,实现绿色产业升级。充

## 11A 林家村

水乡风貌

滨水景观建设

位于青浦区朱家角镇,有"先有林家角,后有朱家角"之说,历史文化底蕴深厚。2020年,林家村列入上海市第三批乡村振兴示范村建设计划,抓住林家村千亩稻田、百亩绿林的特点,在充分尊重水乡自然肌理的基础上,根据自然禀赋、文化资源、公共设施等现实进一步提升整体景观。在滨水景观方面,对村内2条河道进行水质净化、驳岸改造——村内主要河道增补沿河绿化、景观小品等,并在界泾北侧打造花海休闲空间。在稻田景观方面,重点打造稻田景观环,建设完成稻田舞台、稻田栈道、稻田花廊,打造乡村风貌吸引力,提升艺术氛围,丰富旅游产业。在路桥建设方面,全面提升村内路网结构,形成"一横两纵、五通道,村村有通路"的道路网络,完成7条道路拓宽、黑化(铺设沥青路面),新增稻田大道,并对主要桥梁进行风貌提升。

稻田景观建设

分挖掘并传承发展传统手工业,策划以农业为主题的体验型旅游活动,开放有条件的郊野林地组织休闲观光游览,举办富有乡村地域文化特色的节庆活动。通过新兴业态的培育与发展,为城市居民提供接触自然、体验文化的活动空间,为乡村居民创造新的就业机会,吸引艺术家、创客等入乡创业,激发乡村经济活力。

青浦区重固镇章堰村,引进新型城镇化项目公司,一体化开发策划运营章堰古村落,引入进博国别馆、创新企业、文创企业、八局培训中心、东坡居酒店、章堰民宿、堰集餐厅和免税店等。通过古村落核心区的运营,进一步带动章堰村整体产业发展,经济规模扩大,就业岗位增加,实现产业振兴与群众增收紧密结合。 11D

## 11B 合兴村

位于崇明区港沿镇,村内花溪、花径、花宅处处可见,通过"扮靓"百个家庭园艺示范户,"点缀"百家农村"小三园"(即果园、菜园、庭园),将农事赏花、农居风貌、民俗展示和花卉特色融合起来。

合兴村温馨家园

## 11C 白漾村为民服务中心

屋面采用简化的斜屋面形式,层层交替,错落有致,主体建筑色彩以水墨画的灰白色系为主,以现代设计手法呼应传统江南建筑特色;建筑空间上学习江南园林的造景手法,营造不同尺度、不同类型的景观庭院,形成独具地域特色的园林意境,为使用者提供舒适、绿色、宜人的活动及办公环境。

## 11D　章堰村

位于青浦乡村振兴重点聚焦的四大片区之一的重固镇，被列入国家发改委第三批新型城镇化综合试点、国家重大市政工程领域PPP创新重点城市名单。章堰古村落项目构建运营模式一体化，村委与新型城镇化项目公司签署章堰古村落合作开发运营一体化协议，村集体经济组织占股10%，并可从运营收益中获得分红。

章堰村全貌

村保留居民点改造

村文化馆

农业园手工作坊

## 11E　东夏村"荡里有米"

以有米农场为核心，融合"节约粮食"及"好好吃一碗饭"的概念，构建水乡农耕体验。携手村民共同打造"米甜烘焙铺子"与"村民创业菜饭工坊"。将村民自留地及集体废旧仓库改造为具有农业科普教育、果蔬采摘、草坪团建、水上运动、时尚摄影等功能的党建团建基地。目前已落地"有米箭道""有米马术俱乐部""浦江之首轻奢露营地""水上运动·皮划艇""户外骑行"等内容，后续将进一步升级业态，打造农耕研学。"荡里·有米"核心餐饮业态为以特色土灶菜饭为核心的自营主力店，集文创市集、甜品烘焙、土菜工坊于一体，业态扎根本地米文化与水文化。

浦江之首"荡里有米"IP设计

核心餐饮业态

农旅核心业态

号称"浦江之首"的松江区石湖荡镇，以国家地理标志产品"松江大米"为核心，挖掘浦江之首水文化、农耕文化及历史人文底蕴，以"三产融合"赋能产业提升，打造"荡里有米"IP，设计开发系列衍生文创产品；并以此IP为主题辐射周边乡村产业空间、培育文化产业生态，构建特色品牌全产业链体系。 11E

### 11.1.4 完善乡村服务设施

根据乡村人口的特点和实际需求，夯实基础服务，优化特色服务。基础服务方面，向上衔接"新城—新市镇"公共服务体系的基础上，延伸构建"行政村—自然村"两级公共服务体系；顺应乡村聚落分布与人口分布特征，就近、按需配置功能完善、布局合理、使用便利的公共服务设施。在行政村和自然村层级中，按需配置七类设施，包括行政服务、文化体育、医疗卫生、养老幼托、生产培训、商业服务、市政交通等。公共服务设施优先选择人口密集、可达性高、景观较好的乡村公共核心区域，沿村庄主要道路布局。特色服务方面，结合乡村地区独居老人数量多的特点，重点强化对老人的养老、医疗等送服务上门。此外，注重挖掘与塑造乡村文化，推动社区性文化教育设施以及公共活动场所建设，满足市民就近文化学习与交流休闲的需求，提高乡村社区的认同感。

浦东新区老港镇，针对老年人期望居家养老，需要上门服务的现实诉求，全力推进"五福"原居养老服务项目。通过整合多方资源、上门提供"吃福""居福""医福""养福""安福"等五类服务，共同形成居家养老服务合力。 11F 崇明区建设镇富安乡村美术馆，是特色服务的代表，以美术馆为载体，组织开展在地艺术乡建和社区营造工作，丰富乡村艺术文化氛围。 11G

### 11.1.5 创新乡村治理模式

立足乡村治理的实际需求，完善制度建设，通过全区域覆盖、全方位参与、全天候服务等方式，全面提升社区治理的深度、广度与温度。强化党建引领，完善党组织领导的村级治理体制机制。推动基层自治，通过民主选举和村民代表大会，促进村民参与决策，确保村庄管理更聚民意、更合民心。发掘能人达人，确保村庄有高素质的队伍，能够有效地推动乡村治理的发展。强化智慧赋能，鼓励农村地区推广信息技术，提高村庄管理和公共服务的水平。建立城市反哺乡村的路径，通过结

## 11F 老港镇"五福"原居养老

老港镇通过"政府补一点、市场投一点、个人掏一点、社会捐一点"的形式，充分整合多方资源，形成服务合力，推动"五福"原居养老服务项目。包括提供助（送）餐服务的"吃福"、提供适老化改造和物业上门检修的"居福"、提供全科医生巡诊和三甲医院专家健康咨询的"医福"、提供上门照护服务的"养福"、提供上门探视和安全预警的"安福"，实现养老服务系统化、精准化、智能化，逐步改善老年人居家养老生活质量。

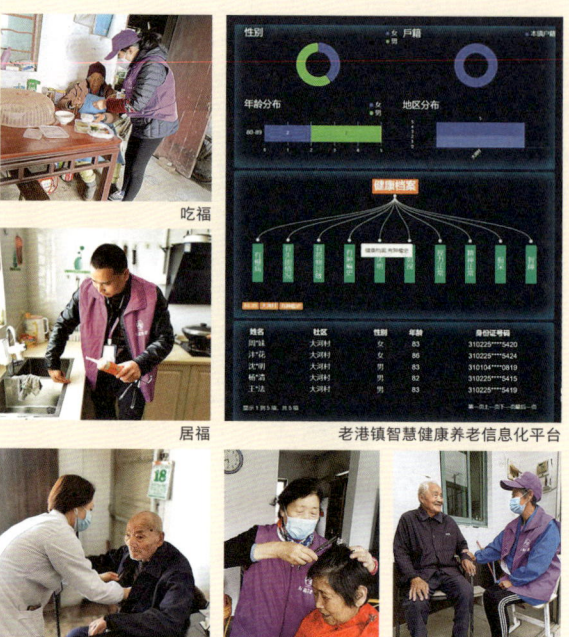

吃福

居福

老港镇智慧健康养老信息化平台

医福　　养福　　安福

## 11G 富安乡村美术馆

富安乡村美术馆位于崇明区建设镇，建筑面积约200平方米，利用闲置乡村用房改造而成。秉持"让美术馆成为村民的美术馆，用艺术创变乡村"的宗旨，创新性地开展"乡村美育田间课堂"可持续公益行动，通过组建专业的公益导师队伍，定期以美术馆及富安村作为乡村美育基地，在乡村田间辅导村民、儿童进行绘画创作，构建在地性、陪伴式、赋能型的美育认知和美育实践。美育课堂不仅让村民享受绘画创作的乐趣，更能激发村民的积极性、主动性和创造性，让村民拿起画笔感知和描绘乡村生活、生产、生态美景，挖掘乡村之美、传播乡村之美。

外景与乡村美育活动 ⓒ陆勇峰

对帮扶、资金支持、人才输送等方式,城市为乡村提供支持和帮助。构筑共治格局,通过多村联动等方式,实现资源整合与优势互补。

崇明区"叶脉工程"以崇明区90个居委会和268个村为基础,划分998个党建微网格,实现乡村党建工作"六个有":有网格、有组织、有阵地、有队伍、有平台、有机制。具体是指合理划分的管理网格、直插到底的网格党支部、形式多样的网格主阵地、坚强有力的三支网格队伍,信息互通和数据共享的网格平台、"小事简商""急事快商""难事共商"的精准协商机制。 `11H`

宝山区月浦镇针对乡村基层治理方式碎片化、协同效能待优化的现状,推动聚源桥村、月狮村、沈家桥村三村联动,发挥以三村轮值书记为组长的、联治领导小组层层抓落实的关键作用,明确发展一盘棋思维,组建乡村发展共同体,打造共治共享的乡村治理格局。

## 11H  "叶脉工程"

崇明区"叶脉工程"以党建引领形成聚合力。各级基层党组织充分发挥党建引领下的基层社会治理体系的优势,以"微网格"为基本模块,融入党的组织设置、嵌入党群服务阵地、强化网格力量支撑、下沉资源服务保障,大大缓解了崇明社区地广人稀、人口老化等"瓶颈"问题。同时,党建网格与社区综治网格、社会服务网格等相互融合,实现"多网融合、一网统管",借助城乡运行管理平台建设的党建"微网格"管理信息系统,通过线上与线下融合对接、联勤联动,实现社会治理问题全覆盖快速巡查、发现和前端处置,进一步提高治理效能。

党建引领下的基层社会治理体系

乡村治理网格

## 11.2 优秀案例

### 11.2.1 青浦区金泽镇岑卜村

上海市青浦区金泽镇岑卜村,位于长三角一体化示范区先行启动区内,东临华为研发中心,南至"蓝色珠链",西接示范区水乡客厅,北靠环淀山湖创新绿核,村域面积230公顷。水乡画卷流淌着乡愁,也荡漾着新韵(图11-2-1)。

**1. 擦亮"生态环境"本底色**

村内河道纵横、候鸟栖息、白鹭成群。村庄改造充分尊重岑卜自然肌理,改善路桥码头等基础设施,布局净水景观植物、生态滤床、造雾系统等,提升村内生态环境(图11-2-2),让岑卜可见的两种萤火虫在观赏期内显著增多。

**2. 展现"沪派民居"江南韵**

以恢复"粉墙黛瓦"的江南建筑为特色,保留"临水而居"的村落格局,提升全村域整体风貌,精心打造"高颜值"生态宜居村。创建六类原生态特色庭院样板及"小三园",推动美丽庭院向全村延展,共累计完成158幢房屋风貌提升(图11-2-3)。

**3. 夯实"公共设施"大底盘**

通过改造和升级现有的村委办公点、仓库等设施,增加幸福社区接待大厅、乡村大讲堂等功能,优化村内道路、车站、标识系统,为居民和游客提供完整的游客服务,切实提升村庄的整体形象。同时,以"数字智慧"赋能乡村振兴,建设岑卜村幸福社区、网格管护一体化综合管控系统,全方面提升游客和村民的幸福感、体验感(图11-2-4)。

**4. 打造"国潮文化"展示区**

依托国潮风IP,盘活现有集体资源,国潮文创区内设"一尺花园"咖啡店、汉服体验基地、非遗文化展厅、乡村大讲堂四大主题馆,通过微度假

图11-2-1　岑卜村小封漾日出

图11-2-2 岑卜村的村貌提升前后　　图11-2-3 岑卜村设施改造提升前后

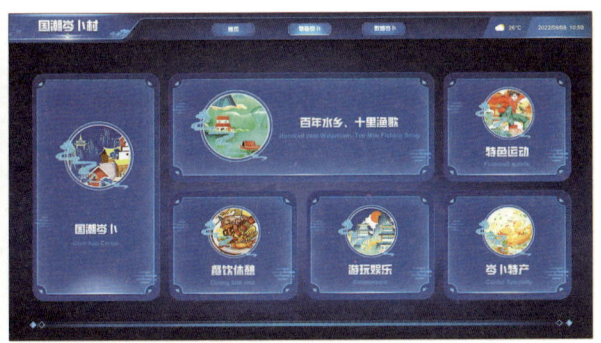

图11-2-4 岑卜村智慧村庄大屏

图11-2-5 岑卜村非遗手工、最美岑卜人、岑卜市集等活动

体验，激发传统文化与流行元素碰撞，在文化传承中推动产业发展。激发村民的积极性及主动性，通过村民参与、群众共享，注入更多文化内涵，激发内生创造力；已成功举办"最美岑卜人评选启动仪式""天下手工匠人村民培训""岑卜村市集""汉服日"等活动（图11-2-5）。

### 11.2.2 崇明区陈家镇瀛东村

瀛东村位于崇明岛的最东端，长江与东海交汇处，是岛上第一个迎来日出的村庄。瀛东村原来是荒滩，20世纪八九十年代，在老一辈瀛东人的辛勤开垦下，经过三次围垦，才有了今日瀛东的美景。瀛东人"艰苦创业、敢为人先"的垦拓精神，被崇明区政府命名为"崇明岛精神"。近年来，瀛东村以"五宜"乡村生活圈为目标，以"江海水韵，悠活瀛东"为主题，以乡村振兴抓手，先后获得"全国生态文化村""全国生态文化村""AAA国家级旅游景区"等称号（图11-2-6）。

**1. 修塑换新住宅建筑风貌**

瀛东村格局上注重"中国元素、江南韵味、

图 11-2-6　瀛东度假村

集成乡村果园、渔场链状循环生产系统和养殖、采摘、休闲旅游一体化经营系统。增添滨水、亲水立体游憩廊道和游船码头，打造"以花为媒，以水为链"的水上探索游线。

**3. 大力发掘民俗文化**

近年来，瀛东村大力发掘民俗文化体系，为保护和传承民族文化付出努力。东滩地区的鸟文化、渔文化，崇明岛的崇明山歌、扁担戏，以及一年一度的"我们的节日"端午民俗系列活动，都让村民及游客深深地感受到传统文化的韵味。

### 11.2.3　金山区漕泾镇水库村藕遇公园

藕遇公园，位于金山区漕泾镇水库村，整体呈梯形，北部沿长堰路约105米，南部靠近村民集中居住点约190米，南北长约200米，总面积约3.3公顷。公园建设以"藕荷"为主题，盘活藕塘、

海岛特色"，对道路绿化、入口标识、住宅风貌、棚舍立面、河岸景观进行提升，营造白墙灰瓦坡屋顶，流水相依两庭芳的乡村风貌。统一规划民宅建设，庭院内外整洁、规划整齐（图11-2-7）。在环村河边种植果林花木，形成集观赏和防护于一体的环村绿化带；在村级主干道两边种植常绿观赏性树木，美化街道；对农户庭院，在种植果树和花卉的基础上，有针对性地补种竹类和药材，以营造优美环境。同时，瀛东村集体出资为村民统一进行民宅的科技改造，实施保温外墙面砖、双层玻璃、太阳能热水器等工程，让村民住上现代化的绿色建筑。

**2. 因地制宜提升乡村产业**

全村立足于科学发展与利用资源，以生态旅游和智慧农业作为支柱产业，打造瀛东村独立IP。依托科研项目及产业优势，打造绿色生态种植基地；依托千亩生态大水面，800亩标准化鱼塘，淡水养殖经营井井有条；千只（头）鸡、鸭、鹅、牛、羊采用科学放养生态养殖模式，实现人与动物和谐相处。同时，以农旅文化为抓手，丰富文旅产业，

图 11-2-7　瀛东村村容村貌

仓库等存量资源,整体设计建设运营,为周边村民和游客提供多元化、高品质的公共服务和公共活动空间。夏季盛开的荷花亭亭玉立、随风摇曳、香气四溢,呈现"接天莲叶无穷碧,映日荷花别样红"的美好景象。在荷花没有盛开的季节,公园内水波荡漾、荷叶田田、栈桥悠长的特色风貌,仍能吸引不少村民和游客前来游玩。

### 1. 利用原有藕塘建设,打造活态博物馆

藕遇公园原为藕塘,荷花开放时虽可远观但不能近赏。景观改造时,巧妙地以鸟瞰荷花造型打造曲线形的水中栈道,以荷花花瓣模样勾勒的栈道,让游客漫步徜徉荷塘、尽享花开美景;栈道交汇处形成小广场,形似花蕾,供人驻足、流连、感受荷塘的绿意盎然。改造不仅保留了藕塘的生产功能,而且在不占用农林用地的基础上,充分挖掘藕塘的游览价值。同时,塘内引进30余种荷花,打造荷花博物馆(图11-2-8)。每年7月各种荷花竞相绽放,村民和游客到此游玩,能尽兴眺望接连天际的碧绿荷叶、赏遍亭亭玉立的多样荷花。

### 2. 构建多种景观场景,宜游体验丰富多元

从空中俯瞰,公园整体造型宛如一朵盛开的巨型荷花,形成优美诗意的大地景观,进一步突出藕遇公园主题。荷塘中心位置形成活动广场,成为周边居民和慕名而来的游客漫步赏花、健身锻炼、打卡拍照、举办汉服与二次元集会的场所(图11-2-9)。公园木栈道周边景观各异,既有被荷花簇拥的段落,也有开阔的田园风光。栈道边的部分区域养殖多种锦鲤,吸引村民和游客戏水游乐。

### 3. 高品质配套服务,兼顾居民与游客

藕遇公园中的尚品书院,利用原谷场仓库建筑改建而成,有机融合现代与传统江南民居建筑风格,与水库村的水乡风情完美相融。尚品书院提供阅读、咖啡、茶座、轻餐饮、住宿、国学讲座、文化交流等多种服务,方便村民和游客使用(图11-2-10)。

图 11-2-8　水库村藕遇公园的多样荷花

图 11-2-9　水库村藕遇公园鸟瞰巨型荷花小径与花蕾形小广场

图 11-2-10　水库村藕遇公园中的尚品书院

# 第 12 章　结　语

"坚持以人民为中心""不断实现人民对美好生活的向往"是城市规划建设始终遵循的基本原则和根本目的。精细化、持续推进的"15分钟社区生活圈"行动，既是上海城市空间治理转型发展的典型缩影，也是上海自觉践行"人民城市"理念的生动演绎。

**回眸过往，成效斐然**

自2014年上海提出"15分钟社区生活圈"概念以来，从居民最熟悉的"宅前屋后"入手，探索小中见大的点上微更新，随后不断拓展缤纷多彩的行动类型，历经城市更新"共享社区"计划和15个街镇的试点行动，至今迈入全市全面推进"15分钟社区生活圈"规划建设的新征程。可以说，"15分钟社区生活圈"一步步的探索实践，不仅为市民身边带来一处处焕新精美的社区空间，更为城市增添了一抹暖心色彩与独特魅力。

精心绘就社区规划"一张蓝图"，引领社区全面发展。面对上海社区人口高密度、开发高强度、资源紧约束的特点，聚焦解决群众"急难愁盼"民生难题，量身定制社区规划，整体统筹空间使用与资源投入，合理安排建设时序，促进社会各方形成统一共识。正如本书第2章所展示的，从具有深厚历史底蕴的普陀曹杨社区到普陀"年轻"的万里社区，从居住就业融合发展的长宁新华社区到乡村振兴示范的浦东惠南，依据自身特色，因地制宜绘制蓝图，在市民慢行15分钟可达的范围内"圈"出幸福生活，社区公共服务便利可达，绿色开放空间织补贯通，居住品质升级提质，创新创业空间灵活拓展，百姓幸福指数大幅提升。

着力营造九类美好生活场景，守护人民幸福生活。经过多年持续耕耘，涌现出一批类型丰富、贴近生活、设计巧妙、精品示范的社区生活圈项目，汇集成九类生活场景，给居民带来实实在在的获得感和幸福的生活体验，也赢得社会各界的高度认同和连连点赞。比如，在温馨家园场景中，中国第一个工人新村普陀曹杨一村在综合成套改造后焕发新颜，居住品质全面升级，"劳模精神"历久弥新；闵行新时代建设者管理者之家为新市民、青年人筑起暖心"安居巢"。在睦邻驿站场景中，徐汇"生活盒子"为老百姓，尤其是老人、儿童提供一站式品质服务，让"乐活康养""快乐成长"从家门口开始；一座座"望江驿""苏河驿"成为"一江一河"沿线"看"与"被看"的靓丽风景线。又如，在烟火集市场景中，普陀高陵集市改变传统菜场运营模式，融入惠民生鲜、特色老字号商铺、共享健身房、文化学堂等多元业态，让居民切实感受到人情味、烟火味、好滋味。在人文风貌场景中，杨浦长白228街坊完整保留"两万户"建筑肌理，中心草坪传承集体记忆，同时植入年轻化、生活化的活力功能，既与历史共生，更与时代同行。

**初心不忘，砥砺前行**

通过历年的行动实践，在政府、社会、市民等各方力量齐心参与下，上海"15分钟社区生活圈"正在汇聚起共建美好城市、共创美好生活的强大合力。

与此同时，随着社会发展，人民群众对社区品质的预期也在不断增长。对标"上海2035"总体规划建设"更富魅力的幸福人文之城"的总体目标，"15分钟社区生活圈"行动要以更高标准谋划推进，在全方位满足"柴米油盐""衣食住行"等共性需求，以及老人、中年、青年、儿童等不同群体个性需求的基础上，促进社区幸福生活再"升级"，不断满足人的更高层次精神需求与自我价值实现，引领人的全面发展和社会的全面进步。

在全市已经明确划定的覆盖城乡建设区域的1600个社区生活圈内，按照目标导向和问题导向，以社区规划为平台，发挥空间统筹作用，营造"十全十美"社区"实景画"。尤其是要着力打造一批一站式综合服务设施"人民坊"和小微民生设施"六艺亭"，发挥精品示范效应，推动设施功能从"量"的增长到"质"的提高。

**展望未来，共创美好**

相信未来的"15分钟"，之于上海的社区生活，不再只是一个时间尺度，更将成为衡量老百姓生活便捷度、城市治理精细化程度的标尺。

相信未来的上海社区，设施更便利、服务更多元、环境更韧性、管理更精细，将更好汇聚人气、集聚人才、凝聚人心，使五湖四海的人们向往这座城市、汇聚到这座城市，在成就梦想的同时共建美好城市。

聚焦"人民城市"建设目标，上海"15分钟社区生活圈"将持续行动，继续谱写"城市，让生活更美好"的时代新篇章。

编写本书一方面是为了回顾多年走过的路程，感谢陪伴我们一路走来、来自四面八方的支持和帮助，另一方面期待更多专家和市民的批评与建议，为未来的新征程提供新见解。本书的编著从资料收集到最终定稿出版历时7个多月，在此衷心感谢各位专家提供的宝贵意见与建议，感谢各参编单位、协编单位的大力支持，同时也感谢所有案例项目的组织者、设计者与运营者为本书撰写提供的详实支撑材料。

# 附 录

## 附录A 上海"15分钟社区生活圈"行动大事记(2014年10月—2024年8月)

### 2014年

1. **10月31日,** 上海在首届世界城市日论坛上提出"15分钟社区生活圈"规划理念。

### 2015年

2. **1月起,** 编制中的《上海市城市总体规划(2017—2035年)》针对"15分钟社区生活圈"的定义和内涵开展专题研究,并于2017年12月25日获得国务院正式批复(国函〔2017〕147号)。

3. **5月15日,** 上海市人民政府印发《上海市城市更新实施办法》(沪府发〔2015〕20号),提出完善公共服务配套设施,提升社区服务水平。

4. **7月起,** 静安区启动"美丽家园建设"工作,围绕老旧社区从房屋修缮、设施改造、综合整治、强化管理四个方面开展社区更新规划建设。

5. **9月29日至12月15日,** 首届上海城市空间艺术季以"城市更新"(Urban Regeneration)为主题举办,以徐汇区武康路沿线、长宁区愚园路、浦东新区老白渡码头、普陀区曹杨新村、虹口区音乐谷等实践案例展,体现城市中社区有机更新的实践经验。

### 2016年

6. **1月起,** 上海开展"行走上海2016——社区空间微更新行动",聚焦社区内宅前屋后公共空间,开展针灸式改造,全市11个试点项目涵盖长宁(4)、浦东(1)、青浦(1)、静安(3)、徐汇(1)、普陀(1)六区。即:
   1) 长宁区华阳路街道大西别墅;
   2) 长宁区华阳路街道金谷苑;
   3) 长宁区仙霞新村街道虹旭小区;
   4) 长宁区仙霞新村街道水霞小区;
   5) 浦东新区塘桥街道金浦小区入口广场;
   6) 青浦区盈浦街道复兴社区航运新村活动室外部空间;
   7) 静安区大宁路街道上工新村;
   8) 静安区大宁路街道宁和小区;
   9) 静安区彭浦新村街道艺康苑;
   10) 徐汇区康健新村街道茶花园;
   11) 普陀区石泉路街道社区修摊点。

7. **5月19日,** 上海发布"共享社区、创新园区、魅力风貌、休闲网络"城市更新四大行动计划及12个示范项目,其中聚焦社区层面的包括"共享社区"计划里的普陀区曹杨新村社区复兴、万里社区活力再造,浦东新区塘桥社区微更新;"魅力风貌"计划里的徐汇区衡复"1+1+4"活力复兴,杨浦区长白社区"两万户"老工人新村保护性改造;共计5个项目。

8. **7月,** 浦东新区明确缤纷社区建设工作方案,围绕口袋公园、街角空间、运动场所、活力街巷、慢行网络、林荫步道、公共设施、艺术空间、透绿行动等9类公共要素开展微更新。

9. **8月15日,** 上海发布全国首个地方性社区生活圈技术文件《上海市15分钟社区生活圈规划导则(试行)》(沪规土资详〔2016〕636号),统一15分钟社区生活圈的规划和建设标准。

### 2017年

10. **1月起,** 上海开展"行走上海2017——社区空间微更新行动",聚焦小区空间、街角空间与社区道路,开展全市第二批11个试点项目,涵盖黄浦(2)、徐汇(2)、虹口(2)、杨浦(2)、普陀(2)、长宁(1)六区。众多区、街道、镇积极响应,主动开展社区微更新项目。即:
    1) 黄浦区南京东路街道爱民弄;
    2) 黄浦区南京东路街道天津路500号里弄;
    3) 徐汇区徐家汇街道西亚宾馆底层空间;
    4) 徐汇区虹梅路街道桂林苑公共空间;
    5) 虹口区曲阳路街道爱东体小区中心绿地;
    6) 虹口区曲阳路街道虹口区婚姻登记中心入口;
    7) 杨浦区五角场街道政通路沿线;
    8) 杨浦区五角场街道翔殷路491弄集中绿地;
    9) 普陀区万里街道大华愉景华庭入口广场;

    10）普陀区万里街道万里城四街坊中心绿地；
    11）长宁区北新泾街道平塘路金钟路口街角广场。

11. **1月起，**浦东新区先行在建成度最高的内城五个街道（陆家嘴、潍坊新村、塘桥、洋泾、花木）进行"缤纷社区建设"试点。

12. **6月，**上海市规划和国土资源管理局、上海市规划编审中心、上海市城市规划设计研究院联合编著出版《上海15分钟社区生活圈规划研究与实践》（上海人民出版社）。

13. **10月15日至2018年1月15日，**第二届上海城市空间艺术季以"连接thisCONNECTION：共享未来的公共空间"为主题举办，聚焦社区空间品质提升，浦东新区缤纷社区、长宁区北新泾街道、徐汇区T20大厦、徐汇区岳阳路等实践案例展，体现社区微更新的探索成果。

## 2018年

14. **1月起，**上海开展"行走上海2018——激活桥下空间"，聚焦市政基础设施灰空间的更新再利用，选取3个试点项目开展微更新。即：
    1）长宁区延安路高架新虹桥中心花园段；
    2）长宁区轨道交通3、4号线凯旋路段；
    3）长宁区苏州河沿线引桥桥洞空间（内环高架、凯旋路桥、古北路桥、威宁路桥）。

15. **1月11日，**杨浦区与同济大学结对开展社区规划师工作，聘请12位教授任职各街道社区规划师。

16. **1月16日起，**浦东新区在36个街镇全面推广"缤纷社区建设"，引入社区规划师制度，为每个街镇聘任1位导师和2位社区规划师。

## 2019年

17. **1月起，**上海开展"行走上海2019——激活桥下空间"，选取3个桥下空间作为第二批试点开展微更新。即：
    1）虹口区轨道交通3号线虹口足球场站；
    2）普陀区苏州河引桥桥洞空间（古北路桥、祁连山南路桥）；
    3）徐汇区轨道交通3号线宜山路站桥下空间。

18. **4月12日，**徐汇区发布《徐汇区社区规划师制度实施办法》，全区13个街道、镇全面开展社区规划师工作。

19. **5月起，**上海开展"15分钟社区生活圈"三年行动试点，在全市选取来自15个行政区的15个试点街镇整体推进。即：
    1）浦东新区曹路镇；
    2）黄浦区半淞园路街道；
    3）长宁区新华街道；
    4）徐汇区田林街道；
    5）静安区芷江西路街道；
    6）普陀区长风新村街道；
    7）虹口区曲阳路街道；
    8）杨浦区大桥街道；
    9）闵行区梅陇镇中部区域；
    10）宝山区友谊路街道宝山八村及周边区域；
    11）嘉定区菊园新区；
    12）青浦区盈浦街道老城厢及周边区域；
    13）松江区九里亭街道西南区域；
    14）奉贤区南桥镇南桥源区域；
    15）金山区朱泾镇亭枫公路周边区域。

20. **6月，**普陀区规划和自然资源局、普陀区地区办联合制定首个区级层面社区规划导则——《上海市普陀区社区发展规划导则》，明确该区社区规划技术指南和编制规范。

21. **9月29日至12月17日，**第三届上海城市空间艺术季以"相遇"为主题举办，聚焦社区内的蓝绿空间网络贯通，浦东新区望江驿、静安区彭越浦（汶水路—广中西路）改造、嘉定环城河步道更新、青浦环城水系公园等实践案例展，体现社区微更新的探索。

## 2020年

22. **1月起，**上海开展"行走上海2020——15分钟社区生活圈"微更新项目，选取徐汇区湖南路街道的乌鲁木齐中路公共厕所作为试点，探索公共服务设施微更新。

## 2021年

23. **6月，**在吸收上海等地实践经验的基础上，自然资源部发布行业标准《社区生活圈规划技术指南》（TD/T 1062—2021）。

24. **9月25日至11月30日，**第四届上海城市空间艺术季以"15分钟社区生活圈—人民城市"为主题举办，主题演绎展区设置在长宁区新华路街道上生·新所，系统呈现15分钟社区生活圈的理念目标、规划行动、优秀案例和场景体验等内容，并在全市共选取长宁新华、普陀曹杨等20个样本社区，以实景展示社区生活圈的规划建设实效。

25. 11月30日，在第四届上海城市空间艺术季闭幕式上，自然资源部会同上海市政府，联合全国51兄弟城市共同发布《"15分钟社区生活圈"行动·上海倡议》。

26. 12月14日，上海市规划和自然资源局发布《上海市乡村社区生活圈规划导则（试行）》（沪规划资源乡〔2021〕450号），明确乡村社区生活圈的理念、规范、标准和方法，为上海乡村打造生活圈提供指导。

## 2022年

27. 10月15日，中共上海市委办公厅、上海市人民政府办公厅印发《关于"十四五"期间全面推进"15分钟社区生活圈"行动的指导意见》（沪委办发〔2022〕29号）。

28. 11月30日，上海市规划和自然资源局、上海市发展和改革委员会、上海市绿化和市容管理局等联合印发《关于机关、企事业等单位附属空间对社会开放工作的指导意见》（沪规划资源详〔2022〕461号），明确附属空间开放的专项行动计划。截至2024年上半年，已推进改造并开放110余处附属空间。

29. 12月2日，经上海市人民政府同意，建立上海市全面推进"15分钟社区生活圈"行动联席会议制度，明确分管副市长为召集人，下设联席会议办公室（简称"市联席办"）在上海市规划和自然资源局。

## 2023年

30. 4月26日，上海市人民政府召开2023年度全面推进"15分钟社区生活圈"行动部署会。

31. 5月14日，围绕"15分钟社区生活圈"行动的推进实施、经验案例、亮点特点等，开展"人民城市大课堂"交流培训活动，在上海市城市规划展示馆首次开讲。截至2024年上半年，共计开展实地参观、线下线上讲座与论坛近100讲。

32. 5月25日，市生活圈联席会议办公室印发《2023年上海市"15分钟社区生活圈"行动方案》（沪规划资源详〔2023〕176号）。

33. 6月14日至8月11日，市联席办会同各区、街道、镇，结合主题教育深入开展"问需求计调研"行动，共发放回收40余万份问卷，形成市级、区级调研报告成果。

34. 7月19日至8月5日，上海市人民建议征集办公室、市联席办与各区人民政府、街道、镇联合开展2023年度"15分钟社区生活圈"行动人民建议征集，倾听老百姓对15分钟社区生活圈规划建设的宝贵意见和建议。

35. 8月4日至12月4日，自然资源部会同上海市政府组织举办"2023年上海城市设计挑战赛"，以"六艺亭"设计为主题开展小微空间城市设计竞赛。

36. 12月至2024年1月，市联席办联合上海市城市规划学会、上海市规划行业协会，举办2023年度上海市"15分钟社区生活圈"优秀案例评选活动，围绕"温馨家园、睦邻驿站、活力空间、慢行步道、共享街区、烟火集市、艺术角落、人文风貌、美丽乡村、治理创新"十个类型，共评选出81项优秀案例和37个公众喜爱案例。

## 2024年

37. 1月20日，市联席办召开2024年上海"15分钟社区生活圈"行动推进暨优秀案例交流会，总结2023年行动成果、谋划2024年行动任务。

38. 4月2日，市联席办召开2024年上海市"15分钟社区生活圈"行动方案发布暨"人民坊"设计方案征集启动会，并印发《2024年上海市"15分钟社区生活圈"行动方案》（沪规划资源详〔2024〕123号）。

39. 4月至7月，市联席办与各区人民政府联合举办2024上海15分钟社区生活圈"人民坊"设计方案征集活动，共计收到470余份设计成果，评选出147个优秀设计方案。

40. 7月31日至8月31日，市联席办会同上海市人民建议征集办公室、各区人民政府举办2024上海15分钟社区生活圈"人民坊"设计方案人民建议征集活动，线下展区设置于上海市城市规划展示馆夹层展厅，并线上同步开展"我为15分钟社区生活圈人民坊献一计"人民建议征集活动。

## 附录B 案例项目团队信息

本书精选130项"15分钟社区生活圈"行动工作中的优秀案例,这些案例不仅丰富了文章内容,更展现了项目组织者、设计者与运营者的卓越才华与不懈努力,在此,向他们表示深深的感谢!是他们的精彩作品与慷慨资料支持,为本书增添了光彩与深度。希望未来我们能继续携手、不断前行。

表B-1 案例项目团队信息一览表

| 序号 | 类型 | 案例名称 | 组织者 | 设计者 | 运营者 |
|---|---|---|---|---|---|
| 1 | 社区规划(4) | 普陀区曹杨新村街道"15分钟社区生活圈"行动 | 普陀区人民政府曹杨新村街道办事处 | 上海同济城市规划设计研究院有限公司 | / |
| 2 | | 普陀区万里街道"15分钟社区生活圈"行动 | 普陀区人民政府万里街道办事处 | 上海市城市规划设计研究院 | / |
| 3 | | 长宁区新华路街道"15分钟社区生活圈"行动 | 长宁区人民政府新华路街道办事处<br>长宁区规划和自然资源局 | 上海营邑城市规划设计股份有限公司 | / |
| 4 | | 浦东新区惠南镇海沈村、远东村、桥北村乡村社区生活圈行动 | 浦东新区惠南镇人民政府 | 上海营邑城市规划设计股份有限公司 | 浦东新区惠南镇人民政府农业农村发展办公室 |
| 5 | 温馨家园(16) | 静安区彭浦新村街道彭三小区 | 静安彭浦新村街道党工委 | 上海市房屋建筑设计院 | 静安区人民政府彭浦新村街道办事处 |
| 6 | | 徐汇区天平街道云水别墅 | 徐汇区住房保障和房屋管理局<br>徐汇区人民政府天平路街道办事处 | 上海杨浦建筑设计有限公司 | 上海徐房(集团)有限公司 |
| 7 | | 虹口区北外滩街道春阳里 | 虹口区住房保障和房屋管理局<br>上海虹房(集团)有限公司<br>虹口区人民政府北外滩街道办事处 | 华东建筑设计研究院有限公司 | / |
| 8 | | 静安区临汾路街道加装电梯 | 静安区临汾路街道党工委 | 静安区临汾路街道党工委 | / |
| 9 | | 闵行区江川路街道电机新村社区适老化改造 | 闵行区人民政府江川路街道办事处 | 上海交通大学设计学院 李海翱团队<br>上海师范大学哲学与法证学院 郝勇团队<br>上海福苑养老服务有限公司 | 福寿康(上海医疗养老服务有限公司<br>上海佰仁健康产业有限公司<br>荟麟(上海)餐饮管理有限公司 |
| 10 | | 徐汇区凌云街道417街坊 | 徐汇区人民政府凌云街道办事处 | 上海营邑城市规划设计股份有限公司<br>上海冶是建筑设计有限公司<br>格吾景观设计工程(上海)有限公司<br>上海市政交通设计研究院有限公司 | / |
| 11 | | 黄浦区外滩街道如意里小区 | 黄浦区住房保障和房屋管理局<br>黄浦区绿化和市容管理局<br>黄浦区人民政府外滩街道办事处 | 上海卅吞设计咨询有限公司<br>上海亦境建筑景观有限公司<br>上海同大规划环境建筑设计有限公司 | 上海金外滩(集团)发展有限公司<br>黄浦区人民政府外滩街道办事处 |

续 表

| 序号 | 类型 | 案例名称 | 组织者 | 设计者 | 运营者 |
|---|---|---|---|---|---|
| 12 | 温馨家园(16) | 闵行区梅陇镇力波中心 | 闵行区梅陇镇人民政府<br>闵行区规划和自然资源局 | 力波酿酒(上海)有限公司<br>上海日清建筑设计事务所(有限合伙)<br>广州市竖梁社建筑设计有限公司 | 力波酿酒(上海)有限公司 |
| 13 | | 黄浦区半淞园路街道有巢·南舒房 | 上海南房(集团)有限公司 | 上海光翼建筑设计有限公司 | 上海南房住房租赁经营有限公司<br>有巢住房租赁(深圳)有限公司上海分公司 |
| 14 | | 宝山区大场镇城家公寓 | 宝山区大场镇人民政府<br>宝山区委组织部<br>宝山区城市管理精细化工作推进领导小组办公室 | 上海霁望文化传播有限公司 | 上海南宸置业有限公司 |
| 15 | | 松江区中山街道中建·幸孚+ | 松江区人民政府中山街道办事处<br>中国建筑第八工程局有限公司 | 上海中建东孚投资发展有限公司 | 上海中建东孚资产管理有限公司 |
| 16 | | 徐汇区龙华街道龙南佳苑 | 徐汇区住房保障和房屋管理局<br>徐汇区人民政府龙华街道办事处 | 上海高目建筑设计事务所 | 上海汇成公共租赁住房建设有限公司 |
| 17 | | 杨浦区长白新村街道创寓228 | 上海杨浦科技创新(集团)有限公司 | 上海日清建筑设计有限公司<br>上海天华建筑设计有限公司 | 上海创寓科技发展有限公司 |
| 18 | | 普陀区曹杨新村街道曹杨一村 | 普陀区人民政府曹杨新村街道办事处<br>普陀区住房保障和房屋管理局<br>普陀区规划和自然资源局 | 上海建筑装饰(集团)设计有限公司 | / |
| 19 | | 闵行区马桥镇城市建设者管理者之家 | 闵行区马桥镇人民政府<br>闵行区规划和自然资源局 | 上海都市建筑设计有限公司 | 润灏房屋租赁(上海)有限公司 |
| 20 | | 浦东新区金桥镇佳虹家园 | 浦东新区金桥镇人民政府 | 上海梓耘斋建筑设计咨询有限公司(童明工作室) | 浦东新区金桥镇佳虹居民委员会 |
| 21 | 睦邻驿站(14) | 长宁区外环绿带驿站 | 长宁区绿化和市容管理局<br>长宁区规划和自然资源局 | 上海致正建筑设计有限公司<br>上海冶是建筑设计有限公司 | 长宁区绿化和市容管理局 |
| 22 | | 黄浦区外滩街道樱花谷驿站 | 黄浦区绿化和市容管理局<br>黄浦区市政管理所<br>中国石化销售上海石油分公司 | 同济大学建筑设计研究院(集团)有限公司都市建筑设计院原作设计工作室 | 上海金外滩(集团)发展有限公司<br>黄浦区人民政府外滩街道办事处<br>中国石化销售上海石油分公司第一加油站 |
| 23 | | 静安区共和新路街道新心驿站 | 静安区委组织部<br>静安区共和新路街道党工委 | / | 静安区共和新路街道党工委<br>上海大宁国际茶城 |
| 24 | | 普陀区长寿路街道武宁路桥下驿站 | 普陀区建设和管理委员会<br>普陀区规划和自然资源局 | 上海致正建筑设计有限公司 | 长风文化旅游发展有限公司 |
| 25 | | 普陀区桃浦镇乐慧Life东部片区网格化综合管理服务中心 | 普陀区桃浦镇人民政府 | 上海华成文化科技有限公司 | 上海臻好家园家庭文明建设促进中心 |
| 26 | | 浦东新区陆家嘴街道东园一党群服务站和社区活动室 | 浦东新区人民政府陆家嘴街道办事处 | 上海无样建筑设计咨询有限公司 | 浦东新区陆家嘴街道东园第一居民委员会 |
| 27 | | 青浦区青浦新城环城水系公园驿站 | 上海青浦新城发展(集团)有限公司 | 华东建筑设计研究院有限公司 | 大观园园林绿化工程有限公司 |
| 28 | | 徐汇区天平街道66梧桐院邻里汇 | 徐汇区人民政府天平街道办事处 | 上海明悦建筑设计事务所有限公司 | 上海大隐书局有限公司 |

续表

| 序号 | 类型 | 案例名称 | | 组织者 | 设计者 | 运营者 |
|---|---|---|---|---|---|---|
| 29 | 睦邻驿站(14) | 徐汇区生活盒子 | 总体统筹 | 徐汇区民政局<br>徐汇区规划和自然资源局 | / | / |
| | | | 徐家汇街道土山湾生活盒子 | 徐汇区人民政府徐家汇街道办事处 | 上海沪防建筑设计有限公司 | 上海徐汇区启华公益服务中心 |
| | | | 斜土路街道康晖里党群服务站 | 徐汇区人民政府斜土路街道办事处 | 米凹工作室 | 徐汇区人民政府斜土路街道办事处 |
| 30 | | 黄浦区南京东路街道苏河之眸零距离家园 | | 黄浦区人民政府南京东路街道办事处<br>黄浦区规划和自然资源局 | 同济大学建筑设计研究院(集团)有限公司 | 上海华建工程建设咨询有限公司<br>上海申养养老服务有限公司 |
| 31 | | 徐汇区徐家汇街道T20白领T站 | | 徐汇区人民政府徐家汇街道办事处 | / | 徐家汇源景区公司 |
| 32 | | 浦东新区黄浦江望江驿 | | 上海东岸投资(集团)有限公司 | 上海致正建筑设计有限公司 | 黄浦江两岸综合开发浦东新区领导小组办公室 |
| 33 | | 普陀区苏州河苏河驿 | | 普陀区建设和管理委员会<br>普陀区规划和自然资源局 | 上海市城市规划设计研究院<br>上海致正建筑设计有限公司 | 长风文化旅游发展有限公司 |
| 34 | | 徐汇区黄浦江河图洛书亭 | | 市规划和自然资源局<br>上海西岸开发(集团)有限公司 | 上海高目建筑设计咨询有限公司 | 上海西岸开发(集团)有限公司 |
| 35 | 活力空间(22) | 浦东新区缤纷社区行动 | | 浦东新区规划和自然资源局 | 上海市城市规划设计研究院 | 浦东新区规划管理事务中心(浦东新区城市规划和公共艺术中心) |
| 36 | | 浦东新区周家渡街道昌里园 | | 浦东新区人民政府周家渡街道办事处 | 上海梓耘斋建筑设计咨询有限公司<br>上海市浦东新区规划建筑设计有限公司 | 上海浦东新区东宝市政实业有限公司 |
| 37 | | 宝山区高境镇新境地公园 | | 宝山区高境镇人民政府<br>宝山区规划和自然资源局 | 上海尤安建筑设计股份有限公司 | 高境镇社区文化活动中心 |
| 38 | | 浦东新区金桥镇永建路口袋公园 | | 浦东新区金桥镇人民政府 | 上海善祥建筑设计有限公司<br>青岛时代建筑设计有限公司 | 浦东新区金桥镇人民政府 |
| 39 | | 虹口区曲阳路街道巴林路辉河路街道空间 | | 虹口区曲阳路街道党工委、办事处<br>虹口区绿化和市容管理局 | 上海深圳奥雅园林设计有限公司 | / |
| 40 | | 浦东新区陆家嘴街道活力102乳山路体育公园 | | 浦东新区人民政府陆家嘴街道办事处 | 上海市园林工程有限公司 | 浦东新区谷火文化交流中心 |
| 41 | | 黄浦区小东门街道商船会馆花园 | | 黄浦区绿化和市容管理局(黄浦区绿化所) | 上海纳千景观环境设计有限公司 | 上海黄浦文化旅游集团有限公司 |
| 42 | | 长宁区糖苏河桥下乐园 | | 长宁区建设和管理委员会<br>长宁区规划和自然资源局 | 上海卅吞设计咨询有限公司 | 长宁区建设和管理委员会 |
| 43 | | 浦东新区地铁2号线川沙站口袋公园 | | 浦东新区川沙新镇人民政府 | 上海柯兰建筑规划有限公司 | 上海浦东东道园综合养护有限公司 |
| 44 | | 徐汇区天平路街道永嘉路口袋广场 | | 徐汇区建设和管理委员会<br>徐汇区人民政府天平路街道办事处 | 上海阿科米星建筑设计事务所 | / |
| 45 | | 静安区曹家渡街道曹家渡花园 | | 静安区绿化管理中心 | 上海维亚景观规划设计有限公司 | 上海静安园林绿化发展有限公司 |
| 46 | | 长宁区新华路街道新·境公园 | | 长宁区人民政府新华路街道办事处 | 上海水石建筑规划设计股份有限公司 | 长宁区人民政府新华路街道办事处 |

续　表

| 序号 | 类型 | 案例名称 | 组织者 | 设计者 | 运营者 |
|---|---|---|---|---|---|
| 47 | 活力空间(22) | 长宁区仙霞新村街道虹旭生境花园 | 长宁区仙霞街道虹旭居委会<br>长宁区低碳中心 | 上海泛境景观规划设计咨询有限公司<br>大自然保护协会(TNC) | 长宁区仙霞街道办事处<br>长宁区仙霞街道虹旭居委会 |
| 48 | | 静安区南京西路街道绿房子生境花园 | 上海市城市规划设计研究院 | 格吾景观设计工程(上海)有限公司 | 上海市城市规划设计研究院 |
| 49 | | 杨浦区五角场街道彩虹花园 | 杨浦区规划和自然资源局<br>杨浦区人民政府五角场街道办事处 | 杨浦区五角场街道社区规划师刘悦来<br>四叶草堂总工程师、高级工程师后学兵<br>杨浦区五角场街道社区规划师李晴 | 杨浦区五角场街道四平居委会 |
| 50 | | 浦东新区陆家嘴街道福山路跑道花园 | 浦东新区人民政府陆家嘴街道办事处<br>陆家嘴社区公益基金会 | 四叶草堂 | 陆家嘴社区公益基金会 |
| 51 | | 浦东新区东明路街道心怡乐园 | 浦东新区人民政府东明路街道办事处 | 居民社区规划师董莲婷<br>四叶草堂 | 浦东新区东明路街道新月三居民区 |
| 52 | | 长宁区新泾镇乐颐生境花园 | 长宁区新泾镇绿八居委会<br>长宁区低碳中心 | 上海丕司景观设计有限公司 | 长宁区新泾镇绿八居委会 |
| 53 | | 普陀区曹杨街道百禧公园 | 普陀区人民政府曹杨新村街道办事处<br>普陀区规划和自然资源局 | 上海市园林设计研究总院有限公司<br>刘宇扬建筑设计顾问(上海)有限公司 | / |
| 54 | | 长宁区北新泾街道北翟路中环桥下空间 | 长宁区规划和自然资源局<br>长宁区建设和管理委员会 | 上海翡世景观设计咨询有限公司 | 长宁区建设和管理委员会<br>上海洛克体育发展有限公司 |
| 55 | | 杨浦区五角场街道创智农园 | 创智天地<br>四叶草堂<br>杨浦区绿容局 | 杨浦区五角场街道社区规划师刘悦来<br>四叶草堂联合发起人魏闽、范浩阳 | 四叶草堂居民自治团体创智农园共建社 |
| 56 | | 静安区苏河湾公共绿地 | 静安区绿化管理中心 | 上海市园林设计研究总院有限公司 | 上海华筵房地产开发有限公司 |
| 57 | 慢行步道(8) | 普陀区宜川路街道1690苏河两湾步道 | 普陀区人民政府宜川路街道办事处 | 上海林同炎李国豪土建工程咨询有限公司 | / |
| 58 | | 徐汇区田林街道蒲汇塘二期岸线 | 徐汇区建设管理委员会(水务中心) | 长江勘测规划设计研究院有限公司 | / |
| 59 | | 杨浦区四平路街道阜新路 | 杨浦区规划和自然资源局<br>杨浦区绿化和市容管理局<br>杨浦区人民政府四平路街道办事处 | 杨浦区四平路街道社区规划师张尚武、冯高尚<br>上海同济城市规划设计研究院有限公司 | / |
| 60 | | 徐汇区徐家汇街道乐山绿地 | 徐汇区绿化和市容管理局<br>徐汇区人民政府徐家汇街道办事处 | 上海维亚景观规划设计有限公司 | / |
| 61 | | 虹口区嘉兴路街道和平公园智慧跑道 | 虹口区绿化管理中心 | 同济大学建筑设计研究院(集团)有限公司 | 上海城发公园管理有限公司 |

续表

| 序号 | 类型 | 案例名称 | 组织者 | 设计者 | 运营者 |
|---|---|---|---|---|---|
| 62 | 慢行步道(8) | 外环绿带及沿线地区慢行空间贯通专项规划 | 市绿化和市容管理局<br>市规划和自然资源局 | 上海市城市规划设计研究院<br>上海市园林设计研究总院有限公司<br>上海市浦东新区规划研究院 | / |
| | 外环绿带 | 沔青公园 | 浦东新区生态环境局基建项目和资产管理事务中心 | 上海浦东建筑设计研究院有限公司 | 上海浦东工程建设管理有限公司 |
| | | 金海湿地公园 | 浦东新区生态环境局 | 上海建工园林集团园林设计研究总院 | / |
| | | 上海金海湿地科普馆 | 浦东新区生态环境局 | Wego围裹设计 | / |
| 63 | | 浦东新区陆家嘴焕彩水环 | 浦东新区生态环境局<br>浦东新区人民政府花木街道办事处<br>浦东新区人民政府潍坊新村街道办事处<br>浦东新区人民政府洋泾街道办事处<br>浦东新区人民政府塘桥街道办事处 | 上海市政工程设计研究总院(集团)有限公司<br>上海市浦东新区规划建筑设计有限公司 | 上海浦林城建工程有限公司<br>上海浦东新区天佑市政有限公司<br>上海市园林工程有限公司 |
| 64 | | 普陀区曹杨新村街道曹杨环浜 | 普陀区人民政府曹杨新村街道办事处 | 上海市园林设计研究总院有限公司 | / |
| 65 | | 静安区静安雕塑公园开放 | 静安区绿化管理中心 | 同济大学建筑设计研究院(集团)有限公司 | 上海雕塑公园管理有限公司 |
| 66 | | 上海体育科学研究所附属空间开放 | 市体育局<br>市绿化和市容管理局<br>市规划和自然资源局<br>徐汇区绿化和市容管理局<br>徐汇区人民政府天平路街道办事处 | 上海天工园林设计事务所有限公司 | / |
| 67 | | 奉贤区南桥镇南桥书院附属空间和设施开放 | 奉贤区规划和自然资源局<br>奉贤区教育局<br>奉贤区南桥镇人民政府<br>上海奉贤发展(集团)有限公司 | 南沙原创建筑设计工作室<br>上海沪闵建筑设计有限公司<br>上海城市交通设计院有限公司 | 上海奉贤南桥源建设发展有限公司<br>奉贤中学附属南桥中学<br>上海奉信物业管理有限公司 |
| 68 | 共享街区(11) | 静安区大宁路街道德必宁享空间 | 静安区大宁路街道党工委<br>上海大宁德必创意产业发展有限公司 | 上海市静安区大宁路街道党工委<br>上海大宁德必创意产业发展有限公司 | 大宁德必园区党群服务站<br>上海大宁德必创意产业发展有限公司 |
| 69 | | 上海音乐学院淮海路校区校园开放 | 市教育委员会<br>徐汇区规划和自然资源局<br>徐汇区人民政府湖南路街道办事处 | 上海交通大学城市更新保护创新国际研究中心<br>上海安墨吉建筑规划设计有限公司 | / |
| 70 | | 奉贤区南桥镇沈家花园开放 | 奉贤区规划和自然资源局<br>奉贤区机关事务管理局<br>奉贤区文化和旅游局<br>奉贤区南桥镇人民政府<br>上海奉贤发展(集团)有限公司 | 上海创盟国际有限公司<br>华东建筑设计研究院有限公司 | 上海市奉贤区博物馆<br>上海奉贤南桥源建设发展有限公司 |
| 71 | | 杨浦区四平艺术共享街区 | 杨浦区规划和自然资源局<br>杨浦区人民政府四平路街道办事处 | 同济大学设计创意学院 | / |
| 72 | | 长宁区华政—中山公园开放 | 市教育委员会<br>长宁区人民政府<br>长宁区绿化和市容管理局<br>长宁区建设和管理委员会<br>长宁规划和自然资源局 | 上海市城市规划设计研究院<br>上海交通大学城市更新保护创新国际研究中心<br>上海安墨吉建筑规划设计有限公司<br>上海翡世景观设计咨询有限公司 | / |

续 表

| 序号 | 类型 | 案例名称 | 组织者 | 设计者 | 运营者 |
|---|---|---|---|---|---|
| 73 | 共享街区(11) | 上海展览中心开放 | 市机关事务管理局<br>静安区人民政府<br>静安区绿化管理中心 | 上海交通大学城市更新保护创新国际研究中心<br>上海安墨吉建筑规划设计有限公司 | 上海展览中心有限公司 |
| 74 | | 上海辞书出版社旧址附属空间开放 | 市绿化和市容管理局<br>市规划和自然资源局<br>市委宣传部<br>静安区绿化管理中心 | 上海水石景观环境设计有限公司 | 世纪出版社集团上海辞书出版社<br>上海静邻文化发展有限公司 |
| 75 | | 黄浦区复兴中路美丽街区 | 黄浦区绿化和市容管理局<br>黄浦区人民政府淮海中路街道办事处<br>黄浦区人民政府瑞金二路街道办事处 | 上海市政工程设计研究总院(集团)有限公司 | 上海金锐建设发展有限公司 |
| 76 | | 杨浦区殷行街道阳普邻里·振原 | 杨浦区规划和自然资源局<br>杨浦区商务委员会<br>杨浦区人民政府殷行街道办事处 | 建盟设计集团有限公司 | 上海杨浦商贸(集团)有限公司 |
| 77 | | 长宁区江苏路街道愚园公共市集 | 上海兆丰房产开发经营有限公司 | 上海三益建筑设计有限公司<br>上海华都建筑规划设计有限公司 | 上海兆邑文化发展有限公司<br>玖骋市场营销策划(上海)有限公司 |
| 78 | | 崇明区新村乡稻香生态市集 | 崇明区新村乡人民政府 | 新村乡稻米文化小镇建设工作领导小组办公室 | 上海新村稻米文化有限公司<br>崇明区新村乡各村村委会 |
| 79 | | 徐汇区湖南街道乌中市集 | 徐汇区商务委员会<br>徐汇区人民政府湖南路路街道办事处 | 藏钰投资咨询(上海)有限公司 | 上海乌中农副产品市场经营管理有限公司 |
| 80 | | 青浦区徐泾镇蟠龙天地 | 青浦区规划和自然资源局<br>青浦区徐泾镇人民政府 | 伍德佳帕塔设计咨询(上海)有限公司<br>上海天华建筑设计有限公司<br>华东建筑设计研究院有限公司 | 上海蟠龙天地有限公司 |
| 81 | 烟火集市(15) | 徐汇区徐家汇街道乐山社区 | 徐汇区建设和管理委员会<br>徐汇区住房保障和房屋管理局<br>徐汇区绿化和市容管理局<br>徐汇区人民政府徐家汇街道办事处<br>徐汇区卫生健康委员会<br>徐汇区商务委员会 | 上海维亚景观规划设计有限公司<br>上海水石建筑规划设计股份有限公司<br>上海新建设建筑设计有限公司 | 上海新徐汇菜篮子企业发展有限公司<br>上海九十九设计咨询有限公司 |
| 82 | | 黄浦区半淞园路街道西凌家宅路 | 黄浦区城市管理行政执法局(区精细化办)<br>黄浦区规划和自然资源局<br>黄浦区地区工作办公室<br>黄浦区人民政府半淞园路街道办事处 | 华东建筑设计研究院有限公司<br>上海园林(集团)有限公司<br>上海美术学院人文环境研究联合工作室 | 黄浦区人民政府半淞园路街道办事处<br>黄浦区绿化和市容管理局<br>黄浦区建设和管理委员会<br>黄浦区住房保障和房屋管理局<br>上海南房(集团)有限公司 |
| 83 | | 静安区南京西路街道安义夜巷 | 静安嘉里中心 | / | 静安嘉里中心 |
| 84 | | 松江区广富林街道广富林文化遗址市集 | 上海松江大学城建设发展有限公司广富林文旅分公司 | / | 上海松江大学城建设发展有限公司广富林文旅分公司 |
| 85 | | 宝山区大场镇"数惠大场 幸福一刻"夜市 | 宝山区大场镇人民政府 | / | 上海阳光微爱社工师事务所 |
| 86 | | 嘉定区菊园新区嘉保集贸市场 | 嘉定区菊园新区管理委员会<br>嘉定区商务委员会 | / | 上海菊园企业发展有限公司 |
| 87 | | 普陀区真如镇街道高陵集市 | 普陀区人民政府真如镇街道办事处<br>普陀区商务委员会<br>普陀区规划和自然资源局 | / | 瀚立商业(管理)上海有限公司<br>上海万聚邻企业管理有限公司 |

续表

| 序号 | 类型 | 案例名称 | 组织者 | 设计者 | 运营者 |
|---|---|---|---|---|---|
| 88 | 烟火集市(15) | 杨浦区五角场街道大学路限时步行街 | 杨浦区规划和自然资源局<br>杨浦区人民政府五角场街道办事处 | / | 杨浦中央社区发展有限公司 |
| 89 | | 徐汇区田林街道田林路街区 | 徐汇区人民政府田林街道办事处 | 上海水石建筑规划设计股份有限公司 | / |
| 90 | | 长宁区华阳路街道武夷路MIX320 | 长宁区规划和自然资源局<br>新长宁集团 | 同济大学建筑设计研究院（集团）有限公司都市建筑设计院原作设计工作室 | 新长宁集团<br>上海市长宁区人民政府华阳路街道办事处 |
| 91 | 艺术角落(13) | 杨浦区四平路街道的"四平空间创生行动" | 杨浦区人民政府四平路街道办事处 | 同济大学设计创意学院 | 同济大学设计创意学院 |
| 92 | | 黄浦区滨水空间"万家灯盏" | 黄浦区规划和自然资源局 | 上海造物舍文化策划艺术工作室（周洪涛、张丁伟、宁津、申然） | 上海臻昆实业有限公司<br>上海月森建筑装饰工程有限公司 |
| 93 | | 金山区廊下镇廊下郊野公园艺术作品"下腰女孩" | 金山区廊下镇人民政府<br>金山区规划和自然资源局<br>金山区发展和改革委员会 | 上海现代建筑规划设计研究院有限公司<br>尤艾普艾艺（上海）文化有限公司<br>插画艺术家周日央 | 上海廊下郊野公园管理有限公司 |
| 94 | | 长宁区新华路街道"一平米计划" | 长宁区人民政府新华路街道办事处<br>大鱼社区营造发展中心 | 大鱼社区营造发展中心 | 大鱼社区营造发展中心 |
| 95 | | 杨浦区控江路街道蘑幻森林桥下空间 | 杨浦区规划和自然资源局<br>杨浦区建设和管理委员会<br>杨浦区人民政府控江路街道办事处 | 华汇工程设计集团股份有限公司 | 杨浦区人民政府控江路街道办事处 |
| 96 | | 徐汇区漕河泾街道康健路转角街心花园 | 徐汇区绿化和市容管理局<br>徐汇区人民政府漕河泾街道办事处 | 上海天华建筑设计有限公司 | 徐汇区人民政府漕河泾街道办事处 |
| 97 | | 杨浦区四平路街道彰武路彩虹公园 | 杨浦区规划和自然资源局<br>杨浦区绿化和市容管理局<br>杨浦区人民政府四平路街道办事处 | 杨浦区四平路街道社区规划师<br>张尚武、冯高尚<br>上海同济城市规划设计研究院有限公司 | / |
| 98 | | 静安区临汾路街道墙绘及装置艺术 | 静安区临汾路街道党工委<br>静安区规划和自然资源局 | 上海大学上海公共艺术协同创新中心 | 静安区临汾路街道党工委<br>上海静安置业物业管理有限公司 |
| 99 | | 浦东新区陆家嘴街道"为爱上色"行动 | 浦东新区人民政府陆家嘴街道办事处<br>浦东新区陆家嘴社区公益基金会 | 立邦投资有限公司"为爱上色"项目组<br>FELIX_勺子<br>美国艺术家DAAS | 浦东新区陆家嘴街道东昌新村居委会 |
| 100 | | 静安区曹家渡街道曹家渡市民园艺中心 | 静安区曹家渡街道党工委<br>静安区绿化管理中心 | 上海中普园林建筑工程有限公司 | 上海帝道文化传媒有限公司 |
| 101 | | 普陀区曹杨新村公共艺术介入 | 普陀区规划和自然资源局 | 上海大学上海美术学院 | / |
| 102 | | 长宁新华路街道"细胞计划" | 长宁区人民政府新华路街道办事处<br>大鱼社区营造发展中心 | 大鱼社区营造发展中心 | / |
| 103 | | 松江区叶榭镇井凌桥村 | 松江区叶榭镇人民政府<br>松江区规划和自然资源局 | 上海交通大学设计学院建筑系<br>刘小凯、张帆、段滨 | 松江区叶榭镇井凌桥村村民委员会 |
| 104 | 人文风貌(15) | 普陀区长寿路街道鸿寿坊 | 普陀区人民政府长寿路街道办事处<br>普陀区规划和自然资源局 | 瑞安建筑有限公司<br>纵横行（Plus 8） | 瑞安新天地（上海）商业管理有限公司 |
| 105 | | 虹口区四川北路街道今潮8弄 | 虹口区四川北路街道党工委、办事处 | 缔博建筑师设计事务所（DP Architects） | 崇邦集团 |

续 表

| 序号 | 类型 | 案例名称 | 组织者 | 设计者 | 运营者 |
|---|---|---|---|---|---|
| 106 | | 松江区中山街道云间粮仓文创园 | 松江区人民政府中山街道办事处 | 上海云间粮仓投资有限公司 | 上海云间粮仓投资有限公司 |
| 107 | | 衡山路-复兴路历史文化风貌区风貌道路改造 | 徐汇区人民政府天平路街道办事处 徐汇区人民政府湖南路街道办事处 | 上海瞻昂建筑设计有限公司 | / |
| 108 | | 虹口区欧阳路街道欧阳路文化活动街 | 虹口区欧阳路街道党工委、办事处 | 上海希珥文化发展有限公司 | 上海芯书文化创意有限公司 |
| 109 | | 徐汇区湖南路街道武康大楼周边环境 | 徐汇区建设和管理委员会 徐汇区人民政府湖南路街道办事处 | 上海安墨吉建筑规划设计有限公司、上海交通大学城市更新保护创新国际研究中心 | / |
| 110 | | 2023静安国际光影节苏州河沿岸光影秀 | 静安区人民政府 上海文化广播影视集团有限公司 | 上海幻维数码创意科技股份有限公司 | 静安区绿化和市容管理局 上海苏河湾(集团)有限公司 上海幻维数码创意科技股份有限公司 |
| 111 | | 杨浦区长白新村街道228街坊 | 杨浦区规划和自然资源局 杨浦区人民政府长白新村街道办事处 上海杨浦科技创新(集团)有限公司 | 杨浦区长白新村街道社区规划师李彦伯、黄怡 上海日清建筑设计有限公司 上海安墨吉建筑规划设计有限公司、上海交通大学王林教授团队 | 杨浦区人民政府长白新村街道办事处 上海创寓科技发展有限公司 |
| 112 | 人文风貌(15) | 黄浦区瑞金二路街道思南书局诗歌店 | / | 非作建筑设计(上海)有限公司 上瑞元筑设计顾问有限公司 上海建筑装饰(集团)设计有限公司 | 上海世纪朵云文化发展有限公司 |
| 113 | | 徐汇区湖南路街道衡复风貌馆 | 徐汇区文化和旅游局 上海徐房(集团)有限公司 | 上海华成实业有限公司 | 上海衡复投资发展有限公司 |
| 114 | | 嘉定区南翔镇我嘉书房·名士居 | 嘉定区南翔镇文化体育服务中心 | 上海坤叁文化传媒有限公司 | 上海坤叁文化传媒有限公司 |
| 115 | | 长宁区新华路街道上生·新所 | 长宁区规划和自然资源局 上海生物制品研究所有限公司 | 大都会建筑事务所(OMA Asia) 欧华尔顾问有限公司(Oval Partnership) 华东建筑设计研究院有限公司 | 上海万科 |
| 116 | | 黄浦区瑞金二路街道南昌路街区 | 黄浦区住房保障和房屋管理局 黄浦区人民政府瑞金二路街道办事处 上海永业企业(集团)有限公司 | 上海市政工程设计研究总院(集团)有限公司 上海大学上海美术学院 华东建筑设计研究院有限公司 | / |
| 117 | | 长宁区江苏路街道愚园路街区 | / | / | / |
| 118 | | 静安区南京西路街道张家花园 | 上海静安置业(集团)有限公司 | 华建集团上海现代建筑规划设计研究有限公司(原华东建筑设计研究有限公司规划建筑设计院) 上海建筑设计研究院有限公司 上海明悦建筑设计事务所有限公司 华东建筑设计研究院有限公司 同济大学建筑设计研究院(集团)有限公司 戴卫·奇普菲尔德建筑方案咨询(上海)有限公司 株式会社隈研吾建筑都市设计事务所 | 上海静安城市更新建设发展有限公司 |

续　表

| 序号 | 类型 | 案例名称 | 组织者 | 设计者 | 运营者 |
|---|---|---|---|---|---|
| 119 | 美丽乡村（12） | 青浦区朱家角镇林家村 | 青浦区规划和自然资源局<br>青浦区农业农村委员会<br>青浦区朱家角镇人民政府<br>上海朱家角实业发展有限公司 | 中船第九设计研究院工程有限公司 | 青浦区朱家角镇林家村村民委员会<br>上海朱家角实业发展有限公司 |
| 120 | | 崇明区港沿镇合兴村 | 崇明区港沿镇人民政府<br>崇明区规划和自然资源局 | 上海唯筑建筑设计有限公司<br>上海然道设计事务所 | / |
| 121 | | 金山区吕巷镇白漾村为民服务中心 | 金山区吕巷镇人民政府<br>金山区规划和自然资源局<br>金山区发展和改革委员会 | 中船第九设计研究院工程有限公司 | 上海金山区吕巷镇白漾经济合作社 |
| 122 | | 青浦区重固镇章堰村 | 青浦区重固镇人民政府<br>中建（上海）新型城镇化投资发展有限公司 | 同济大学 | 中建（上海）新型城镇化投资发展有限公司 |
| 123 | | 松江区石湖荡镇浦江之首荡里有米 | 松江区石湖荡镇人民政府 | 上海同济城市规划设计研究院有限公司 | 上海思尔腾茸城科技有限公司 |
| 124 | | 浦东新区老港镇"五福"原居养老 | 浦东新区老港镇人民政府 | / | 浦东新区老港镇"五福"原居养老服务领导小组办公室 |
| 125 | | 崇明区建设镇富安乡村美术馆 | 崇明区建设镇人民政府<br>崇明区规划和自然资源局 | 上海绿建建筑设计事务所有限公司 | 上海蚂蚁社区营造发展中心<br>崇明区建设镇富安村村委会 |
| 126 | | 崇明区叶脉工程 | 崇明区委组织部 | / | 崇明区委组织部 |
| 127 | | 宝山区月浦镇 | 宝山区月浦镇人民政府<br>宝山区农业农村委员会<br>宝山区规划和自然资源局 | 上海缘界体育文化集团有限公司 | 上海缘界体育文化集团有限公司 |
| 128 | | 青浦区金泽镇岑卜村 | 青浦区规划和自然资源局<br>青浦区农业农村委员会<br>青浦区金泽镇人民政府 | 上海市新建设建筑设计有限公司<br>微笑草帽（上海）农业科技有限公司 | 微笑草帽（上海）农业科技有限公司<br>草帽驿站（上海）文化发展有限公司 |
| 129 | | 崇明区陈家镇瀛东村 | 崇明区陈家镇人民政府<br>崇明区规划和自然资源局 | 上海贻贝设计有限公司 | 崇明区陈家镇瀛东村村委会<br>上海崇明生态旅游集团有限公司 |
| 130 | | 金山区漕泾镇水库村藕遇公园 | 金山区漕泾镇人民政府<br>金山区规划和自然资源局<br>金山区发展和改革委员会 | 上海现代建筑规划设计研究院有限公司<br>上海之景市政建设规划设计有限公司 | 上海滨水旅游发展有限公司 |

注：本表根据本书协编单位提供的相关资料整理而成。因城市建设是不断发展变化的，具有动态特征，本书所记录的是各个案例在某个时间点的状态，特此说明。

# 附录C　参考文献

鲍甬婵,2011.图书馆:城市的"第三空间"[J].图书馆论坛,31(5):16-18,26.

卞硕尉,奚文沁,2018.城市15分钟社区生活圈的规划探索——以上海市、济南市的实践为例[J].城市建筑(36):27-30.

柴彦威,李彦熙,李春江,2022.时空间行为规划:核心问题与规划手段[J].城市规划(12):12-15.

程蓉,2018.15分钟社区生活圈的空间治理对策[J].规划师,34(5):115-121.

程蓉,2018.以提品质促实施为导向的上海15分钟社区生活圈的规划和实践[J].上海城市规划(2):84-88.

戴明,程蓉,李萌,等,2022.城市更新背景下"15分钟社区生活圈"的上海探索[J].中国土地(9):14-17.

杜安,2022.上海城市绿带规划思想流变研究[J].中国国土资源经济,35(9):37-44.

段小虎,张梅,熊伟,2013.重构图书馆空间的认知体系[J].图书与情报(5):35-38.

黄明华,吕仁玮,王奕松,等,2020."生活圈"之辩——基于"以人为本"理念的生活圈设施配置探讨[J].规划师,36(22):79-85.

江嘉玮,2017."邻里单位"概念的演化与新城市主义[J].新建筑(4):17-23.

江曼琦,田伟腾,2022.中国大都市15分钟社区生活圈功能配置特征、趋势与发展策略研究——以京津沪为例[J].河北学刊,42(2):140-150.

姜晟,刘刊,2020.城市更新背景下图解社区十五分钟生活圈现状研究——以上海36个存量更新社区为例[C]//2020中国建筑学会学术年会论文集:中国建筑工业出版社:344-350.

李大伟,原雨舟,2022.公共艺术赋能乡村振兴的海外经验——以日本越后妻有大地艺术节为例[J].创新,16(5):30-38.

李萌,2017.基于居民行为需求特征的"15分钟社区生活圈"规划对策研究[J].城市规划学刊(1):111-118.

李翔宁,姚伟伟,2023.艺术点亮城市——艺术事件赋能城市更新的实践与思考[J].上海艺术评论(6):31-33.

廖远涛,胡嘉佩,周岱霖,等,2018.社区生活圈的规划实施途径研究[J].规划师,34(7):94-99.

刘泉,钱征寒,黄丁芳,等,2020.15分钟生活圈的空间模式演化特征与趋势[J].城市规划学刊(6):94-101.

刘颂,李春晖,赖思琪,2019.上海市环城绿带的游憩转型潜力分析及策略[J].上海城市规划(3):77-83.

栾晓娜, 2023-3-29. 民之所望: 从奢望道日常, 上海老小区加装电梯提速背后有着方法论 [N]. 澎湃新闻.

上海市绿化和市容管理局, 上海市规划和自然资源局, 2023-01-19. 外环绿带及沿线地区慢行空间贯通专项规划 [EB/OL].[2024-08-05]. https://ghzyj.sh.gov.cn/cmsres/ba/ba84f1113e624a5f82a89f49cf8266cc/6f76cab9d11f98e75be34741fbbbe937.

上海市人民政府. 上海市城市总体规划 (2017—2035年), 2018-01. [EB/OL].https://ghzyj.sh.gov.cn/cmsres/00/0060109cf6774f47b41a134c741c4491/1bc3674ead17e0e475c5f1a3b5982ead.pdf.

上海市绿化和市容管理局, 2023-10. 上海市生态空间建设和市容环境优化"十四五"规划中期评估报告 [EB/OL].https://www.shanghai.gov.cn/cmsres/d1/d1597f1c33b24a3d82e4198e5afb3a1c/ce4274ae0477e9ab050eaeac12ec9fed.pdf.

上海市统计局, 1996.1996年上海统计年鉴 [R]. 北京: 中国统计出版社:105.

上海市统计局, 国家统计局上海调查总队, 2024-03-21.2023年上海市国民经济和社会发展统计公报 [R/OL].[2024-05-08].https://tjj.sh.gov.cn/tjgb/20240321/f66c5b25ce604a1f9af755941d5f454a.html.

水石设计, 2021-2-5. 上海田林路街道空间提升设计 [EB/OL].[2024-6-7]. https://mp.weixin.qq.com/s/3c5bE0Fs6aMlOK3_50Kbxw.

水石设计, 2022-10-14. 上海徐汇区田林东路街道公共空间提升设计 [EB/OL]. [2024-06-07].https://mp.weixin.qq.com/s/XIAEhBXi5ySENB9j6qME3A.

苏婷, 2022. 叠合、共享与多元——上海武夷320城市更新项目设计实践札记 [J]. 建筑技艺, 28(3):55-65, 54.DOI:10.19953/j.at.2022.03.020.

孙道胜, 柴彦威, 2020. 城市社区生活圈规划研究 [M]. 南京: 东南大学出版社.

童明, 2014. 城市肌理如何激发城市活力 [J]. 城市规划学刊 (3):85-96.

王彬, 杨伊萌, 2023-06-06. 外环绿带30年, 而立再出发: 超大城市绿带建设的执着与坚守 [N/OL]. 上观新闻 [2024-08-05].https://sghexport.shobserver.com/html/baijiahao/2023/06/06/1045651.html.

王彬, 2023. 从"绿带"到"公园带"——上海市外环绿带转型升级研究 [C]// 中国城市规划学会. 人民城市, 规划赋能——2023中国城市规划年会论文集. 北京: 中国建筑工业出版社:12.

王永健, 2021. 日本艺术介入社区营造的现实逻辑与经验——以濑户内、越后妻有、黄金町艺术祭为例 [J]. 粤海风 (3):53-62.

吴秋晴, 2023. 面向实施的系统治理行动: 上海15分钟社区生活圈实践探索 [J]. 北京规划建设 (4):30-38.

吴志强, 2008. 重大事件对城市规划学科发展的意义及启示 [J]. 城市规划学刊 (6):16-19.

吴志强, 王凯, 陈韦, 等, 2020. "社区空间精细化治理的创新思考"学术笔谈 [J]. 城市规划学刊 (3):1-14.

奚东帆, 吴秋晴, 张敏清, 等, 2017. 面向2040年的上海社区生活圈规划与建设路径探索 [J]. 上海城市规划 (4):65-69.

奚文沁, 2024. 在系统谋划与精细设计中点亮社区生活——上海社区生活圈规划实践探索 [J]. 人类居住 (1):20-23.

肖作鹏, 柴彦威, 张艳, 2014. 国内外生活圈规划研究与规划实践进展述评 [J]. 规划师, 30(10):89-95.

杨晰峰, 2019. 上海推进15分钟生活圈规划建设的实践探索 [J]. 上海城市规划 (4):124-129.

于一凡, 2019. 从传统居住区规划到社区生活圈规划 [J]. 城市规划 (5):17-22.

张斌, 周渐佳, 2023. 自然的调适: 长宁外环生态公园带市民服务驿站设计 [J]. 建筑学报 (9):92-96.

张敏, 张宜轩, 2017. 包容共享的公共服务设施规划研究——以纽约、伦敦和东京为例 [C]// 中国城市规划学会. 持续发展, 理性规划——2017中国城市规划年会论文集（11城市总体规划）. 北京: 中国建筑工业出版社:10.

张苏卉, 谭然, 2024. 微更新视域下社区公共艺术的生态性研究 [J]. 上海文化 (4):89-101.

赵宝静, 奚文沁, 吴秋晴, 等, 2020. 塑造韧性社区共同体: 生活圈的规划思考与策略 [J]. 上海城市规划 (2):14-19.

中华人民共和国自然资源部, 2021. 社区生活圈规划技术指南（TD/T 1062—2021）[S].

周俭, 周海波, 张子婴, 等, 2023. 社区更新的规划与实践——上海曹杨新村 [M]. 北京: 中国建筑工业出版社.

## 图书在版编目（CIP）数据

践行"人民城市"理念，推进上海"15分钟社区生活圈"的探索与实践. 实践篇 / 上海市规划和自然资源局，上海市规划编审中心，上海市城市规划设计研究院编著. 上海：上海文化出版社，2024.8. -- （人民城市营造系列丛书）. -- ISBN 978-7-5535-3048-2

Ⅰ . TU982.251

中国国家版本馆CIP数据核字第2024KS9980号

出 版 人：姜逸青
责任编辑：江 岱　王宇海
装帧设计：atelierAnchor 锚坞　刘育黎

书　　名：践行"人民城市"理念，
　　　　　推进上海"15分钟社区生活圈"探索与实践
　　　　　——实践篇
作　　者：上海市规划和自然资源局
　　　　　上海市规划编审中心
　　　　　上海市城市规划设计研究院　编著
出　　版：上海世纪出版集团　上海文化出版社
地　　址：上海市闵行区号景路159弄A座3楼　201101
发　　行：上海文艺出版社发行中心
地　　址：上海市闵行区号景路159弄A座2楼　201101
印　　刷：上海雅昌艺术印刷有限公司
开　　本：787mm×1092mm　1/16
印　　张：15.5
版　　次：2024年8月第1版　2024年8月第1次印刷
书　　号：978-7-5535-3048-2/TU.040
定　　价：128.00元
告　　读：如发现本书有质量问题请与印刷厂质量科联系。
　　　　　联系电话：021-68798999